环境风险源识别与监控

宋永会　彭剑峰　袁　鹏等　著

科学出版社
北　京

内 容 简 介

本书是国家“863”重大项目课题“重大环境污染事件风险源识别与监控技术”的研究成果。本书论述了环境风险源分类、识别和分级的理论与技术方法；阐述了构建重点环境风险源监控指标体系与监控技术库的方法。阐明了基于信息采集技术、传输技术、数据库与网络架构技术的重点环境风险源动态监控技术；详述了将环境风险源识别与监控技术应用在典型化工园区和典型区域的案例；介绍了环境风险管理的法律体系、行政体系、管理机制与管理原则等；展示了基于 Web-GIS 的环境风险源识别软件系统、重点风险源动态监控系统的构架和功能。

本书能为我国环境风险源管理提供有益的指导，适用于从事环境风险管理和研究的政府管理人员、企业安全环境管理人员、研究人员等阅读，也可作为研究生的参考用书。

图书在版编目(CIP)数据

环境风险源识别与监控 / 宋永会等著 . —北京：科学出版社，2015. 5

ISBN 978-7-03-043549-1

Ⅰ. ①环… Ⅱ. ①宋… Ⅲ. ①环境质量—风险分析 Ⅳ. ①X820. 4

中国版本图书馆 CIP 数据核字(2015)第 041478 号

责任编辑：周　杰 / 责任校对：邹慧卿
责任印制：吴兆东 / 封面设计：铭轩堂

科学出版社出版
北京东黄城根北街 16 号
邮政编码：100717
http://www.sciencep.com

北京虎彩文化传播有限公司印刷

科学出版社发行　各地新华书店经销

*

2015 年 5 月第　一　版　　开本：787×1092　1/16
2023 年 6 月第六次印刷　　印张：16 3/4
字数：390 000

定价：138. 00 元

（如有印装质量问题，我社负责调换）

著　者

宋永会　彭剑峰　袁　鹏　韩　璐

许伟宁　温丽丽　王业耀　曾维华

袁增伟　毕　军　于云江　姚　新

刘　锐　刘仁志　李　霁　刘征涛

赵淑莉　傅德黔　王建龙　张茉莉

序

近年来，我国环境污染事故频发，生态危害和社会影响受到高度关注。突发性环境污染防控成为我国环境保护的重要任务。

突发性环境污染具有随机性、复杂性、高强度、高风险特点，如何对可能发生的重大污染事件进行有效预防、预测和预警，在污染事件发生前后赢取主动、有序管理、科学决策是亟待解决的重要问题。在此背景下，“十一五”期间实施了“863”计划“重大环境污染事件应急技术系统研究开发与应用示范”重大项目，针对突发性环境污染事故前、中、后三个阶段开展了系统研究，在环境风险源识别、模拟与预警，事故中应急决策与指挥，事故后快速处理处置、环境修复等方面取得了一些研究成果，并选择典型行业、重要区域和环境敏感目标进行了综合应用示范。该书即是该重大项目之课题“重大环境污染事件风险源识别与监控技术”的研究成果。

该书作者在对重大环境污染事件风险源识别、监控与管理技术的国内外研究现状、关键问题、制约因素等进行全面分析的基础上，系统阐述了环境风险源识别、监控与管理的原理与实践，契合我国当前环境风险防控管理的迫切需求。书中详细介绍了环境风险源识别与定量分级技术、环境风险源风险矩阵分级方法，形成了较为完善的环境风险源分类、识别和分级的原理与方法体系，并得到实践检验；建立了重点环境风险源监控指标体系与监控技术库，并基于信息采集、传输、数据库与网络架构等技术建立了重点环境风险源动态监控技术系统；同时，还对环境风险管理的法律与政策保障进行了论述和介绍。通过在典型化工园区和典型区域的应用案例分析，展示了基于 Web-GIS 的环境风险源识别软件系统、重点风险源动态监控系统的构架和功能。该书内容丰富，案例生动，对突发性环境污染防控与处理处置有指导和借鉴价值。

中国工程院院士

2015 年 5 月

前　言

近年来，我国各类环境污染事故频发，成为严重威胁环境安全和人群健康的重要问题。研究开发适合我国国情的重大环境风险源识别与监控技术是提升我国环境风险管理技术水平，保障国家环境安全的迫切需求。作为环境基准与风险评估国家重点实验室的依托单位和环境保护部的主要技术支撑单位，中国环境科学研究院积极参加了许多重大环境污染事故应对的技术支持工作，同时也积极开展了环境污染事故风险控制的基础理论和高新技术研究，主持承担了“十一五”国家“863”计划资源环境技术领域重大项目课题“重大环境污染事件风险源识别与监控技术”，通过技术创新，支撑国家环境风险管理技术体系构建。紧密围绕环境事故风险控制需求，按照“环境风险源信息获取—风险源识别—风险源监控—风险源管理”的研究思路，开展了环境风险源识别技术研发、重点环境风险源动态监控系统构建、环境风险源综合管理体制及机制框架构建等多方面研究，获得 4 项主要成果。

1）针对重大环境风险源、诱发因素、作用过程及环境敏感点等 4 个核心要素，建立了重大环境风险源识别、分类及分级的风险综合评估系统方法，实现了海量环境风险源的高效排查，为环境应急与日常管理提供了技术工具。

2）结合我国工业行业特点，针对重点液态环境风险源、气态环境风险源及移动风险源，构建了重点环境风险源监控体系框架，完成了监控软件平台功能设计及相关技术规范制订，可实现环境风险源的实时监控与信息获取，有效地解决了环境风险监控信息缺失和不规范的问题。

3）针对化工园区、特大城市、饮用水源地，研发了多层次、多用户重点环境风险源监控技术系统，形成了重点环境风险源监控技术优选和设备配置方案。研发的环境风险源监控系统集实时监测、数据库管理、GIS 地图展示及模型分析等功能于一体，可起到及时预警的作用，实现了环境风险源的常态化管理与应急式管理的有效结合，能为环境管理决策提供技术支撑。

4）阐明了我国环境风险源管理技术体系框架，提出了我国环境风险管理的体制、机制及工作程序，为环境保护管理部门完善相关工作提供了支持。

本书系统介绍了近年来课题组在环境风险源识别、监控与管理实践方面的研究成果，全书共8章：第1章概述了环境风险源识别与监控技术及发展趋势；第2章基于历史突发环境污染事件的详细分析，归纳了环境风险源识别、分级的影响要素；第3章系统介绍了环境风险源分类、识别与分级的技术原理与方法；第4章介绍了重点环境风险源监控技术体系，包括监控指标、监控布点、移动风险源监控技术、监控系统构建及监控技术规范等；第5章阐述了环境风险源综合管理体系，提出了风险源管理与风险防控策略；第6章选择我国典型沿江化工园区、重点城市区域及大型饮用水源地为示范对象，介绍了环境风险源识别与监控技术在各地的应用案例；第7章和第8章分别介绍了环境风险源分级管理软件和动态监控系统软件的系统构架、设计及各模块功能等，并展示了系统界面。

本书在编著过程中得到了国家“863”重大项目“重大环境污染事件应急技术系统研究开发与应用示范”专家组曲久辉院士、王业耀研究员、毕军教授、杨志峰教授的大力支持和帮助，环境保护部环境应急与事故调查中心闫景军副主任、冯晓波副主任、刘相梅处长、毛剑英副处长、张龙等为本书编著提出了很好的意见和建议，在此一并致以衷心的感谢！

希望本书能够为我国环境风险源管理提供技术参考，推动我国环境风险管理从被动“应急管理”向主动“预防管理”的转变。

环境风险管理涉及的专业领域较广，限于作者的能力和知识水平，本书编著工作难免有不足之处，敬请广大读者批评指正。

著 者

2014年10月

目 录 CONTENTS

第1章

环境风险源识别与监控技术发展趋势

“风险”一词的使用频率很高，各行各业及人们的生产生活中都存在着风险。关于风险的定义有多种，有些定义很抽象，各领域对风险的解释也不尽相同，主要的定义有“事故发生的不确定性”、“特定危险事件发生的可能性和后果的组合”、“不良结果或不期望事件发生的概率”等。在安全、健康与环境管理体系中，还有学者将风险定义为“事故在一定时间内发生的可能性及后果的严重程度”。

环境风险可理解为环境受危害的不确定程度以及事故发生后给环境带来的影响。目前环境风险较通用的定义（胡二邦，2009）为：突发性事故对环境（或健康）的危害程度，用风险值 R 表征，其定义为事故发生概率 P 与事故造成的环境（或健康）后果 C 的乘积，见式（1-1）：

$$R[\text{危害}/\text{单位时间}] = P[\text{事故}/\text{单位时间}] \times C[\text{危害}/\text{事故}] \tag{1-1}$$

环境风险广泛存在于人类的生产及其他活动之中，而且表现方式纷繁复杂，从不同角度可作不同分类。例如，按风险源分类，可分为化学风险、物理风险以及自然灾害引发的风险；按承受风险的对象分类，可分为人群风险、设施风险和生态风险等；按风险源的危害大小分类，可分为重大风险源和一般风险源。环境风险具有以下内涵及特征。

1）风险源：导致风险发生的客体以及相关的因果条件。风险源既可以是人为的，也可以是自然的；可以是物质的，也可以是能量的。它的产生是随机的，具有相应概率，可以通过数学、物理、化学方法来计算、观测、分析。

2）风险行为：风险源释放的有毒有害物或能量流迅速进入环境，并可能由此导致一系列的人群中毒、火灾、爆炸等严重污染环境与破坏生态的行为，即风险行为。

3）风险场：风险产生的区域及范围。它包括风险源与风险对象，是风险源物质上和能量上运动的场，具有相应的时空条件。

4）风险链：风险源一旦在风险场中发生，其周围的风险对象都有可能因此而受到影响。随着时间的推移，这种影响不仅局限于某一个风险对象，它会逐渐扩展到与该风险对象相关联的其他对象，并可能沿这些受影响的对象继续传递。有时，某风险作用到某一对象上，该对象可能会由于物理、化学反应而产生新的风险影响，或者随生产流程的进展而进展，整个风险呈“链”式传递。

5）风险对象：又叫风险受体，即评价终点或受害对象，风险对象可以是人类，也可以是实物的、生态的。对单个受害体所产生的风险，可以称为个体风险，对一组个体的风险可以称为群体风险或总体风险。

1.1 国内外环境风险源识别、监控与管理技术进展

针对重大环境风险源识别与监控，国内外已开展了一些技术研究工作，主要集中在重

大风险源识别、分类与分级技术方面。例如，早在 1983 年，美国国家科学院（United States National Academy of Sciences，USNAS）就提出风险评价“四步法”，初步构建了风险评价体系；1992 年，美国国家环境保护局（United States Environmental Protection Agency，USEPA）制订了生态风险评价指南大纲，提出了生态风险评价的框架。目前，国外已开发了一些环境风险信息管理系统，如美国的综合风险管理系统、Hyounghoon 等开发的安全健康和环境保护信息管理系统、Leyla Üstel 开发的环境风险管理信息系统等。

我国在环境风险源识别与监控技术方面的研究起步较晚，直到 20 世纪 90 年代初才开始“危险源”方面的研究。目前，国内已颁布了有关重大危险源辨识、分类的国家标准与法规，并且也开发了一些已通过国家安全生产监督管理总局应用技术审查并获得软件著作权的重点危险源监管系统。但总体上，我国对环境风险源的研究尚处于起步阶段，在针对环境风险源管理的环境风险源识别、分类与分级等方面尚属空白。同时，区域环境风险分区技术的研究也尚处于起步阶段，在基本单元选择、指标体系建立、评价模型和分区构建等方面都需要进一步研究，尤其在多尺度的、定量的、动态的分区上需要进行大量深入的研究。

虽然迄今国内外对重大风险源的监控体系研究已取得一定进展，但适用于重大环境风险源的监控体系研究尚处于起步阶段，特别是适用于生态环境敏感目标的监测监管技术有待开发。

1.1.1 环境风险源识别与分级技术进展

风险源识别技术是由风险评价发展而来的，其发展经历了 3 个主要阶段：①概率风险评价，即对环境风险源发生事故的概率进行分析；②污染物安全性评价，即研究事故发生后进入环境的污染物质对人体健康、社会及生态系统的影响；③综合评价，即对污染事故发生的风险和随后对生态环境以及经济社会等因素的影响进行综合分析，来确定其危害程度。环境风险源识别并不仅仅局限于对事故发生场所进行危险性评价，而是建立在安全评价、环境风险评价等风险评价基础上的一种综合性评价方法。

20 世纪 70 年代，重大危害事故的发生使人们开始广泛关注事故的破坏性，概率风险评价技术得到了迅速发展。概率风险评价兴起于这一时期，主要是在工业发达的国家，特别是美国的研究尤为突出，最具代表性的评价体系是美国核管理委员会 1975 年完成的《核电厂概率风险评价实施指南》，即著名的 WASH-1400 报告。之后，英国安全与健康执行局（The Health and Safety Executive，HSE）对 Canvey 岛以及 Thurreck 地区的工业设施进行危险评价。荷兰也在 80 年代对石油化工密集的 Rijnmuncl 地区进行风险评价（Covellp and Merkhofer，1993）。随后概率风险评价被广泛应用于多个领域，也成为重大环境风险源识别技术中进行概率分析的基本方法之一。

20 世纪 80 年代环境风险评价的发展带动了风险源识别技术的发展，为风险源识别提供了理论基础。1983 年，美国国家科学院和国家科学研究委员会（National Research Council，NRC）提出的健康风险评价框架成为国际上健康风险评价的指导性文件，90 年代以后生态环境风险评价研究工作得到了重视。这一时期发生了许多震惊世界的重大环境污染事件，对人群健康及生态环境乃至整个社会都造成了重大的损害。环境风险源的识别由风险源自身转移到风险物质的安全性评价上，风险源的识别不仅要关注其自身发生事故的概率，同时也要考虑事故排放所导致的环境风险，考虑环境污染事件对人身健康的影响、对社会的影响以及对生态、经济的影响等。

我国在环境风险源识别研究方面起步较晚，郭振仁等（2005）提出了环境污染事故危险源的概念，根据危险源自身特性和周围环境状况两个主要因素对空气污染事故、水污染事故两类危险源提出了评级模式，依据计算得到的危险指数将危险源分为4级，并将其方法应用于试点企业风险源评级中。赵肖和郭振仁（2010）建立了基于风险源特性、风险源周边环境状况、危险物环境效应及危险物衰减特性的风险源分级指标体系，并构建了环境后果综合评价模型。贾倩等（2010）构建了基于危险物质、生产工艺、设备设施、企业管理、企业布局的石油化工企业突发环境风险综合评价指标体系，并建立了相应的风险评价模型，提出了4级风险分级管理体系，并以长江下游某化工园区为例进行了研究。李凤英等（2010）以硝基苯储罐塌陷为初始事件，采用蝴蝶结方法进行风险源识别，并通过GIS空间分析方法揭示居民对地表水水源污染易损性的空间分异，其分析结果为事故安全防范与应急控制提供了关键节点。

在定量分级方法方面，结合自然灾害分级研究与安全生产重大危险源分级评估，目前研究中常用到的分级评估方法有层次分析法、模糊综合评价法、聚类分析法、多元分析组合方法等。层次分析法（analytic hierarchy process，AHP）是通过分析复杂问题找出所包含的各种因素及相互关系，并按隶属关系分为若干层次构成递阶层次结构模型。在每一层次中按一定的准则，请专家对各因素进行逐对比较，建立判断矩阵。对每一个判断矩阵，应用传统的特征向量法求出相应的特征向量，得出该层因素相对于上一层某一因素的优先权向量。然后，根据层次合成原理计算出各层因素对总体目标的组合权重，从而得出不同方案的最后权重值，为选择最优化方案提供依据。另外，层次分析法也是方案评价中确定指标权重的一种常用方法。Heller（2006）在工业风险评价与管理系统中，采用了基于层次分析法的多标准决策支持技术。肖亮（2007）构建了基于层次分析法的危险源风险评价模型，并对杭州市危险源企业进行了实例分析。赵玲和唐敏康（2009）建立了尾矿库危险源层次模型，采用模糊层次分析法确定了各危险源的权重，进而将其划分为4级。卢仲达和张江山（2007）利用层次分析法对各类环境风险的危害度进行了排序。

模糊综合评价法是一种基于模糊数学的综合评价方法。该综合评价法根据模糊数学的隶属度理论把定性评价转化为定量评价，即用模糊数学对受到多种因素制约的事物或对象做出一个总体的评价。它具有结果清晰、系统性强的特点，能较好地解决模糊的、难以量化的问题，适合各种非确定性问题的解决。Sadiq等（2004）采用模糊综合评价法对海上石油钻井废物进行了风险评估。

聚类分析法既是指标体系结构初构的一种方法，同时也是指标体系精选中一种有效的分析方法。系统聚类法的原理是：先将待聚的 n 个样本各自看成一类，共 n 类，然后按照事先选定的计算方法计算每两类之间的某种距离（或相似系数），将关系最密切的两类并为一类，其余不变；再按前面的计算方法计算新类与其他类之间的距离，这样每合并一步就减少一类，不断重复这一过程，直到所有样本合并为一类为止。系统聚类常用的方法有最短距离法、最长距离法、重心法、离差平方和法等。肖利民（2008）根据聚类分析法，提出了基于空间数据聚类的重大危险源动态分级法，并实现了对矿山重大危险源的动态分级。

多元分析组合方法是指把待评价的同一事物的多种因素，按某一属性分成若干大因素，然后对每一大因素进行细分，按照每个子部分目标的不同，分别采用不同的方法求解或确定指标因子权重。毛国敏等（2007）运用多元统计分析方法，研究和分析了地震灾害的分类和分级问题，找出了地震灾害的 3 个基本结构，提出了主成分提取—最大正交旋转—因子分析分类模型和欧氏平方距离—离差平方和法—系统聚类分级模型。运用上述模型将地震灾害分为 8 种类型和 5 个等级，比较合理地解释了已有地震灾害现象。

总体上，环境风险源的识别与分级评估需要关注的要素包括环境敏感受体、事故风险作用过程和污染事故危害后果。

（1）环境敏感受体

环境敏感受体是环境风险源的潜在危害对象，不同的环境受体对事故危害的承受能力存在差异，因此识别环境风险源需首先确定环境受体，并建立环境受体对事故危害承受度的指标体系。区域的环境受体主要包括水环境敏感受体和大气环境敏感受体两大类，见表 1-1。

表 1-1　环境风险源的环境受体

受体类型	序号	项目
水环境敏感受体	1	受纳水体（河流、湖泊、海域）
	2	岸边及附近下游的取水口（自来水取水口、地下水补给区、农业灌溉取水点、工业取水口）
	3	岸边及附近下游保护区（养殖区、洄游产卵保护区、特殊种群保护区、湿地保护区、陆地动植物保护区、基本农田保护区）
	4	岸边及附近下游的城镇中心区
大气环境敏感受体	5	居民点（区）、自然村
	6	学校、党政机关、科研单位、体育场馆
	7	医院、疗养院、养老院
	8	饭店、宾馆、酒家、旅店
	9	商场、市场、银行、商业办公楼
	10	码头、火车站、汽车站、地铁站、机场
	11	广场、风景游览区（公园、游乐场及旅游胜地等）、自然保护区
	12	农业、养殖业生产场所
	13	工业生产场所

（2）事故风险作用过程

环境风险因子释放后在局域或区域范围内形成的潜在危险风险区域，可定义为环境风险场，即环境风险因子释放后对环境风险受体构成的潜在威胁作用的空间格局，是环境风险与事故灾害转化的中间环节。环境风险场强度与风险源源强、环境空间所处状态、水文与气象条件以及环境介质参数等有关，是环境风险因子迁移扩散到环境空间某一位置暴露水平的具体体现，与环境风险受体无关。风险传播途径主要考虑污染物大气扩散传播和水环境传播。

影响环境风险源作用的因素还包括监控措施、管理水平、设备运行状况、人员素质、环境条件等。目前，事故风险主要运用环境风险评价的相关方法进行评价，可分为定性和定量两大类（刘桂友和徐琳瑜，2007；胡二邦，2009）。

（3）污染事故危害后果

污染事故危害后果分析是评价环境风险源危害级别的重要依据，其目的是定量描述潜在事故一旦发生将造成的人员伤亡、财产损失、社会危害和环境污染的状况。常见的危害后果定量评价法有：液体泄漏模型、气体泄漏模型、爆炸冲击波超压伤害模型、毒物泄漏扩散模型等（胡二邦，2009）。实际计算过程中，需综合考虑危险源的物质特性、物质量的大小、释放途径及当地环境状况，选择合适的危害后果量化模型进行计算，确定污染事故发生后危害的范围和程度。

1.1.2 重点环境风险源监控技术

从运动状态的角度划分，环境风险源大体上可以分为两类：固定环境风险源和移动环境风险源（Andreassen，1988；兰冬东，2010）。固定环境风险源主要指生产、贮存、使用、处置危险物质的企业、装置、设施、场所等。事故发生原因主要有以下几点：①工艺技术水平缺陷，生产贮存装置、设备陈旧老化及相关公共设施发生故障；②人为的不安全行为（如操作不当）、自然灾害、安全管理不到位等因素；③污染性的废物没有经过安全处置或者处置不当，人为或事故性的因素导致废物排放不当，如农药等化工企业废水未经处理直接排放。移动环境风险源主要发生于危险物质的装卸运输过程，如危险物质贮存装置故障，运输、装卸中违章作业等，或交通工具发生交通事故，导致危险性的化工原料、产品或危险废物的燃烧、爆炸、泄漏等危险事故。移动环境风险源的事故特点是随时随地可能发生，其危险性不仅与有害物质的性质、泄漏到环境中的数量有关，还与事故发生地的地理环境、气候条件以及环境敏感点的分布情况有关。

而在安全生产管理中，将“重大危险源”定义为长期或临时的生产、加工、搬运、使用或贮存危险物质，且危险物质的数量等于或超过临界量的单元。所指的单元是，一个（套）生产装置、设施或场所，或同属于一个工厂的且边缘距离小于 500 m 的几个（套）生产装置、设施或场所。危险物质是指一种物质或若干种物质的混合物，由于它的化学、物理或毒性特性，使其具有易导致火灾、爆炸或中毒的危险。判定单元是否构成重大危险源，所依据的标准是《危险化学品重大危险源辨识》（GB 18218—2009）。单元内存在的危险物质为单一品种，则该物质的数量即为单元内危险物质的总量，若等于或超过相应的临界量，则被定义为重大危险源。单元内存在的危险物质为多品种时，则按照式（1-2）计算，若满足式（1-2），则定义为重大危险源：

$$\frac{q_1}{Q_1} + \frac{q_2}{Q_2} + \cdots + \frac{q_n}{Q_N} \geqslant 1 \tag{1-2}$$

式中，q_1，q_2，…，q_n为每种危险物质实际存在或者以后将要存在的量，且数量超过各危险物质相对应临界量的2%（t）；Q_1，Q_2，…，Q_N为各危险物质相对应的临界量（t）。

环境风险源与危险源二者之间既有区别又存在一定的联系。它们之间密切的关系见表 1-2。在研究中通常是以危险源研究为基础的，国际上对环境风险源的研究首先侧重于对危险源的探讨（郭振仁等，2009）。但是，危险源的含义只涉及源物质的自身特性，包括构成危险源物质的有毒有害程度高低及其量的大小，以及危害物质存在的安全状态。环境风险源也涉及源自身特性及其安全状态要素，同时进一步考虑了风险源所在的周边环境因素，两者的内涵有密切的联系又存在显著的区别。

表 1-2　环境风险源与危险源的区别

名称	环境风险源	危险源
关注点	从生态环境保护的角度出发，关注环境安全管理	从职业安全角度，关注工业生产领域的安全生产
发生概率	考虑概率影响，包括环境风险释放的不确定性	概率考虑较少
受体	生态环境及其周边的敏感目标	主要考虑人类
主管部门	环境保护部门	安全生产监督部门

在重大风险源监控技术研究中，还需理清敏感受体的概念。敏感受体是指风险因子可能危害的人类、生命系统各组织层次、水源保护地和社会经济系统。一般情况下，风险受体的调查范围是工业企业周边 500 m 区域的环境敏感区域，如医院、学校、党政机关、自然保护区、储有易燃易爆品的单位、风景游览区、水源保护地等。

环境敏感受体的规模、脆弱性、价值都影响着风险的大小。人口密度越大，单位面积上建成区面积越大，价值越高，该地区的风险损失就越大。风险的大小还与当地的社会环境因素密切相关，包括人群的生活习惯、教育程度，以及媒体活跃程度、政府的管治水平等。

因此，环境风险源监控技术的研究主要针对风险源本身和敏感受体两方面进行考虑，既可借鉴安全生产领域的危险源监控，也可把环境领域的污染源在线监测应用到环境风险源监控领域。环境风险源监控技术研究多基于重大危险源监控、环境在线监测系列研究工作。

1. 重大危险源监控研究进展

早在 1985 年 6 月，在日内瓦举行的第 71 届国际劳工组织大会就通过了《关于危险物质应用和工业过程中事故预防措施》的决定，初步提出危险源监控技术及方法；1988 年和 1991 年，国际劳工组织（International Labour Organization，ILO）又先后编写了《重大事故控制实用手册》和《重大工业事故的预防》，对重大危险源的辨识方法及控制措施提出了建议，促进了危险源监控体系的完善。1992 年以来，美国劳工部（United States Department of Labor）、EPA 先后颁布了《高度危害化学品处理过程的安全管理》标准、《预防重大工业事故公约》、《预防化学品泄漏事故的风险管理程序》标准，为危险源的确认和控制奠定了基础。

我国对重大危险源的监控技术体系研究起步较晚。2003 年以来，国家相继下发了《关于开展重大危险源监督管理工作的指导意见》、《重大危险源（储罐区、库区和生产场所）安全监控通用技术规范》与《重大危险源（罐区）现场安全监控装备设置规范》（征求意见稿）等文件，推动了危险源监控工作的开展。

2. 环境在线监测系统研究进展

环境监测工作主要以手工监测仪器为主，大量的信息都停留在纸上，少量的信息挂到网上，其完整性、时效性很差。随着监测传感器的发展、传感网的出现，特别是近几年物联网的兴起，为监测数据获取提供了便利，并且还可以避免传统数据收集方式给环境带来的侵入式破坏。环境监测领域的重点污染源自动监控、水环境质量在线监测和大气环境质量在线监测，是物联网应用最早的一个领域，各个国家都对此进行了大量的研究和应用。

环境在线监测系统从宏观上来讲（曹喆等，1999），就是为了适应新形势下环境监测工作的具体要求，将传统手段与现代信息技术相结合，综合应用全球定位系统（global positioning system，GPS）、地理信息系统（geographic information system，GIS）(Pena，1995)、自动控制技术、网络与通信技术、数据库技术、管理信息系统技术等先进手段和方法，对环境监测目标进行实时动态、多维变频、总量控制、应急响应等的科学监测和分析，实现水、气、噪声及生态等环境要素的实时、多维、高精度在线监测和数据分析与管理，实现对监测业务和环境管理决策的深度支持，从而最大限度地提高环境监测信息化水平，增强环境决策与管理的能力。从微观上来讲（吴邦灿和费龙，1999），环境在线监测系统就是利用在线式监测仪器及设备对其监测指标进行连续监测，并通过网络传输和数据处理设备对监测信息进行分析、处理与管理，实现环境要素的实时、动态监控。

根据监测对象和监测目的，环境在线监测系统主要分为 3 种类型：空气质量在线监测系统、水质在线监测系统和污染源在线监测系统（Carlson，1991；陈家军等，2002）。前两者是为政府提供及时、准确的环境质量数据，以作为制定、采取环境控制措施以及环境统计的依据，同时满足公众对环境质量现状和变化的知情要求；而第三种类型主要是为环境执法机构提供数据依据，对企业等排污单位的排污状况进行有效跟踪、监控和管理（奚旦立，1996）。

（1）国外环境在线监测系统的发展

近 20 年来世界各国均把先进的自动控制技术、化学分析手段和计算机测控技术作为发展环境监测技术的重要手段。其中，主要的西方发达国家以及日本等都纷纷投入巨资，研究和发展在线式、不间断测量的环境监测设备，并采用先进的计算机软件技术，以求提高监测仪器的自动化水平和数据处理能力，建立了以监测空气、水质环境综合指标以及某些特定项目为基础的在线监测系统（金勤献等，2002）。

近 10 年来，随着传感网、信息技术的飞速发展，环境监测仪器的计算机化、网络化也成为不可逆转的潮流，包括空气质量、水质以及污染源监测在内的各种广域、城域环境等在线监测系统也因此得到迅速发展，遥感遥测技术、地理信息系统、网络通信技术、数据库技术和管理信息系统（MIS）、工业测控总线技术、面向对象的软件开发技术以及无线通信技术均在环境在线监测方面得到了良好的应用（Su et al.，2000；Mol et al.，2001；Glasgow et al.，2004）。

1）水质在线监测系统的研究和应用。

水质在线监测系统能实现对水域长时间的连续监测，实时监视水质状况和动态变化规律，及时发现污染事件，随时作出水质状况报告，定期作出阶段报告，并建立水质变化模式，做到水质的预测预报（高娟等，2006a）。

水质监测系统在国外起步较早，20 世纪 70 年代日本、欧美等发达国家和地区就已经对河流、湖泊等地表水开展了水文水质同步连续自动监测及污染源水质的连续监测（高娟等，2006b）。

美国是最早开始水质监测、水质保护管理的国家之一（王炳华和赵明，2000）。1959 年，美国开始对俄亥俄河进行水质监测；1960 年，纽约州政府开始对纽约州的水系建立自动监测系统；1973 年，全美国建立水质监测系统网络 12 个；1975 年，全美国建立了 13 000 个水质监测站。

英国于 1975 年建立泰晤士河流域自动水质监测系统，该系统由 200 多个水质监测子站和一个数据中心组成。

日本于 1967 年开始考虑在公共水域设立水质自动监测器；1971 年，由日本环境厅支持，在东京、大阪等地市开始设立水质自动监测系统。20 世纪 90 年代以后，日本的水质自动监测主要设置在主要河流、湖泊和近海海域，其区域水质在线监测系统是在所管辖区域内的河川湖泊、下水道、工厂废水排水口设置水质监测设备并联网，使政府环境保护部门能实时掌握所辖区所有水源和排污口的水质状况，同时向辖区的居民提供实时水质数据。一旦发生水质污染事故等异常情况，则事故的种类、影响区域等信息通过系统的通信网络传到中央控制室，为有关部门把握污染的性质状态、制定灾害对策提供依据。

目前，水质在线监测系统在美国、英国、日本、荷兰等发达国家已有了相当规模的应用（Glasgow et al.，2004；万众华和武云志，2004；Tschmelak et al.，2005）。

2）大气在线监测系统的研究和应用。

进入 20 世纪中叶后，世界发达国家由于生产力的高速发展，排放的工业污染物迅速增加，由此引发的环境公害事件接连不断，这引起了各国对大气污染控制的重视。随着科学技术发展的突飞猛进，一些发达国家采取了一系列的措施，有计划地对各类污染源进行监测，以便有效解决大气环境问题，实现控制大气污染的目的。

在美国、加拿大、德国、英国、荷兰等发达国家，已采用先进的大气实时动态监测系统开展大气质量监测工作，包括对工业锅炉、窑炉、烟尘、粉尘等大气污染源的监测，进行大气污染识别和预报分析，为当地政府对可能出现的大气污染事故事先采取措施提供依据（鲍强，1996）。目前，美国有 6000 个监测站，其中有 250 个国家级的，其余为州县级的，利用先进的科学技术，组成了全国范围内的大气污染自动监测网络，由联邦政府统一领导，分区域进行监测。美国把全国分为 10 个大气监测区域，每个监测区域内的州、市和各监测点都各自具有监测系统，但又互联成网。各监测点随时根据测定数据，通过网络向政府大气监测数据库报送并储存数据，由计算机进行数据处理，制出报表。各个监测点还对各类大气污染物设立了超标报警系统。一旦发现大气中某种污染物，如二氧化硫浓度超过了规定的排放标准，报警系统就会自动发出信号，并把超标信息和数据传输到监测管理部门（齐文启等，1997；王春梅和陈俊杰，2002；Kulshrestha et al.，2005）。

20 世纪 70 年代末，日本开展了针对大气污染源监控监测技术的研究，开发了大气污染在线监测系统。其具体做法是在一个中央控制室内，除按照专家系统对实时数据进行处理、汇总、打印报表和曲线图形外，还进行大气质量的预测，这种做法更重要的是在监测和预测基础上可为政府决策部门的管理和立法提供科学、可靠的依据，充分体现了政府的一元化管理功能（胡辉和谢静，2001）。

大气在线监测网和大气污染在线监测系统的建设，对这些国家的大气环境保护起了非常重要的作用。

（2）国内环境监测系统的发展

我国的环境监测工作起步较晚，但发展较快。我国在 20 世纪 90 年代初就开始了自动环境监测，首先在北京、上海、青岛等几个城市开展了大气污染自动监测系统的研制工作，建立了地面大气自动监测站；之后又在黄浦江、天津引滦入津河段及中国石油吉化集团公司、宝钢集团有限公司、武汉钢铁集团公司等大型企业的供排水设施建立了水质连续自动监测系统。

污染源在线监测系统是对企业所排放的污染物实施连续监测，它的特点是实时监控和网络传输。我国从20世纪80年代中期就开始了污染源在线监测方面的研究和探索，但真正在全国范围内开展应用则始于“九五”期间，国家环境保护总局在全国选择了一些省、市作为试点，对污染源在线监测进行了管理和技术方面的有益探索。从全国来看，我国大部分省、市开展在线监测的水平不一，水污染在线监测以规范排污口、安装污水流量计居多，大气在线监测以安装烟尘在线监测设施居多。北京、上海、南京、苏州、哈尔滨、大连等城市率先出台了污染源在线监测管理方面的措施与办法，南方城市安装不同类型的COD（化学需氧量）在线监测设备的企业较多，北方城市安装烟气在线监测设施的企业较多，并开始实现联网。

目前，我国重点城市已利用建立的环境空气质量自动监测系统开展环境空气质量日报或预报工作。与此同时，随着污染物排放总量制度的实施，各地相继开始建设污染源在线自动监测系统（沙斐和金关莲，2002）。

迄今为止，我国已初步建成连接31个省级环境保护局、新疆生产建设兵团环境保护局和5个计划单列市环境保护局的环境信息广域网络系统。国家环境数据中心向社会发布84个重点监测城市的空气质量监测日报数据，68个重点监测城市的空气质量监测预报数据。目前，全国共建成306个省、市级污染源监控中心，对2665家企业实施了自动监测（李学威，2012）。

3. 环境监控系统研究现状

（1）国内环境监控系统建设现状

从产生到初级的发展，环境质量监测、污染源在线自动监测和生态监测等都是与环境保护系统内各具体部门相关的监测，建立的系统都是环境保护各部门的业务系统，是基于各部门而不是基于环境保护局，应用于局部，没有形成网络共享，研究和系统建设仅限于监测（采集数据、分析），难以满足环境保护综合管理的需求。2002年以后，环境监测（监控）工作开始得到重视，不仅仅从一个部门或几个部门的业务来考虑，而是强调基于网络共享，重视基于信息流的工作流，把基于各部门的、部门横向之间不共享的、具有明显信息孤岛特征的业务系统综合起来，体现了明显的信息化特征（王桥和徐富春，2004）。

2003年，成都市环境保护局建设了环境监控指挥中心，当时监控的内容较少，但已经开始以监控为目标。而如今，环境监控概念已逐渐被大众接受，全国陆续建设了规模不等、内涵不同的一系列环境监控中心，如浙江嘉善、武义县的一级环境监控中心，安徽铜陵的地市级环境监控中心，兰州市环境监控中心，郑州、济南等省会城市级环境监控中心，以及安徽、福建省级环境监控中心等，起到了环境监控应急指挥作用。但由于环境监控研究不充分、实践不足，各地环境监控中心存在一定差异，还有总结分析提高的空间。

（2）国内环境监控系统研究现状

环境监控是环境保护监督部门的重要工作之一，是环境保护信息化、数字化的重要内容（程媛媛和杨嘉谟，2010）。实时有效、动态连续、准确完整地获得环境数据就是环境监控的主要过程。根据获得的环境数据进行污染预测、实时监控、分析决策以及采取重大环境保护行动构成了环境监控的完整过程，是集技术性、智能性和决策性（复杂的群决策）为一体的系统处理和活动（王剑锋和林宣雄，2006）。

对风险的全程监控贯穿于风险管理的全过程，对所辖范围内的重大环境风险源进行定期排查与布控，可及时掌握风险源的最新动态。为加强环境管理，全国很多化工园区、环境保护系统建立了环境风险源监控系统，产学研各界许多单位积极开展了技术研发、技术应用的探索和实践。例如，2010 年武汉工程大学设计了武汉市环境监控系统。该系统具体包括污染源视频监控管理系统、城市烟尘远程视频监控、大屏幕显示系统、12369 环境保护热线系统、监察车辆 GPS 定位、环境地理信息系统、连接各级环境保护部门的系统 7 个子系统。南京大学在总结目前国内外环境风险决策支持系统发展现状的基础上，开发了长江流域江苏段环境风险监控预警系统（杨洁等，2006）。2010 年，山西西山煤电（集团）有限责任公司屯兰矿与煤炭科学研究总院重庆分院共同研究开发了 KJ-90 型煤矿瓦斯监控系统，目前该监控系统在国内煤炭系统得到了广泛的应用。在科学研究和技术推广应用过程中，国内大型石油化工企业，如四川化工总厂、青岛石油化工厂、南京化学工业集团有限公司等率先建立了企业危险源监控系统，实现了企业对危险源的监管，为建立全国重大危险源信息网络系统提供了实践经验。

在局域网控制系统方面，南京安控科技有限公司根据不同行业应用需求，设计开发了基于 PLC（可编程逻辑控制器）、RTU、上位机等数据采集和处理设备的 ECHOSCADA 综合管理系统（李永胜，2005）。该系统通过建立相应的信息资源库对各行业的分散数据进行管理，内置的机制通过 OPC、DDE、ActiveX 等通信标准和程序语言与第三方的应用方案进行数据交换和无缝连接，它还含有多种不同层次的管理软件、各类业务流程和管理工具来帮助企业实现标准化管理，可以改善区域内部信息沟通、数据整合能力，从而提高企业对关键信息及时获取、快速反应的能力，加强企业对重点部门的动态监控，降低生产成本，提高管理水平，保证安全生产。

此外，国内对于远程监控系统也开展了积极的研究与探索。西安交通大学、华中科技大学、哈尔滨工业大学、南京理工大学、南开大学、北京邮电大学、北京航空航天大学等高校都已取得了一定的研究成果。例如，西安交通大学电子与信息工程学院开发的三峡大坝分布式网络监控系统（赵广社和韩崇昭，2002）。该监控系统上层采用标准以太网，底层网络采用 RS-485 协议总线技术，加上服务器、监控工作站，构成一个适合工业现场的局域网监控系统。还有哈尔滨工业大学的微计算机化机组状态监视与故障诊断专家系统 MMDES 以及华中科技大学开发的汽轮机工况监测和诊断系统 KBGMD 等。但是我国远程监控系统大多还存在着不同局域网、不同平台，甚至在同一局域网中使用多种操作平台以及多类编程语言的问题。

1.1.3 环境风险综合管理进展

环境风险管理是指应用风险评价信息，制定保护人与环境受体免受或减轻损害的措施，其任务是通过各种手段（法律、行政）控制或降低风险。环境风险评估或评价是风险管理的重要手段，它从评价类型上可以分为 3 类，即事故风险评价（Stam et al.，1998，

2000)、健康风险评价和生态风险评价（黄圣彪等，2007）；从风险评价尺度上，又可以分为宏观风险评价、系统风险评价和微观风险评价。事故风险评价是指在建设项目建设和运行期间，对可预测的突发性事件或事故（一般不包括人为破坏及自然灾害）可能引起的人身安全与环境影响和损害进行评估，提出防范、应急与减缓措施。事故环境风险评价的发展起源于世界环境史上几起震惊世界的重大环境污染事件的发生，尤其是20世纪80年代发生的影响最大和后果最严重的印度博帕尔市农药厂异氰酸酯毒气泄漏与苏联切尔诺贝利核电站事故的发生，人们逐渐认识并关心重大突发性事故造成的环境危害的评价与风险防范管理问题（Guerbet et al.，2002；Hou and Zhang，2009；He et al.，2011）。

1. 美国环境风险防范与管理

美国从20世纪70年代开始进行环境风险防范与应急管理研究，目前已经形成了较为完善的环境风险管理法律、法规与标准体系（Lave，1984；Murphy，1986；Morris et al.，1987），其环境风险管理体系涉及的相关法律法规见表1-3。

表1-3 美国环境风险与应急管理法律、法规

发布年份	相应法律、法规
1968	《全国应急计划》（NCP），美国对处理或应对泄漏污染的综合法律框架
1972	《清洁水法案》（CWA）
1973	《油类泄漏预防、控制和对策计划》（SPCC）（40 CFR 112）（1990年修订）
1975	《危险物质运输法案》（HMTA）
1987	《应急计划与报告法规》（40 CFR 355）
1987	《危险化学品报告：社区知情权》（40 CFR 370）
1980	《综合环境应对、赔偿和责任法案》（CERCLA）
1985	《化学突发事故应急准备计划》（CEPP）
1986	《应急计划与公众知情权法案》（EPCRA）
1990	《空气清洁法案修正案》（CAAA）
1990	《油污染控制法案》（OPA）
1999	《化学品事故防范法规/风险管理计划》（RMP）（40 CFR 68）

美国在环境应急管理方面主要依据《应急计划与公众知情权法案》（*The Emergency Planning & Community Right-To-Know Act*，EPCRA）及与之对应的两部法规（40 CFR 355，40 CFR 370），在化学品事故风险防范与风险分级管理方面，主要依据《化学品事故防范法规/风险管理计划》（*Risk Management Plan*，RMP）（40 CFR 68）。应对石油类泄漏事故主要依据《油污染控制法案》（*Oil Pollution Act*，OPA）和《油类泄漏预防、控制和对策计划》（*Spill Prevention*，*Control and Countermeasure*，SPCC）。

（1）应急响应计划

在有毒有害化学品重大紧急事故频发的背景下，为了应对有毒化学品存储和使用的环境安全问题，美国国会于1986年通过了《应急计划与公众知情权法案》。该法案确定了联邦、州、地方政府以及企业对危险有毒化学品应急计划与公众知情权报告的要求，增加了公众对化学品设施、用途以及排放的相关知识，从而提高化学品使用安全性，保护公众健康和环境安全。该法案主要规定了应急计划、紧急事故通告、公众知情权要求、有毒物质释放清单等条款。规定地方政府须制定化学品应急响应计划，并每年至少审核一次；州政府负责监督与协调地方计划；存储极危险物质（extremely hazardous substances，EHS）并且超过临界量（threshold planning quantity，TPQ）的工厂必须配合应急预案的准备与编制工作；紧急事故通告规定了企业必须第一时间按《综合环境应对、赔偿和责任法案》（*Comprehensive Environmental Response*，*Compensation and Liability Act*，CERCLA）对危险物质事故释放报告量要求，通告极危险物质的事故释放情况、释放量，事故信息必须对公众开放。同时，该法案提出并建立了《有毒物质排放清单》（*Toxic Release Inventory*，TRI）制度，规定所有排放超过一定数量、列入排放清单中有毒物质的企业，每年必须上报向环境排放和转移的有毒化学品数量。目前 TRI 中的化学品达 600 多种，EPCRA 要求 EPA 每年将上述数据进行汇总，形成 TRI 报告，向社会公众公开。实践证明，TRI 制度对控制有害化学污染物排放以及防范重大化学品事故成效显著，其收集的有毒化学品环境污染排放和处置信息对风险的鉴别、污染控制措施的有效性评估以及环境管理决策提供了基础性支持。

极危险物质 EHS 的临界量值 TPQ 的确定可采用毒性等级因子法。该方法通过评估化学品对人体的毒性（level of concern，LOC，关注风险水平/浓度）以及化学品泄漏后的挥发速率（V）来确定化学品的毒性等级因子 R（USEPA，2003），计算得到 R 值后，EPA 针对每种 EHS 模拟了多种释放情形，从而形成了一系列相关排列的指数值，即确定了 6 个量级的 TPQ。

《应急计划和公众知情权法案》要求美国各州创立州级应急反应委员会，并要求当地社区成立当地应急计划委员会。州级应急反应委员会负责《应急计划和公众知情权法案》的条款在本州内的实施，同时指定地方应急计划区并为每个区指定一个当地应急计划委员会。州级应急反应委员会监督和协调当地应急计划委员会的活动，设定步骤接受和处理公众请求，并审查当地的应急反应计划。当地应急计划委员会的成员必须要包括警察、消防、环境、民防、公共卫生、交通方面专业人士在内的当地官员，受应急计划管制的企业代表，还有社区团体和媒体。

（2）化学品事故防范与风险管理

1990 年，美国《空气清洁法案修正案》（*Clean Air Act Amendments*，CAAA）要求对使用、存储有毒有害物质的风险源设施实施风险管理计划，对有毒物质的事故排放进行风险评估并建立应急响应。美国 EPA 于 1999 年颁布了《化学品事故防范法规/风险管理计划》（RMP）。该法规是美国第一部为预防可能危害公众与环境的化学品事故制订的联邦法规。按照风险源性质与事故导致的危害严重性评估及历史事故资料，该法规列出了 77 种有毒物质与 63 种易燃物质的控制清单与临界量标准，并详细规定了风险源企业制定、提交、修改更新 RMP 的具体要求。RMP 系统规定，企业的所有者与经营者在危险物质使用超过临界量时，须向系统提交与危险物质使用、企业设施设备和周围功能区域与敏感区域相关的信息；系统规定了企业提交信息的内容，包括：固定源事故排放的预防与应急政策、固定源与管制物质使用信息、非正常排放中污染物泄漏的最大量与污染物释放的替代方案、正常排放中污染物的削减手段与技术措施、近 5 年中污染事故记录、应急体系、增加企业安全运行的相关措施。

此外，美国 EPA 发布了一系列环境风险管理相关技术文件，包括《化学品事故防范风险管理计划综合指南》、《化学品仓库风险管理计划指南》、《场外后果分析风险管理计划指南》（USEPA，2009a，b）等，并构建了综合风险信息系统（integrated risk information system，IRIS），以实现对环境风险的综合有效管理。

依据风险分析、识别情况，选择合适的模型对风险源导致事故发生的可能性和严重程度进行定性和定量评价，并基于风险源可能导致的事故后果对企业风险按 3 个等级划分，从一级到三级风险水平依次提高。EPA 采用的分级流程如图 1-1 所示。一级：在最坏事故情景下，安全距离内无公众受体并且在过去的 5 年内没有引起场外环境不良后果的事故发生；二级：不是一级也不适合三级的企业；三级：不符合一级项目，但符合美国职业安全与健康管理局（Occupational Safety and Health Administration，OSHA）的《过程安全管理标准》（*Process Safety Management Standard*，PSM）（USOSHA，1992）或为指定 10 类行业之一的企业（纸浆造纸厂、石化炼油厂、石油化工制造业、氯碱制造业、所有其他基本无机化工生产、循环原油和中间体制造、所有其他基本有机化工生产、塑料和树脂材料制造、氮肥制造业、农药及其他农业化学品制造业）。按照企业风险分级的结果，详细规定了不同风险水平的企业制定、提交、修改及更新风险管理计划的具体要求。

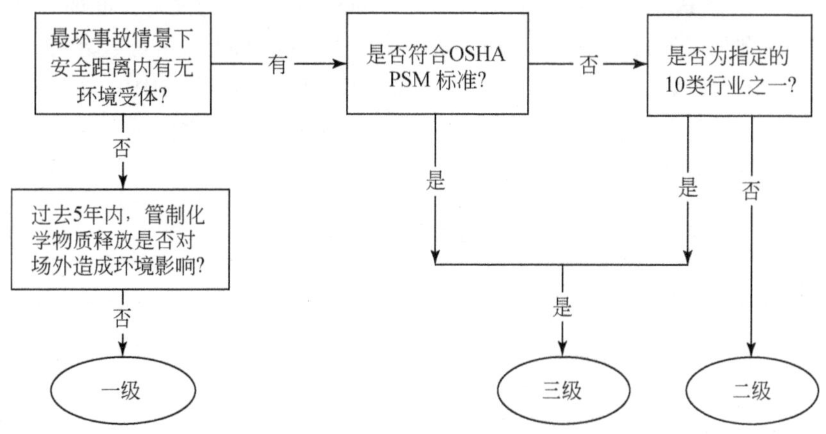

图 1-1　企业风险水平等级评估流程

USEPA 应急管理办公室（Office of Emergency Response）通过现场检查与监督来执行企业 RMP，自 1999 年起实施 RMP，在规定时间内，全美国约有 15 000 家企业列入风险管理计划范畴。

EPCRA 与 RMP 的实施，也使美国政府将之前的事故后应急处置转移到了对事故前泄漏预防、计划和准备上来。

2. 欧盟重大工业事故危险源管理

国际上对环境风险源的研究首先侧重于对危险源概念的探讨。重大危险源的概念源于 20 世纪初工业高速发展的欧美地区，主要用于抑制工业生产领域中重大污染事件的频繁发生，实现事故的有效预防。1976 年，英国设立了重大危险咨询委员会（Advisory Committee on Major Hazards，ACMH），并首次提出了“重大危险设施”的概念及重大危险设施标准的建议书，1979 年和 1984 年，ACMH 又对该标准进行了修改，并在标准中提出了 4 类共 25 种物质（设施）及其临界量（Health and Safety Commission，1984；Whitfield，2002）。

1976 年 6 月意大利塞维索发生的化学污染事故，促使欧洲共同体（现欧洲联盟，简称欧盟）在 1982 年出台了《工业活动中重大事故危险法令》（82/501/EEC），即《塞维索指令Ⅰ》（European Parliament and Council，1982）；1996 年，为了加强重大化学危险源的安全管理和污染控制，欧盟理事会重新修订并通过了《关于防止危险物质重大事故危害的指令》（96/82/EC），即《塞维索指令Ⅱ》（European Parliament and Council，1996），用于代替《塞维索指令Ⅰ》，确定了重大化学危险源判定基准及主要的安全管理制度，新的指令引入了新的立法要求。例如，企业安全管理系统、应急计划、土地利用规划等，同时要求成员国执行更加严格的检查条款。在进一步开展重大工业事故危害和环境中致癌物质、有害物质的研究后，欧盟理事会在 2003 年进一步修订了指令，出台了《塞维索指令Ⅱ（修订版）》（2003/105/EC）（European Parliament and Council，2003）。与《塞维索指令Ⅱ》相比，新指令增加了采矿存储及加工活动中的风险、焰火及爆炸物质、硝酸铵及硝酸铵化肥存储中的风险。《塞维索指令Ⅱ（修订版）》具有双重目的：其一，防止危险物质重大事故灾害的发生；其二，由于事故确实还会发生，这项指令旨在限制此类事故的后续影响，不仅针对人（安全和健康方面），也针对环境。

随着《全球化学品统一分类和标签制度》（GHS）的建立与完善，欧盟在 2012 年发布了《塞维索指令Ⅲ》（2012/18/EU）（European Parliament and Council，2012），相比《塞维索指令Ⅱ（修订版）》（2003/105/EC），《塞维索指令Ⅲ》附录中对规定的化学物质分类按照 GHS 制度进行了补充细化，规定的化学物质种类也有较之前的 34 种（类）增加到 48 种（类），具体信息见表 1-4 和表 1-5。

表 1-4 危险物质的分类与临界量 （单位：t）

危险物质	低临界值	高临界值
‘H’部分——健康危害		
H1 急性毒性类别 1，所有染毒途径	5	20
H2 急性毒性 类别 2，所有染毒途径 类别 3，吸入性染毒途径	50	200
H3 特定靶器官毒性——单一染毒途径 磺乙基纤维素 类别 1	50	200
‘P’部分——物理危害		
P1a 爆炸物 不稳定爆炸物 爆炸物，类别 1.1，1.2，1.3，1.5 或 1.6 单一化学品或含有《欧盟理事会 EC440/2008 法规》中判定有爆炸性能的成分的混合物，且没有被归为有机过氧化物或自反应化学品中	10	50
P1b 爆炸物 爆炸物，类别 1.4	50	200
P2 易燃气体 易燃气体，类别 1 或 2	10	50
P3a 易燃气溶胶 “易燃”气溶胶类别 1 或 2，包含易燃气体类别 1 或 2，或者包含易燃液体类别 1	150	500

续表

危险物质	低临界值	高临界值
P3b 易燃气溶胶 “易燃”气溶胶类别 1 或 2，不包括易燃气体类别 1 或 2，也不包括易燃液体类别 1	5 000	50 000
P4 氧化性气体 氧化性气体，类别 1	50	200
P5a 易燃液体 易燃液体，类别 1 易燃液体，类别 2 或 3 维持在沸点之上 其他闪点≤60℃的液体，维持在其沸点之上	10	50
P5b 易燃液体 易燃液体类别 2 或 3，在如高温高压等特定条件下加工，也许会产生较大危害事故 其他闪点≤60℃的液体，在如高温高压等特定条件下加工，也许会产生加大危害事故	50	200
P5c 易燃液体 易燃液体，类别 2 或 3 且没有被归为 P5a 和 P5b 中	5 000	50 000
P6a 自反应化学品和有机过氧化物 自反应化学品，类型 A 或类型 B 或有机过氧化物，类型 A 或类型 B	10	50
P6b 自反应化学品和有机过氧化物 自反应化学品，类型 C、类型 D、类型 E 或有机过氧化物，类型 C、类型 D、类型 E、类型 F	50	200
P7 自燃液体和固体 自燃液体，类别 1 自燃固体，类别 1	50	200
P8 氧化性液体和固体 氧化性液体，类别 1、2 或 3 氧化性固体，类别 1、2 或 3	50	200
‘E’部分——环境危害		
E1 急性 1 或慢性 1 水生环境危害	100	200
E2 水生环境危害慢性 2	200	500
‘O’部分——其他危害		
O1 EUH014 * 中列出的危险化学品	100	500
O2 遇水放出易燃气体的化学品，类别 1	100	500
O3 EUH029 * 中列出的危险化学品	50	200

* 《欧盟物质和混合物的分类、标签和包装法规》（EC 1272/2008）中的分类号。

表 1-5 危险物质临界值表 （单位：t）

序号	危险物质	低临界值	高临界值
1	硝酸铵（肥料级）	5 000	10 000
2	硝酸铵（优质肥料级）	1 250	5 000
3	硝酸铵（技术级）	350	2 500
4	硝酸铵（有爆炸危险级）	10	50
5	硝酸钾（含多种物质，颗粒状）	5 000	10 000
6	硝酸钾（含多种物质，结晶状）	1 250	5 000
7	砷酸酐、砒酸和/或砒酸钾	1	2
8	亚砷酸酐、亚砒酸和/或亚砒酸盐		0. 1
9	溴	20	100
10	氯	10	25
11	镍合成物	1	1
12	氮丙啶	10	20
13	氟	10	20
14	甲醛（大于 90%）	5	50
15	氢	5	50
16	氯酸（液化气体）	25	250
17	烷基铅	5	50
18	极度易燃液化气和天然气	50	200
19	乙炔	5	50
20	环氧乙烷	5	50
21	环氧丙烷	5	50
22	甲醇	500	5 000
23	4,4-亚甲基苯胺(2-氯苯胺）和/或其盐（粉末状）	0. 01	0. 01
24	甲基异氰酸盐	0. 15	0. 15
25	氧气	200	2 000
26	甲苯二异氰酸酯	10	100
27	光气	0. 3	0. 75
28	砷化三氢	0. 2	1
29	三氢化磷	0. 2	1
30	二氯化硫	1	1
31	三氧化硫	15	75
32	多氯二苯并呋喃，二噁英	0. 001	0. 001
33	致癌物质（质量浓度大于 5%）：对氨基联苯及其盐、二氯甲基醚、1,2 二溴甲烷；二乙基硫、二甲基硫、二甲氨基甲酰氯、二溴丙烷、二甲基肼、*N*-亚硝基二甲胺、六甲基磷酰胺、肼、二-萘胺和/或其盐、丙烷磺内酯、4-硝基苯	0. 5	2

续表

序号	危险物质	低临界值	高临界值
34	石油产品：汽油、石脑油、煤油、柴油	2 500	25 000
35	无水氨	50	200
36	三氟化硼	5	20
37	硫化氢	5	20
38	哌啶	50	200
39	五甲基二乙烯三胺	50	200
40	3-异辛氧基丙胺	50	200
41	次氯酸钠混合物	200	500
42	丙胺	500	2 000
43	丙烯酸叔丁酯	200	500
44	2-甲基-3-丁烯腈	500	2 000
45	棉隆	100	200
46	丙烯酸甲酯	500	2 000
47	3-甲基吡啶	500	2 000
48	1-溴-3-氯丙烷	500	2 000

欧盟对重大环境风险源的管理主要以《塞维索指令Ⅲ》为基础。《塞维索指令Ⅲ》的适用范围为所有涉及规定的危险物质的企业，它既包括工业活动，也包括危险化学品的仓储。其主要内容包括以下几点。

1）规定企业经营者必须制定出企业的《内部应急预案》，并将此预案提交当地政府部门以便制定《外部应急预案》。在预案制定时必须咨询工厂员工和相关公众。

2）规定在立法过程中应考虑土地使用规划对重大事故灾害的影响。土地使用规划政策应保证存在有害物质的工厂与居民区保持一定的距离。

3）赋予了公众更多的权利，公众有知情权，也有权进行协商。企业有向公众披露信息的义务。

4）成员国有向环境委员会报告重大事故的义务。

5）在指令中，有关条款旨在通过详细地规定主管部门的义务，以保证欧洲执行的一致性。主管部门有义务组织检查系统，这一系统可由所有工厂的系统评估部门构成，或至少由每年一次的现场检查组成。

在《塞维索指令Ⅲ》中，规定了48种（类）化学品的临界值，对未明确的其他危险物质按其毒性、易燃性、环境有害性分类确定了临界值。在临界值标准中分为两个级别阈值，因此该指令可以被认为在实践中提供了3个级别的控制，高临界值对应的企业要求进行更为严格的管理。如果一家公司的危险物质在数量上低于此指令规定的低临界值，则不受此指令约束；如果公司的危险物质在数量上高于此指令规定的低临界值但低于高临界值，则受指令规定的基本要求的约束；如果公司的危险物质在数量上超过此指令规定的高临界值，则受此指令中所有要求的约束。欧盟的重大危险源分类标准具有广泛的指导意义。

在欧盟的框架下，负责重大危险源管理的是欧盟委员会（European Commission）下的环境委员会（Directorate General Environment），具体事务则是由联合研究中心在意大利Ispra市成立的重大事故灾害管理局（Major Accident Hazards Bureau，MAHB）来负责。MAHB的主要职责是协助欧盟环境委员会完成对重大事故的控制和预防。

在意大利，以欧盟《塞维索指令Ⅲ》为基础形成的国内法律Law238/05来对风险企业进行分级，该法律列举了危险的工业类型和工艺过程目录，对含有目录中规定的工业类型和工艺过程的企业，如果其所含有的危险物质超过表1-4或表1-5规定的危险物质低临界值的量，但是低于高临界值的量则判断为A类风险源，如果高于高临界值则判断为B类风险源。其分级是依据图1-2所示的流程来进行的。

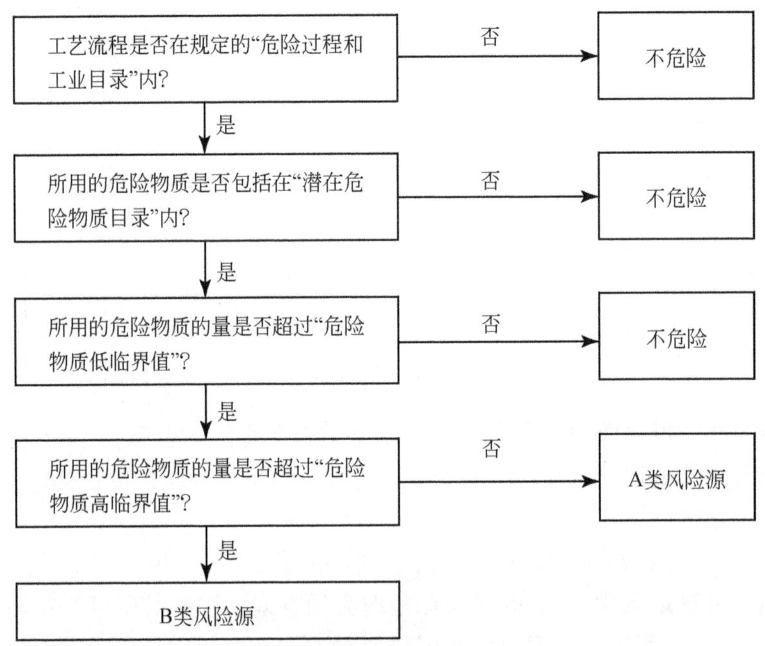

图1-2　意大利环境风险源分级流程图

中-意环境保护合作项目“应用遥感技术对油品/化学品溢漏进行预防、评价与管理”的总体目标是帮助中国改善用于防止、评估与管理涉及危险物质的管理体系和组织机构。主要目标之一是确定应当优先加强突发环境事件的防治、准备与应对措施的地区，这就需要对不同的地区进行区域环境风险评价，其评价的方法是以《塞维索指令Ⅲ》为基础的，主要分为以下两个步骤。

第一步：确定企业所含风险物质的风险大小。依据《塞维索指令Ⅲ》的物资清单中对危险物质的低临界值和高临界值的规定，根据风险企业所拥有的危险物质的数量，对未高于临界值的定为一般环境风险源，高于低临界值但低于高临界值的定为危险级环境风险源，高于高临界值的定为非常危险级环境风险源。对非、危险级和非常危险级环境风险源分别赋值为0、0.5和1，这个值被称为企业固有危险（IIR）值。

第二步：依据地区环境敏感受体的脆弱性特征对工业企业的风险等级进行提升。考虑企业影响到的环境敏感受体，把风险企业对环境的影响进行量化。该方法主要考虑了对水环境的影响，分为三种环境敏感受体，分别是城镇居民、农业生产和工业生产。根据风险企业所影响到的河流下游24h径流范围内的以河水为主要水源的居民数量、农业或工业取水口数量等参数，把风险企业对环境敏感受体的影响进行量化，再结合 IIR 值，实现对环境风险源风险大小的细化。其计算见式（1-3）：

$$TIR = IIR(TR_u \cdot wf_u + TR_a \cdot wf_a + TR_i \cdot wf_i) \quad (1\text{-}3)$$

式中，TIR 为区域工业危险值；TR_u 为工厂引起的城市地区危险指数；TR_a 为工厂引起的农业地区危险指数；TR_i 为工厂引起的工业地区危险指数；wf_u 为城镇居民权重系数；wf_a 为农业地区权重系数；wf_i 为工业地区权重系数。

3. 德国重大危险设施风险识别与管理

德国重大危险源的管理遵循预防原则和肇事方负责原则，主要由德国联邦环境、自然保护和核反应堆安全部和联邦环境局负责管理。德国环境保护部下设了设施安全委员会，由于危险源的管理是一个复杂的系统工程，该委员会的代表来自生产的各个环节和领域，它的组成是按照《设备和产品安全法》第 29a 款和第 17 款的规定筛选的，规定参与该委员会的人员由联邦劳工与社会事务部的相关人员、相关的联邦机构代表，以及各州主管污染防治和工作安全的代表，特别是科学界、环境保护团体、工会和专家代表组成；此外，还有安全事故保险公司和经济界的代表，以及《企业安全法》第 24 款和《有害物质法》第 21 款规定的相关代表共同组成。根据《联邦污染防治法》的规定，该委员会的主要职责是针对设施安全给联邦政府或负责的相关部门提供建议。同时可以定期地进行监测，或者从一些事件出发，提出改善生产设施安全性的措施，或者给出现行最优的安全生产技术。该委员会也主要负责《塞维索指令Ⅲ》在德国的实施。

1993 年，德国联邦环境局下设了设施事故登记和评价中心（ZEMA），该中心按照德国《生产事故法》收集德国的重大生产设施事故，并对其进行分析解读，在年度报告中公开发表。截至 2010 年，该中心已经掌握的重大危险事故已经达到 570 例，这些案例都可以在 ZEMA 的数据库里进行查询。在 ZEMA 之下还设立了一个事故评价委员会，对于未达到《生产事故法》规定申报条件的事故进行收集、评价和总结，来为安全生产技术的发展提供建议和指导。

4. 加拿大风险源企业的识别与管理

加拿大为了贯彻实行《环境保护法案》（*Canadian Environmental Protection Act*），于 2003 年 8 月颁布了《环境应急法规》（*Environmental Emergency Regulations*）（SOR/2003-307）（CEPA，2003）。在该条例中，共规定了 174 种化学品物质及其组分浓度与物质数量清单，对组分浓度的要求以百分比表示。例如，1%、10% 表示该物质作为混合物的组分之一，对其质量百分比规定限值是 1% 或 10%，其物质数量的规定是指该化学品单独存储的数量要求，或是该物质作为组分之一，其混合物质的数量要求。达到限值规定的化学物质应按要求列入应急管理范围。174 种化学品物质共分为两部分（Part1 和 Part2），两部分的划分主要考虑化学物质作为混合物组合的性质。第一部分清单规定了 76 种化学物质，清单中物质作为混合物的组分，其混合物的闪点大于 23℃ 或沸点大于 35℃，主要考虑的是易燃物质。第二部分清单规定了 98 种化学物质，物质为气体、液体和混合体时，其分压小于 10 mmHg，主要考虑有毒物质。

2011 年，加拿大颁布了《突发环境事件管理条例》实施准则，在该准则中，进一步将原有规定的174种化学品扩展至215种。确定了215种化学品物质及其组分浓度与物质数量清单，清单分为三个部分：第一部分规定了80种化学物质，主要考虑的是可能爆炸的物质；第二部分规定了101种化学物质，主要考虑吸入后对身体有害的物质；第三部分规定了34种其他有害化学物质，主要考虑了重金属类化合物及壬基酚类等内分泌干扰物。

对涉及清单中化学物质的企业，加拿大《环境应急法规》规定了其风险信息提交和认证的内容和程序，利用该信息编制环境紧急计划、实施和测试环境紧急计划的要求，以及通报和汇报突发环境事件应急处置预案等内容。实施《环境应急法规》后，加拿大国内约1500家企业被列入风险管理计划，企业数量大约为美国的1/10。

5. 瑞士风险企业的识别与管理

为了防范突发事件，瑞士颁布了《重大事故法令》（*Major Accidents Ordinance*）（1991，修订于1999年）。该法令以潜在危害概念为基础，潜在危害由危险物质（产品或废弃物）具有的特性和物质的数量决定，结合化学物质本身的特性情况来确定每种物质的限值。

设定限值标准主要依据物质的毒性、火灾/爆炸特征和生态毒性。如果物质具有多种危险特点，如既有毒又易燃，则利用每种相关危害特点的程序来确定限值，并采用数值最低的一个。毒性物质的限值确定主要依据欧盟危险化学品分类（极高毒性、有毒、有害、刺激性）和急性毒性参数；火灾和爆炸物质的限值确定主要依据瑞士安全学会确定的火灾风险级别、欧盟危险化学品分类（爆炸性、极易燃、易燃、氧化性）和闪点温度；具有生态毒性的物质其限值确定主要依据其对水藻的急性毒性和对鱼类的急性毒性，分别用24h的半效应浓度EC_{50}和48～96h的半致死浓度LC_{50}表示。按照该原则，瑞士将危险物质的限值分为0.2t、2t、20t和200t。

6. 我国重大危险源辨识与管理

我国于20世纪90年代初开始在安全生产领域开展重大危险源的科学研究，并列入了国家“八五”科技攻关计划，1997年开始在全国六大城市（北京、上海、天津、青岛、深圳和成都）进行了重大危险源的普查试点。2000年发布了国家标准《重大危险源辨识》（GB 18218—2000），该标准规定了辨识重大危险源的依据和方法，给出了危险物质清单与临界值。2009年这一标准修订为《危险化学品重大危险源辨识》（GB 18218—2009），将危险化学品重大危险源定义为长期或临时生产、加工、使用或储存的危险化学品，且危险化学品的数量等于或超过临界量的单元，修订后标准适用范围中增加了采矿业中涉及危险化学品的加工工艺和储存活动，取消了生产场所与储存区之间临界量的区别。新标准规定了78种危险化学品名单与临界量值，对未列入名单的危险化学品根据其危险性规定也确定了临界量。

危险源的危险性分级作为重大危险源辨识的有机组成部分，可以理解为深层次的辨识，分级的直接目的是便于对其进行优先监控和有序管理。国内相关研究对危险源的分类与分级有关概念及方法进行了探讨（高进东等，1999；吴宗之等，2001；钟茂华等，2003；师立晨和多英全，2009）。归结起来，国内外关于重大危险源分级的方法可以分为两大类：一类是分级的标准不变或分级结果不随参加分级的危险源数目多少而变化，即静态分级法；另一类是危险源数目发生变化或分级的标准是可变的或两者皆可变，即动态分级法。静态分级法包括死亡半径评价法，易燃、易爆、有毒重大危险源评价法，基于BP神经网络的重大危险源分级法等。刘骥等（2008）提出了以事故后果分析为基础，结合死亡概率模型的危险源分级方法，并将场外人群受体危害考虑在内；李德顺和许开立（2007）将重大危险源分为化学品重大危险源和非化学品重大危险源，采用动态分级法，并提出了分级指标、分级档数和分级界限三要素。

我国对重大危险源管理的法律依据是《安全生产法》和《危险化学品安全管理条例》。按照《安全生产法》，生产经营单位是重大危险源监管的责任主体，有义务对重大危险源进行登记建档、定期检测、评估、监控，制订应急预案，并按照国家有关规定将重大危险源及有关安全措施、应急措施上报地方安全生产监督管理部门和有关部门。

7. 我国环境风险源管理

在突发事故环境风险评价相关政策规范方面，2004年国家环境保护总局颁布了《建设项目环境风险评价技术与导则》，规定了环境风险评价的基本内容为：风险识别、源项分析、后果计算、风险计算和评价，以及风险管理。

2005年松花江特大水环境污染事件后，国家环境保护总局连续发布了《关于加强环境影响评价管理防范环境风险的通知》、《关于检查化工石化等新建项目环境风险的通知》，特别对化工石化类项目的环境风险评价与风险防范提出了更严格的要求。2006年1月国务院颁布实施《国家突发环境事件应急预案》，对突发环境事件预防、预警以及信息报送与处理作出了明确规定。2006年3月国家环境保护总局发布了《环境保护行政主管部门突发环境事件信息报告办法（试行）》。2010年1月，为了推进高风险企业环境污染责任保险的试点示范，合理确定保险费率，国家环境保护部颁布了《环境风险评估技术指南——氯碱企业环境风险等级划分方法》（环境保护部，2010），此后又发布了《环境风险评估技术指南——硫酸企业环境风险等级划分方法（试行）》（环境保护部，2011）、《环境风险评估技术指南——粗铅冶炼企业环境风险等级划分方法（试行）》（环境保护部，2013）。以氯碱企业环境风险等级划分为例，其指标体系由两个部分组成：基准值和修正值。基准值主要反映企业环境风险内因性因素指标，包括企业生产因素、厂址环境敏感性等；修正值主要反映企业环境风险的外因性因素指标，包括环境风险管理、环境风险应急救援。

同时，为加强企业环境风险和化学品监管、积极防范突发环境事件，国家环境保护部于2010年开展了“全国重点行业企业环境风险及化学品检查”工作，环境风险源管理的技术需求更加迫切。

1.2 国内外研究存在的主要问题

虽然国内外针对重大环境风险源识别与监控技术开展了较多的研究，并取得了一些进展，但研究重点多针对企业安全生产的危险源，并且主要是针对事故发生后的应急控制，而对事故发生前的风险源识别、监控和管理体系建设研究相对较少且比较简单，对风险源潜在的危害、发生频率、敏感因素等指标考虑较少。此外，在风险评价过程中主要考虑自然灾害，对复杂环境条件下风险源发生事故的演化过程影响研究较少，区域环境差异对风险源的影响基本未考虑，这就导致环境危险源评估无法准确反映风险源实际风险水平，进而难以有效指导企业环境风险防范和环境风险管理。目前，有关重大环境风险源识别与监控技术方面国内外研究存在的主要问题归纳如下。

（1）在环境风险源识别技术方面

环境风险源研究侧重于强调环境污染事件对周边环境产生的潜在危害，而危险源强调事故自身对人员安全的影响。目前，国内外对企业危险源的研究较多。危险源研究是风险源研究的基础，国际上对风险源的研究首先侧重于对危险源的探讨。重大危险源的概念源于20世纪初工业高速发展的欧美地区，主要用于抑制工业生产领域中重大污染事件的频繁发生，实现事故的有效预防；1976年，英国重大危险咨询委员会首次提出了重大危险设施标准的建议书；1982年，欧洲共同体颁布了《工业活动中重大事故危险法令》，列出了150种物质及其临界量标准，为危险源的界定奠定了基础；2000年，美国、加拿大、墨西哥联合编写了《2000年应急响应指南》（2000 *Emergency Response Guide Book*），对超过9400种污染物质进行了分类及编号，对产生的环境污染事件的可能性及其处理进行了全面阐述。在危险源研究的基础上，环境风险源的理念也逐渐获得认可。1983年，美国国家科学院提出风险评价"四步法"，初步构建了风险评价体系；1998年，美国EPA制订了《生态风险评价指南》，原则上提出了生态风险评价的框架。我国直到20世纪90年代初才开始危险源方面的研究，目前已发布了一系列国家标准与法规。例如，2000年，发布了国家标准《重大危险源辨识》；2004年，发布了《建设项目环境风险评价技术与导则》；2007年，编制了《重大危险源分级标准》（征求意见稿）等。

然而，现有的研究在风险源识别方面仍存在一些未解决的关键问题。

1）国外相关研究通常仅通过物质类型及数量来判断危险源风险水平，由于评价方法简单，导致风险源识别结果有可能存在较大偏差；

2）目前，我国对环境风险源的研究尚处于起步阶段，在针对环境风险源管理的环境风险源分类、识别与分级等方面尚属空白；

3）现有的重大危险源辨识、分类与分级等国家标准与法规主要用于满足安全生产监管需求，无法直接用于重大环境风险源的识别与控制。

（2）在环境在线监测系统方面

目前，我国在重点环境风险源监控方面尚未形成技术体系，相关研究大多集中在安全监管部门的重大危险源与环境保护部门的重大环境（污染事故）危险源。现有的研究不论是重大危险源监控还是污染事故危险源、环境在线监测方面的研究均存在一定的局限，包括以下几个方面。

1）安全监管部门的重大危险源主要从职业安全角度关注重大工业事故防范及对人体的伤害，而对事故污染物释放对周边敏感受体的影响考虑欠缺。

2）环境保护部门的重大环境（污染事故）危险源研究从生态环境保护角度考察重大工业事故演化成环境污染事件后，对周边敏感受体所产生的危害性后果。而重大环境风险源不仅应包括环境危险源所考量的对周边敏感受体所产生的危害性后果，还应考虑环境风险释放的不确定性。

3）虽然环境在线监测是环境保护部门对环境质量、重点污染企业进行实时监控的一个方式，但仍然存在着一些问题。例如，监测项目偏重于常规指标，有局限性，远不能满足环境管理，特别是风险管理和控制的要求。污染源的监测周期和监测频率难以全面地反映实际排污的情况，不能适应环境风险管理应对突发性事件的需要。

4）现有的环境在线监测系统各地建设方式不同，通信协议等都不一致，不能有效地达到数据资源共享，也不能有效地为环境管理服务。同时，用有限的监测数据来评价整个区域的环境质量以及污染源的排放情况也是不完全的，对于尽早发现污染事故，及时预报区域环境质量等均有很大限制，且未能满足环境风险管理的需求。

（3）在环境风险源管理方面

我国对环境风险源的研究起步较晚，还处于发展阶段，目前的研究多处于环境风险评价的层次，没有对环境风险源进行有效的监管，很多研究还是以危险源为主。综合考虑我国环境风险源的管理主要存在如下几方面的问题。

1）我国工业基础相对薄弱，目前生产设备老化日益严重，超期服役、超负荷运行的设备大量存在，形成了我国工业生产中众多的事故隐患，但是我国环境风险源监控管理还未形成完整的系统；

2）目前对事故发生后应急处理处置研究较多，而对事故发生前的风险源识别、监控和管理体系建设则很少；

3）危险化学品在其运输过程中频频发生泄漏等事故，不仅造成经济损失，而且破坏环境，但是目前对化学危险品的运输缺乏有效的监管手段；

4）虽然我国制定了重大危险源管理制度，但是主要规范在易燃、易爆和急性毒性化学品等消防及公共安全方面，尚未充分涵盖可引起环境风险的优先化学品。例如，《重大危险源辨识》中所包括的61种有毒物质都是以 LD_{50}（半数致死剂量）界定的带有急性毒性特征的有毒化学品，而欧盟相应标准——《塞维索指令Ⅱ》中界定的危险物质种类更多，分类更为详细，尤其还包括“环境危险物质”。更为重要的是，现行制度无法保证环境保护部门事先掌握可引起环境风险的重大危险源的基础信息，难以实现危险化学品事故泄漏环境风险的预防。

1.3 国内外技术发展趋势与需求

随着我国经济社会的高速发展与环境污染事件的频繁发生，怎样实现环境风险的防范与规避已经成为社会广泛关注的热点话题。国内外众多研究者对于重大环境风险源识别与监控技术研究与开发表现出较高的热情，促使在环境风险源识别技术、环境风险源监控技术和环境风险源管理技术构建等研究方面呈现出较明显和突出的发展趋势。

（1）环境风险源识别技术

环境风险源识别的关键是调查可能产生恶劣环境影响的风险源，预测环境风险源的危害范围，排查该范围内的环境敏感点，预测环境风险源引发事故导致的对人身健康和环境的影响，包括对社会和生态产生的影响。计算风险值和评价风险的可接受性，并据此提出相应的舒缓措施，为风险管理决策提供依据。因此，它的技术发展趋势体现为以下两点。

1）随着综合风险评价的发展，风险源识别也朝着多指标、综合性的方向发展。随着技术的进步，风险源识别开始考虑多种化学污染物及各种可能造成环境风险的事件，评价范围也扩展到流域及区域尺度（Roy et al.，2001）。虽然还有很多的工作要做，但它代表风险评价的一个发展方向。综合风险评价的提出始于21世纪初，最初WHO/UNEP（世界卫生组织/联合国环境规划署）将其定义为“基于科学的方法，在一个评价下统一对人类、生态和自然资源进行风险评估的过程”，并给出了相应的评价框架体系（Glenn et al.，2008）。2003年，美国EPA成立专门研究小组，组织专家建立了复合污染风险评价框架（Andersen，2003）。2004年，几个国际组织［如OECD（经济合作与发展组织）］强烈要求将风险评价过程统一（或整合）起来，以便能够减少风险评价过程中测试动物的数量，并节省时间和成本。这些工作和建议均促使风险源识别技术朝着多指标、综合性方向发展。

2）我国的环境风险源识别研究最初来源于安全生产部门，以重大危险源的研究为基础，主要是对企业进行安全评价，工作的重点停留在对单一装置或危险源进行评价的阶段。风险评价在国内的出现和发展，带动了环境风险源识别的研究和发展。我国的风险评价研究起步于20世纪90年代，且主要以介绍和应用国外的研究成果为主，缺乏适合中国的有关风险评价程序和方法的技术性文件（毛小苓和刘阳生，2003）。经过多年的不断探索研究，我国环境风险评价工作逐步建立起一些技术和方法（丁新国等，2004）。2004年，国家环境保护总局发布的《建设项目环境风险评价技术导则》（HJ/T 169—2004），作为对我国建设项目开展环境风险评价的技术性指导，为我国开展环境风险评价建立了基本的评价模式。在环境风险评价的基础上，环境风险源识别工作也取得了进一步的发展。

（2）环境风险源监控技术

环境风险源监控是风险源日常管理、事故预防与应急救援之间的衔接和过渡，借鉴国外先进理念和技术设备，结合我国实际，环境监控的研究发展呈现如下趋势。

1）环境风险源监控技术逐渐规范化。虽然重大环境风险源监控系统与重点污染源在线监测系统在结构上同属于计算机数据采集与监控系统，但环境风险源监控是全新领域，该系统建设的目的和用途是防范环境风险，减少重大环境污染事件的发生，把对人类和环境存在的潜在危险降至最低。因此，既保障监控系统完整和可靠的监控功能，能够与我国的经济发展水平和相关规范相适应，又具有一定技术超前性的重大环境风险源监控技术规范的研究是当前的趋势。

2）环境风险源监控中心的研发和建设，逐步从无规划的试点性质发展为规模化、标准化，从单一业务到综合业务，从简单行政强制统一发展为根据地区的差异分类指导，有计划地分步实施。

3）根据对当前环境风险源监控建设的现状和研究开发的动向分析，以及新形势下对环境风险源监控的要求，环境风险源监控将朝着环境保护数字化、信息化、智能化的大系统方向发展，形成以环境风险源监控为核心的环境保护信息化大系统，它符合新形势下环境保护对环境风险源监控的要求，可以在环境保护中发挥重大作用。同时，环境保护大系统还有许多技术难题，需要不断摸索、逐步加以解决。

（3）环境风险源管理技术

从国外环境风险源管理技术进展来看，欧洲、美国等研究较早、较深入，环境风险防范制度与管理体系建立相对较完善。与我国相比，其企业规模通常较大，生产工艺水平先进、管理较规范。美国等发达国家经过了工业化的高速发展期与产业结构的优化调整，已经形成了较为完善的环境风险管理法律、法规与标准，突发环境事件得到有效遏制。

对风险源识别、分级方法与政策法规分析可见，国外相关研究多以风险设施分类、物质类型及数量来判断企业环境风险水平，管理上较简单、易操作；对重大危险设施/风险源识别与管理的核心依据是危险化学物质与物质的数量，对风险源的评价采用危险性分析与环境风险分析的方法。另外，对事故风险源的管理对象与管理范围界定清晰，具有明确的执行机构，对违法或违规的企业规定了严厉的处罚措施，从而保障了对企业风险源管理监管的有效性。

我国环境风险源管理技术发展趋势可以归纳为以下两方面。

1）当前我国开展环境风险源管理最薄弱的环节在于缺少法律、法规依据。因此，开展环境风险源管理相关的风险源识别、监控等法律、法规、技术规范体系的建设，是推进和保障我国环境风险源管理实施的重要内容。

2）突发性环境风险管理以提高企业环境风险源监管水平，有效防范各类突发环境事件为目标，应坚持预防为主、预防与应急相结合的原则，在环境风险源管理实施中推行分类、分级、分区的管理思路。分类管理即针对不同行业环境风险类型的不同特点进行风险源管理；分级管理是根据企业环境风险等级不同，确定优先管理环境风险单位，对不同等级环境风险单位制定差异化管理程序；分区管理，是根据区域环境风险评估结果，确定优先管理环境风险区域，结合区域环境保护规划，从产业布局与结构调整角度，进行区域环境风险调控。科学制定适用于我国当前风险源管理现状、可操作的环境风险源分类、分级、分区管理策略，是环境风险源管理技术的重要研究内容。

第2章 突发性环境风险源要素解析

从国际经验来看，各国在突发环境事件防范与应急响应方面的经验也是逐步积累起来的，这些经验教训主要来自历史上发生的重特大污染事故的分析（World Bank，1985；International Labour Organization，1991）。因此，有必要对历史上发生的突发环境事件案例进行收集和系统分析，研究事件发生的原因、类型、污染物种类及排放量、传播途径、环境影响，识别重大环境污染事件形成和演化过程中促成事故形成的各种诱发因素，获得我国环境风险高发区域、重点行业、风险类型、风险释放途径、风险物质等分析结果。通过探讨突发环境事件风险系统组成和对历史上发生的突发环境事件案例特征的研究，归纳总结风险源识别与分级的影响要素，进而为突发环境事件的风险防控与管理提供科学依据。

2.1 突发环境事件风险系统构成分析

突发环境事件是指由于违反环境保护法规的经济、社会活动与行为，以及意外因素或不可抗拒的自然灾害等原因在瞬时或短时间内排放有毒、有害污染物质，致使地表水、地下水、大气和土壤环境受到严重污染和破坏，对社会经济与人民生命财产造成损失的恶性环境事件（环境保护部，2010）。突发环境事件的发生，往往是一种或多种风险因素相互作用的结果。毕军等（2006）在对区域环境风险系统的研究中，提出环境风险系统由风险源、初级控制机制、次级控制机制和风险受体4部分组成，环境风险系统由这些要素相互联系、相互作用，在一定条件下形成区域环境风险。曾维华在开展环境污染事故风险预测评估模式研究时，提出了环境风险系统的逻辑结构，即环境风险源、控制机制、风险场及其相互间的关联。借鉴区域环境风险系统理论（Zeng and Cheng，2005），突发环境事件风险系统可以归纳为4个组成部分，即风险源、风险释放与传播途径、风险控制过程、环境风险受体，系统组成如图2-1所示。

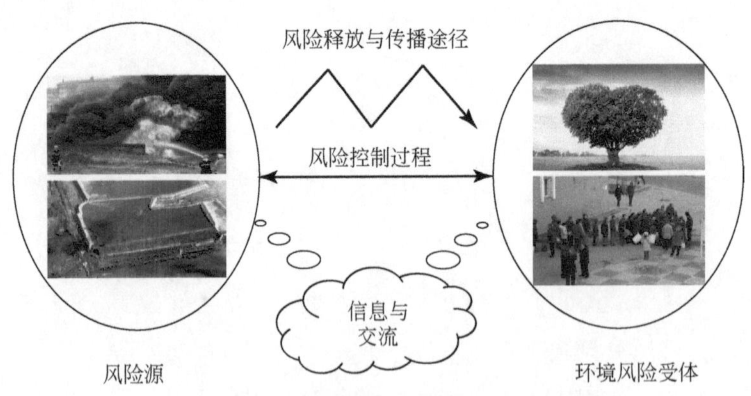

图2-1 突发环境事件风险系统组成示意图

风险源，是指可能产生环境危害的源头，风险源的存在是突发环境事件发生的先决条件。突发事件发生时，其环境危害和影响后果与风险源的强弱相关。本研究关注的是风险源的环境危害性，不关注风险源发生事故的概率，只要有可能，即概率不为0，则认为风险源存在环境危害性。

风险释放与传播途径，主要指可能引起风险释放的风险因子和诱发因素，并确定风险传播及危害范围，以及对影响风险传播的自然条件控制因素。美国EPA在事故危险性排序分析中定义了污染物传播的5种途径：地表水、地下水、空气流动、直接接触与燃烧爆炸。

风险控制过程，主要指对风险源的控制机制及影响风险释放和传播的有效控制措施，包括突发环境事件发生初期对风险源的阻控措施，事故发生后对环境风险受体的隔离和保护措施等。

环境风险受体，是指突发环境事件中可能暴露并受到危害的人群、动植物、敏感的环境要素以及社会财富，如居住区、学校、医院等人群聚集区，饮用水源保护区、自然保护区等生态系统，水体、土壤和大气等环境要素。

在突发环境事件危害作用过程中，风险源、风险释放与传播途径、风险控制过程和环境风险受体之间紧密联系、相互影响，共同决定环境危害和影响程度。

2.2 突发环境事件特征研究

2006年1月，国务院颁布实施《国家突发环境事件应急预案》，按照突发事件的严重性和紧急程度，将突发环境事件划分为四级，分别为：特别重大（简称特大）、重大、较大和一般环境污染事件，划分的主要依据包括：环境事件导致的死伤人数，疏散转移群众人数，经济损失，对生态功能的影响程度，水体或饮用水水源地污染程度，对经济、社会活动的影响程度等。2006年之前的环境事件，其分级标准依据《报告环境污染与破坏事故的暂行办法》（1987年9月10日发布，2006年3月31日废止）。

本部分主要通过对以往发生的环境事件的特点进行总结分析，对影响突发环境事件发生、发展和危害程度的要素进行剖析。

2.2.1 历史环境污染事件案例统计

从污染事件统计分析角度，了解近年来环境污染事件的发生与发展规律，研究数据来源于1992～2002年《中国环境年鉴》与2002～2008年《中国环境统计年报》。

(1) 全国环境污染事件总体趋势分析

根据统计数据结果，1992～2008年我国共报告各类突发环境事件（2006年之前称为环境污染与破坏事故）29 511件。对历年来环境污染事件发生总数及特大、重大环境污染事件数量进行分析，结果如图2-2所示。整体看来，2005年之前，年度环境污染事件发生数均在1400件以上，最高为1994年的3001件；2005年后，环境污染事件发生数量呈明显下降趋势，最低为2007年的462件。2005年年底，松花江特大水污染事件造成了严重后果和社会影响，之后我国开展了一系列环境风险隐患排查工作，加强事故环境风险管理，这对 2005 年后突发环境事件发生数量的下降起到重要作用。

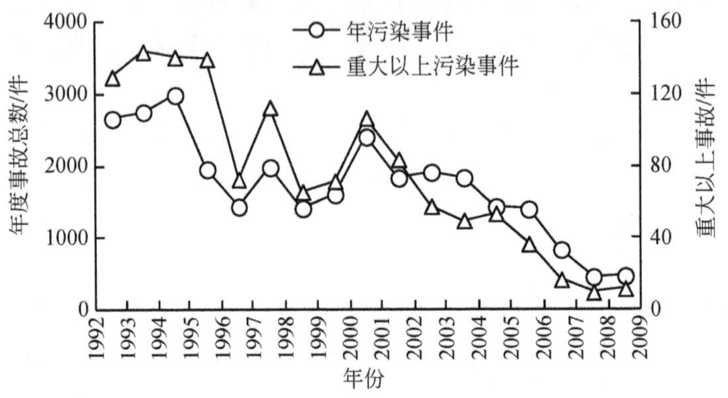

图 2-2　全国 1992～2008 年环境污染事件分析

分析突发环境事件级别，可以发现，1992～2008 年共发生特大环境事件 515 件，占总数的 1.7%；重大环境事件 793 件，占总数的 2.7%；较大环境事件 4364 件，占总数的 14.8%；其他为一般环境事件，占总数的 80.8%。

特大与重大环境污染事件造成的损失大、影响深，也是事前预防管理的重点。分析表明，1992～2008 年我国特大与重大环境污染事件共发生 1308 件，占环境污染事件总数的 4.4%，其趋势与年度环境污染事件发生的趋势基本一致。

环境污染事件发生数虽然呈下降趋势，事件导致的直接经济损失并没有降低，历年环境污染事件总损失及重大以上事件损失统计如图 2-3 所示。

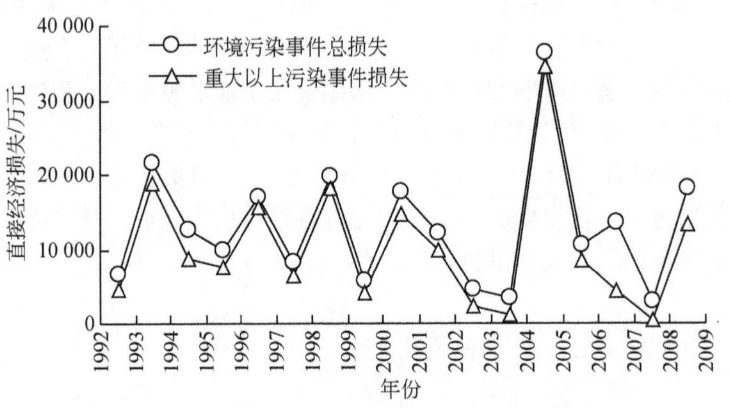

图 2-3　1992～2008 年环境污染事件直接经济损失

由图 2-3 可知，环境污染事件造成的直接经济损失波动较大，其中 2004 年环境污染事件造成的损失最高，究其原因可得，2004 年环境污染事件的损失来自四川沱江特大水污染事件。从统计数据还可以看出，各地对突发环境事件导致的经济损失统计并不完全。例如，2005 年环境污染事件统计中，松花江特大水污染事件的损失就未计入，如果进一步考虑环境污染事件造成的生态环境损失及环境污染事件后生态修复的资金投入，可以推断出由于环境污染事件导致的经济损失将大幅度增加。

（2）环境污染事件类型与原因分析

按照环境污染事件类型对 1992～2008 年统计数据进行分析，如图 2-4 所示，可以看出，水环境污染事件的发生居首位，累计平均占总数的 54.3%，是突发环境事件防范的重点；其次是大气环境污染事件，占总数的 34.2%。

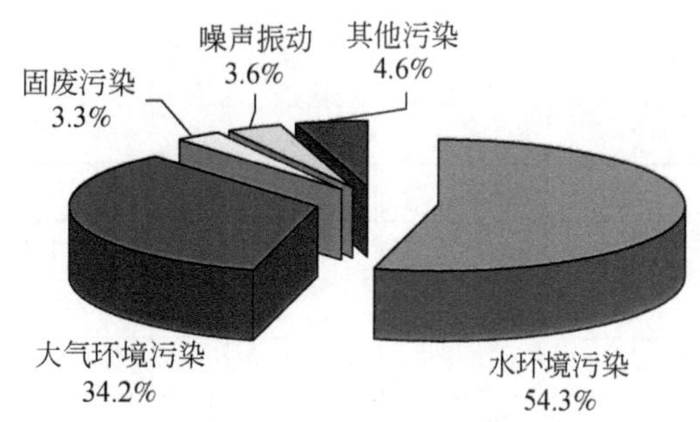

图 2-4　环境污染事件分类统计

以 2007 年和 2008 年数据为基础，对环境污染事件的发生原因进行分析。图 2-5 表明，由企业生产事故导致的环境污染事件比例最大，占总数的 30.8%；其次为交通事故，即运输化学品的车辆或船只发生事故引发的环境污染，占总数的 26.9%；违法排污导致的环境污染事件占总数的 12.9%。

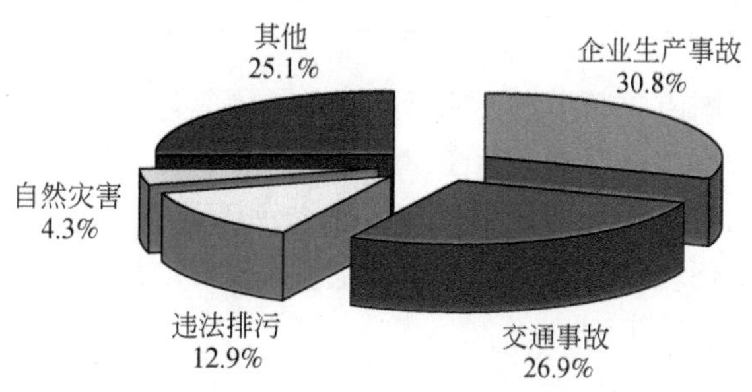

图 2-5　环境污染事件发生原因

（3）环境污染事件高发区域分析

按照水环境污染事件与大气环境污染事件分类，对各地 1992～2008 年环境污染事件进行分析，如表 2-1 和表 2-2 所示。从空间分布来看，水环境污染事件高发区集中在我国东南部和中部省份。水环境污染事件发生最频繁的是广西，为 1849 件；事件数在 1200～1600 次的省份有 3 个，依次为浙江（1499 件）、湖南（1483 件）、江苏（1305 件）；事件数在 800～1200 次的省份有 3 个，依次为广东（1074 件）、四川（1050 件）和江西（946 件）；事件数在 400～800 次的省份有 8 个；400 次以下的省份有 16 个。从表 2-2 所示的大气污染事件区域分布可以看出，大气污染事件高发区主要集中在我国中南部，事件发生最多的仍然是广西，为 1667 件，事件数在 800～1600 次的省份有 2 个，依次为湖南（968 件）、四川（803 件）；事件数在 400～800 次的省份有 7 个；400 次以下的省份有 21 个。

表 2-1　各地水环境污染事件数量统计

序号	地区	事件数/件	序号	地区	事件数/件
1	广西	1849	17	河北	267
2	浙江	1499	18	福建	218
3	湖南	1483	19	黑龙江	157
4	江苏	1305	20	重庆	154
5	广东	1074	21	山西	136
6	四川	1050	22	新疆	129
7	江西	946	23	上海	101
8	安徽	748	24	内蒙古	86
9	云南	692	25	海南	84
10	甘肃	620	26	吉林	73
11	陕西	574	27	天津	39
12	湖北	561	28	宁夏	34
13	山东	534	29	青海	26
14	贵州	501	30	北京	13
15	辽宁	485	31	西藏	12
16	河南	302			

可以看出，广西、湖南与四川水环境污染事件、大气环境污染事件均发生频繁，防范突发环境事件风险需采取综合措施。浙江、江苏与广东则以水环境污染事件为主，水环境污染事件占总数比例均超过65%，因此，该区域突发环境事件防范的重点是水环境污染事件风险，应重点排查水环境污染风险源及其可能进入水环境的途径，加强排污监管，并针对性地建设水污染风险防范工程。

（4）区域重特大污染事件分析

分析1992～2008年区域重特大环境污染事件，污染事件分布如表2-3所示。重特大污染事件发生次数从高到低依次是：广西（136件）、江苏（124件）、广东（112件）、浙江（111件）、山东（88件），重特大环境污染事件在40～80次的有9个省份，40次以下的省份17个。

通过统计数据可计算得到各省份重特大环境污染事件占总数比例的情况，比例从高到低依次是：新疆（16.0%）、山西（14.2%）、内蒙古（14.0%）、西藏（13.6%）、宁夏（13.6%），其重特大环境污染事件比例远高于全国平均比例4.4%，其次是广东与江苏，重特大环境污染事件比例分别为7.1%与6.2%，也高于平均水平。李静等（2009）在分析污染事故的影响因素时指出，污染事故的发生与区域人口数、GDP产值、企业个数呈正相关关系，不同经济水平下相关程度不同。新疆、山西、内蒙古、西藏与宁夏5省份均属于国内经济发展相对落后区域，环境污染事件发生次数较少，各省份总事故数均在300件以下，通常认为其发生环境污染事件的风险较低。但是，区域经济发展水平也直接影响其环境应急管理与风险控制能力，后者则是影响一般环境事件是否演变成重特大环境污染事件的重要因素，因此，对于环境污染事件发生较少、重特大环境污染事件比例高的区域，提高环境应急及风险管理与控制技术水平同样重要。

表 2-2　各地大气环境污染事件数量统计

序号	地区	事件数/件	序号	地区	事件数/件
1	广西	1667	17	陕西	191
2	湖南	968	18	上海	159
3	四川	803	19	青海	123
4	江苏	605	20	山西	116
5	云南	545	21	福建	94
6	贵州	542	22	吉林	83
7	浙江	535	23	内蒙古	72
8	山东	532	24	重庆	66
9	辽宁	506	25	天津	49
10	江西	422	26	新疆	39
11	安徽	393	27	黑龙江	27
12	广东	393	28	海南	24
13	河北	392	29	宁夏	24
14	河南	276	30	北京	14
15	甘肃	241	31	西藏	5
16	湖北	211			

表 2-3　各地重特大级别环境污染事件数及比例统计

序号	地区	重特大事件数/件	重特大事件占总数比例/%	序号	地区	重特大事件数/件	重特大事件占总数比例/%
1	广西	136	3. 7	17	内蒙古	32	14. 0
2	江苏	124	6. 2	18	河南	24	3. 9
3	广东	112	7. 1	19	江西	20	1. 4
4	浙江	111	5. 1	20	湖北	18	2. 2
5	山东	88	5. 7	21	福建	10	3. 0
6	辽宁	75	4. 9	22	吉林	9	4. 1
7	湖南	74	2. 6	23	宁夏	9	13. 6
8	四川	64	2. 9	24	青海	8	5. 2
9	贵州	64	5. 7	25	黑龙江	7	3. 6
10	安徽	57	4. 6	26	海南	4	3. 3
11	云南	57	4. 1	27	重庆	4	1. 7
12	山西	41	14. 2	28	天津	3	3. 1
13	甘肃	41	3. 7	29	西藏	3	13. 6
14	河北	40	5. 5	30	上海	2	0. 6
15	陕西	36	4. 1	31	北京	1	1. 1
16	新疆	34	16. 0				

2.2.2 环境污染事件案例分析

对典型环境污染事件案例分析，有利于总结环境污染事件的发生规律。本书收集了500余起环境污染事件，对案例进行了详细分解，案例信息来源包括环境统计年鉴、相关书籍、环境保护部相关通告、网络信息。为了使分析更具代表性，共选择了288起较大及以上级别的环境污染历史事件进行分析（选择案例信息见附录1），其中特大环境污染事件42例，占总数的14.6%；重大环境污染事件132例，占总数的45.8%；较大环境污染事件114例，占总数的39.6%。

（1）环境污染事件类型分析

对选择的288例环境污染历史事件类型分析可见，事件类型依然是以水环境污染事件为主，共发生197例，占总数的68.4%；其次是大气环境污染事件，共发生72例，占总数的25.0%；海洋污染和土壤污染比例较小，如图2-6所示。在197例水环境污染事件中，有115例事件明确涉及饮用水源地污染，占水环境污染事件总数的58.4%。可见，水环境污染事件极易导致饮用水源地污染或饮用水取水中断及停水事件，由此导致较大的社会经济影响。

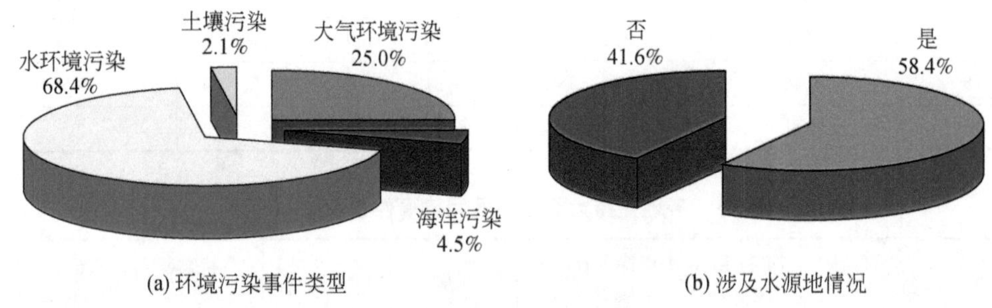

图2-6 环境污染事件类型与涉及水源地情况分析

按水环境污染事件是否影响到饮用水源，将其分为两组，分析每组产生的危害程度，可见两组在特别重大和较大级别污染事件数差别不大，但在重大级别事件数量上，影响饮用水源的事件数量显著升高，如图2-7所示。

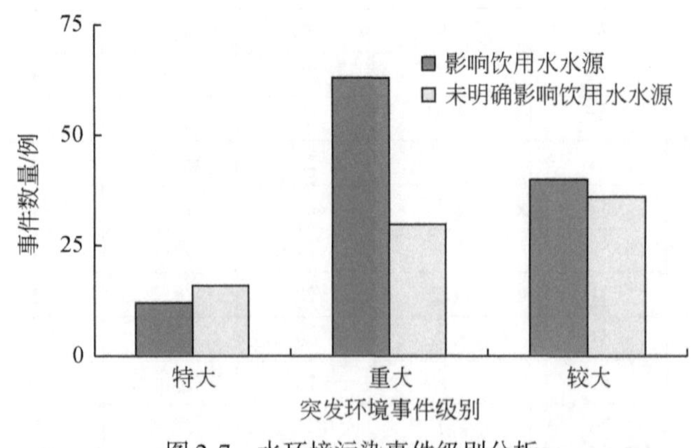

图2-7 水环境污染事件级别分析

（2）原因与诱发因素分析

分析引发环境污染事件的原因可见，由安全生产原因导致的原生或次生环境污染事件仍然占首位，共发生 105 例，占总数的 36.4%；交通事故导致的化学品释放引发环境污染事件共 70 例，占总数的 24.3%；其次是企业违法排污导致的污染事件，共 54 例，占总数的 18.8%，如图 2-8 所示。

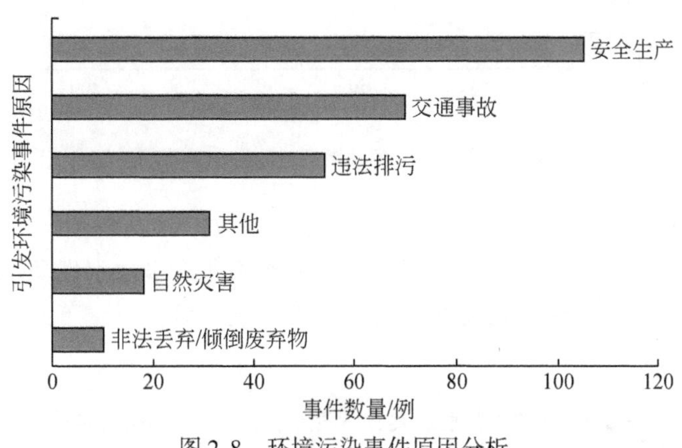

图 2-8　环境污染事件原因分析

对环境污染事件直接诱发因素分析可见，污染物的泄漏为首要诱发因素，为 171 例，占总数的 59.3%，主要为由生产事故和交通事故导致的危险化学品/污染物泄漏和释放；其次为排污/排放，占总数的 23.2%；由火灾/爆炸、降雨/山洪直接诱发的环境污染事件各 10 例，如图 2-9 所示。

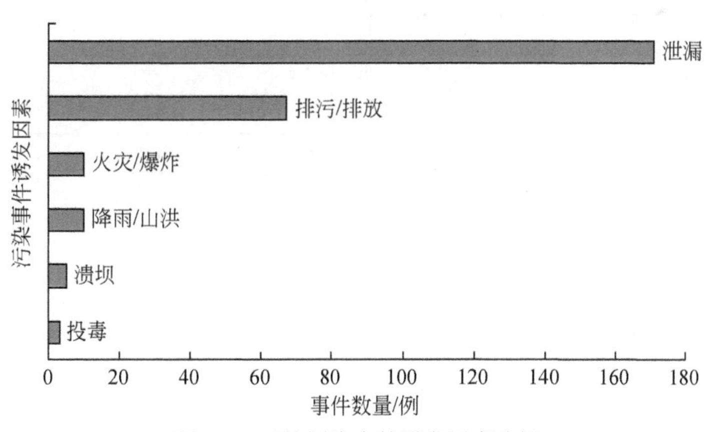

图 2-9　环境污染事件诱发因素分析

（3）行业分析

按照《国民经济行业分类》（GB/T 4754—2002）划分行业大类，分析突发环境污染事件高发行业表明，化学原料及化学制品制造业（C26）事故数为 67 例，占总数的 23.3%，该行业涉及的化学品数量大、工艺过程危险性高；其次是道路运输业（F52）和水上运输业（F54），分别为 53 例和 22 例，占总数的 18.4% 和 7.6%；另外，有色金属矿采选业（B09）、有色金属冶炼及压延加工业（C33）和造纸及纸制品业（C22）污染事件发生比例也比较高，如图 2-10 所示。

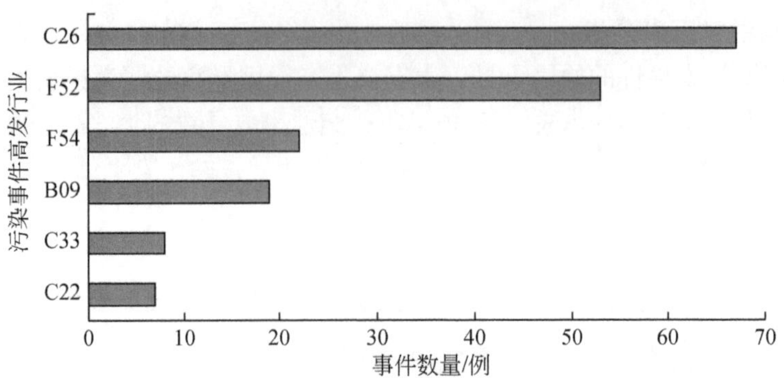

图 2-10　环境污染事件高发行业分析

(4）污染物质分析

分类进行了环境污染事件中污染物的分析，总结由生产事故引发环境事件的主要化学物质见表 2-4。可见，出现频率较高的污染物包括液氯、硫化氢、苯系物、二氧化硫、氯气、液氨等。

表 2-4　生产事故引发突发环境污染事件优先污染物名单

序号	污染物名称	发生频次	序号	污染物名称	发生频次
1	二氧化硫	6	25	乙酸乙烯	1
2	液氯	8	26	丁醇	1
3	氯气	5	27	乙醇	1
4	液氨	5	28	二甲苯	1
5	氨气	4	29	乙苯	1
6	光气	2	30	磷	1
7	煤气	2	31	酚	3
8	硫氧化物	1	32	苯酚	1
9	砷化氢	1	33	红矾	1
10	甲醛	1	34	四乙基铅	1
11	硫化氢	8	35	氰化物	1
12	天然气	1	36	对苯醌	1
13	液溴	1	37	邻二硝基苯	1
14	氯代苯丙腈	2	38	二氯甲烷	1
15	二氯甲苯	1	39	邻硝基苯酚	1
16	石油类	4	40	三氟甲基苯胺	1
17	苯系物	7	41	硝基苯	1
18	甲醇	4	42	硫酸	1
19	甲苯	3	43	三氯化磷	2
20	煤焦油	3	44	硝酸	2
21	苯乙烯	3	45	乙酸	1
22	柴油	2	46	硝酸铵	1
23	丙烯腈	2	47	亚硝酸钠	1
24	丙烯酸	1	48	萘	1

由危险化学品运输事故引发突发环境事件中出现频率较高的主要化学物质包括氰化钠、硫酸二甲酯、硫酸、石油类等，还包括苯乙烯、二甲苯、甲苯、苯等有机物。具体污染物清单和出现频次见表2-5。

表2-5　危险化学品运输事故引发突发环境污染事件优先污染物名单

序号	污染物名称	发生频次	序号	污染物名称	发生频次
1	液化气	1	30	农药“宁夏磷”	3
2	丙烯	1	31	苯酚	2
3	硫酸二甲酯	6	32	砒霜	2
4	液氨	2	33	挥发酚	1
5	液氯	1	34	粗酚	1
6	丙酮氰醇	1	35	联苯	1
7	氯甲酸三氯甲酯	1	36	氰化钾	1
8	苯乙烯	4	37	四氯化碳	1
9	石油类	4	38	氯化钡	1
10	二甲苯	3	39	氯乙酸	1
11	煤焦油	3	40	环氧氯丙烷	1
12	粗苯	2	41	三聚氰胺	1
13	甲苯	2	42	草甘膦	1
14	甲醇	2	43	溴敌隆	1
15	液苯	1	44	浓硫酸	4
16	苯	1	45	硫酸	3
17	二甘醇	1	46	五氧化二磷	2
18	环己酮溶剂	1	47	盐酸	2
19	环氧乙烷	1	48	冰醋酸	1
20	三氯丙烷	1	49	硝酸	1
21	一甲胺	1	50	烧碱	1
22	丙烯腈	1	51	氢氧化钾	1
23	丙烯酸丁酯	1	52	甲醛	1
24	二硫化碳	1	53	高锰酸钾	1
25	燃料油	1	54	高锰酸钠	1
26	原油	1	55	黄磷	2
27	汽油	1	56	硫黄	1
28	航空柴油	1	57	五硫化二磷	1
29	氰化钠	7	58	三氧化磷	1

注：42、46均属农药类。

由非法排污或违规排放导致环境事件的主要污染物包括：含酚类、含硫类、含酸性气体的废气类污染物；含苯酚、苯胺、阿特拉津、磷等有机废水；含砷、镉、铊、氰化物等重金属废水以及化工、造纸、制药废水等。

2.3 突发环境事件的影响要素分析

如2.1节所述，突发环境事件危害程度通常由风险源、风险释放与传播途径、风险控制过程、环境风险受体4部分组成。风险源的识别主要依据固有风险属性，判断其是否具备导致突发环境事件的条件。风险源的分级则主要依据其风险水平大小，即突发环境事件一旦发生，由风险源可能导致的环境危害程度的大小。因此，评估风险源风险水平仍需要综合考虑突发环境事件风险系统的组成。风险源风险水平可表达为式（2-1）：

$$风险源风险水平 = f(风险源固有属性，风险释放与传播途径，风险控制过程，环境受体) \tag{2-1}$$

2.3.1 风险源固有属性要素

1. 风险源属性分析

风险源的固有属性分析，有助于客观地了解环境风险源的本质特征，为环境风险控制提供必要、科学、可靠的依据。尽管突发事件有各种各样的表现形式，但从本质上讲，之所以能造成环境危害后果，都可归结为存在有毒有害物质和能量，这两方面因素的失控或它们的综合作用，导致有毒有害物质的泄漏、释放。因此，风险源属性分析可分为两部分：物质的危险性分析和工艺过程的危险性分析。

（1）物质的危险性分析

生产使用环境风险物质的企业，尤其是化工、石油企业，原料及其产品大多数为有毒和易燃易爆的化学品，如苯、甲苯、氨、氯等，潜在风险性高。了解和掌握生产或使用的环境风险物质的性质和数量是风险源识别的基础。环境风险物质具有多种属性，从不同的角度均可以对环境风险物质进行分类，见表2-6。

表2-6 环境风险物质分类表

按物质来源分类	按危险化学品分类	按危害性质分类	按物质状态	按可能导致事故
生产原料 中间产品 副产品 产品 废水、废物 事故反应产物 燃烧产物	爆炸品 压缩气体和液化气体 易燃液体 易燃固体和遇湿易燃物品 氧化剂和有机过氧化物 有毒品 放射性物品 腐蚀品	急性、慢性毒性 致癌、致畸性 诱变性 反应性 生物退化性 水毒性 环境中的持久性 生物可富集性 稳定性 燃烧性	气态物质 液态物质 固态物质	燃烧爆炸性事故 化学品泄漏事故 污染物非正常排放事故 固体危险废弃物污染事故 溢油事故 放射性事故

（2）工艺过程的危险性分析

生产工艺过程和设施是环境风险物质的载体，其危险性直接决定并影响风险物质的释放。不同的工艺过程具有不同的原料、产品、流程、控制参数，其危险性也呈现不同水平。工艺过程的危险性表现可归纳为如下几种情况：放热的反应过程；含有易燃物料且在高温、高压下运行的反应过程；含有易燃物料且在冷冻状况下运行的反应过程；在爆炸极限内或接近爆炸极限的反应过程；有高毒物料存在的反应过程；储有压力能量较大的反应过程。

在化工生产过程中，危险性较高的反应过程主要有：催化、裂解、氯化、氧化、还原、加氢、聚合、硝化、烷基化、胺化、缩合、重氮化、磺化、酯化、酸化、偶合等。

造成工艺过程设施的破坏因素包括污染、腐蚀、化学分解、爆炸、火灾、热和温度、湿度、氧化、放射线、机械冲击等。

2. 事故源强评估

风险释放的强度、规模、频度、速率都将影响环境风险的大小。按照图 2-9 对突发环境事件的案例分析，可以确定事故的诱发因素以泄漏为主，因此事故源强计算主要考虑泄漏情景。

2.3.2　环境风险释放与传播要素

环境风险释放与传播要素，主要考虑事故诱发原因和风险释放途径，事故诱发原因包括有毒有害物质泄漏、污染物意外释放或超标排放、爆炸或火灾引发的有毒有害物质泄漏，以及自然灾害事故、危险化学品运输事故等引发的有毒有害物质释放；传播途径考虑地表水、地下水、空气流动、直接接触与燃烧爆炸等，环境风险因子在环境介质中传播，与自然环境特征有着密切的联系，因此，还需考虑大气环境中的风向、风频等以及水环境中的河网分布、水系流向等因素。

2.3.3　风险控制要素

工业化国家的统计表明，有效的应急控制系统可将事故的损失降低到无应急控制系统的 6%。突发环境事件风险控制因素主要包括风险防范与控制技术措施和环境污染事件应急与风险管理机制。

（1）风险防范与控制技术措施

1）工艺设备保障设施：风险源涉及的可能导致突发事件的高温、高压反应装置，应具有完善的装置检查和维护计划，定期对设备保障设施，如抑爆装置、应急电源、紧急冷却装置、电气防爆装置等进行维护，保障这些设备能够正常工作。

2）风险源监控预警设施：企业内部应具备监控与预警设备，一旦出现异常现象，应及时反应、发出警报，以便主管机构及时采取必要的控制手段，从而对可能出现的突发事件提早预防，降低风险。应保障故障报警、泄漏检测装置、风险源监控系统等设施正常运行。

3）风险减缓和控制措施：主要考虑风险单元的风险防范措施，包括高风险装置周边的事故围堰、阻火系统、防渗系统等，以及企业内部是否有事故应急池以接纳泄漏液体或事故废水、消防废水等。

（2）环境污染事件应急与风险管理机制

1）突发环境事件应急预案制度：应急预案是为应对可能发生的紧急事件所做的预案准备，以尽可能消除或减轻突发事件造成的危害后果。可能导致突发环境事件的风险源应制定完整的应急预案，包括现场应急预案与厂外应急预案，并定期进行预案演练。应急预案的制定应体现科学性、系统性、实用性和动态性。

2）人员的管理与培训：高环境风险企业应加强对相关人员的环境应急管理教育与培训，提高操作人员的应急处理处置能力和素质，定期组织不同类型的环境应急实战演练，提高防范和处置突发环境事件的技能，增强实战能力。

3）应急救援物资储备：高环境风险企业应配备必要的应急救援和突发环境事件应急处理处置物资，包括个人防护装备器材、消防设施，进行污染物快速处理处置的吸附剂、消解剂等，污染物收集器材和设备。

4）风险交流和信息公开：突发环境事件发生后，尽快对污染物种类、数量、浓度和可能产生的危害范围等情况作出迅速判断，按照信息披露制度，第一时间发布信息，对可能遭受危害的地区进行预警，并对公众进行指导防护，正确引导媒体，避免盲目恐慌，合理疏散群众。

2.3.4 环境风险受体敏感性要素

以下重点从人群健康、饮用水水源地、生态系统等因素进行分析。

（1）人群健康

人群是突发环境事件中最敏感的环境风险受体，对人健康的伤害是划分确定突发环境事件级别的最重要依据。人群的抵抗力是指人易遭受某类风险因子的危害程度，以及对各种突发事件的处理能力。抵抗力的影响因素包括人群密度、人群的年龄结构、暴露程度、人们对于风险的认识等。突发环境事件对人群健康的危害类型通常有 3 种：可能的死亡、重伤、轻伤。其中，突发大气环境事件危害主要考虑人群健康危害。

突发环境事件对人群健康危害的主要影响因素有以下几种。

1）人口数量和密度：突发环境事件影响范围内，危害程度与人口数量成正比。

2）人的暴露程度：风险源对人群健康的危害与暴露程度成正比，暴露在风险源影响范围内的受体数量越少，风险就越小，受体的暴露数量、分布、活动状况、接触方式和采取的防护措施都将影响环境风险的大小。

3）暴露途径：有害物质与受体接触或进入受体的途径，如地表水、大气、土壤、地下水等。

4）暴露时间：在危害的浓度下，暴露时间越长，对人群健康的危害越大。

人群健康危害主要是分析和预测突发事件的有毒有害和易燃易爆等物质泄漏等所造成的环境污染对人身健康的危害。主要通过污染物危害鉴定、污染物暴露评价和污染物与人体的剂量-反应关系分析等，定量评估污染物对人群健康危害的潜在影响。尽管目前世界各国对污染健康风险评价的方法和模型存在较大差异，但其原理基本一致，并且都包括致癌与非致癌风险评价模型两部分。在突发环境污染事件中，由于暴露时间短，理论上不会产生致癌风险，因而健康风险评估中常采用人群健康危险度来计算事故对人群健康的影响，通常采用急性威胁生命和健康浓度阈值（IDLH）划分危害范围，评估危害范围内的受伤害人数。如没有指定 IDLH 则可以采用半数致死浓度 LC_{50}（30 min）的 10% 作为毒性物质的 IDLH。

（2）饮用水水源地

饮用水水源地或水源保护区作为高敏感环境风险受体，极易受到其上游或周边地区重大风险源的威胁。不同级别的水源地取水中断也是评估突发环境事件的重要依据之一。例如，通过案例特征分析可知，50% 以上的突发水环境污染事件直接导致饮用水水源污染，造成自来水停水事故甚至危害人群健康。评估饮用水水源地危害影响程度的因素有以下几种。

1）服务人口数量：突发环境事件影响范围内，危害程度与饮用水水源服务人口数量成正比。

2）突发环境事件导致的停水时间：停水时间越长，造成的社会影响和经济损失越大。

3）行政区跨界影响：跨界分为国界、省界、市界和县界，行政区级别越高，水污染跨界影响越大。

（3）生态系统

生态系统包括自然保护区、风景名胜区、重要湿地、珍稀濒危野生动植物天然集中分布区、世界文化和自然遗产地等。

生态系统的恢复力是指系统能够承受，且可以保持系统的结构、功能和特性，以及对结构、功能的反馈在本质上不发生改变的扰动大小。有些环境污染事件直接破坏生态系统的稳定性，使生态系统在短时间内很难恢复。

事故发生时，危害范围可能覆盖的区域内生态损失与生态环境有直接关系。考虑到事故从发生到结束过程的短暂性，评价生态环境损失可以通过可能受影响的区域的生态环境面积间接反映。

（4）社会经济损失

社会经济系统损失，主要考虑突发事件导致的直接和间接经济损失。直接经济损失主要包括事件直接导致的经营生产单位停产经济损失，污染导致的渔业、农业等经济损失；对间接经济损失的评估包括因环境污染使当地正常的经济，社会活动受到的影响，必要的群众疏散、转移等对群众生产和生活的影响。

事故发生时，危害范围所可能覆盖的区域内经济损失与价值分布状况有直接关系，应考虑到不同敏感区价值密度的差异。

（5）风险源所处位置的环境敏感性

自然灾害等环境要素也是引发突发环境事件的重要原因，由于自然条件因素主要与风险源所处地理位置相关，故将其列入环境风险受体敏感性要素分析中。主要考虑的自然条件因素有以下几种。

1）风险源是否受洪水影响，发生洪水的频率和洪水等级。

2）风险源是否受台风影响，可能遭遇台风频率和等级。

3）风险源是否位于泥石流、山体滑坡多发地带。

4）风险源是否处于地震多发带上。

（6）风险源识别与分级影响要素组成

基于以上分析，下面归纳总结了突发环境事件风险系统及影响风险源识别与分级的主要影响要素，如图 2-11 所示。

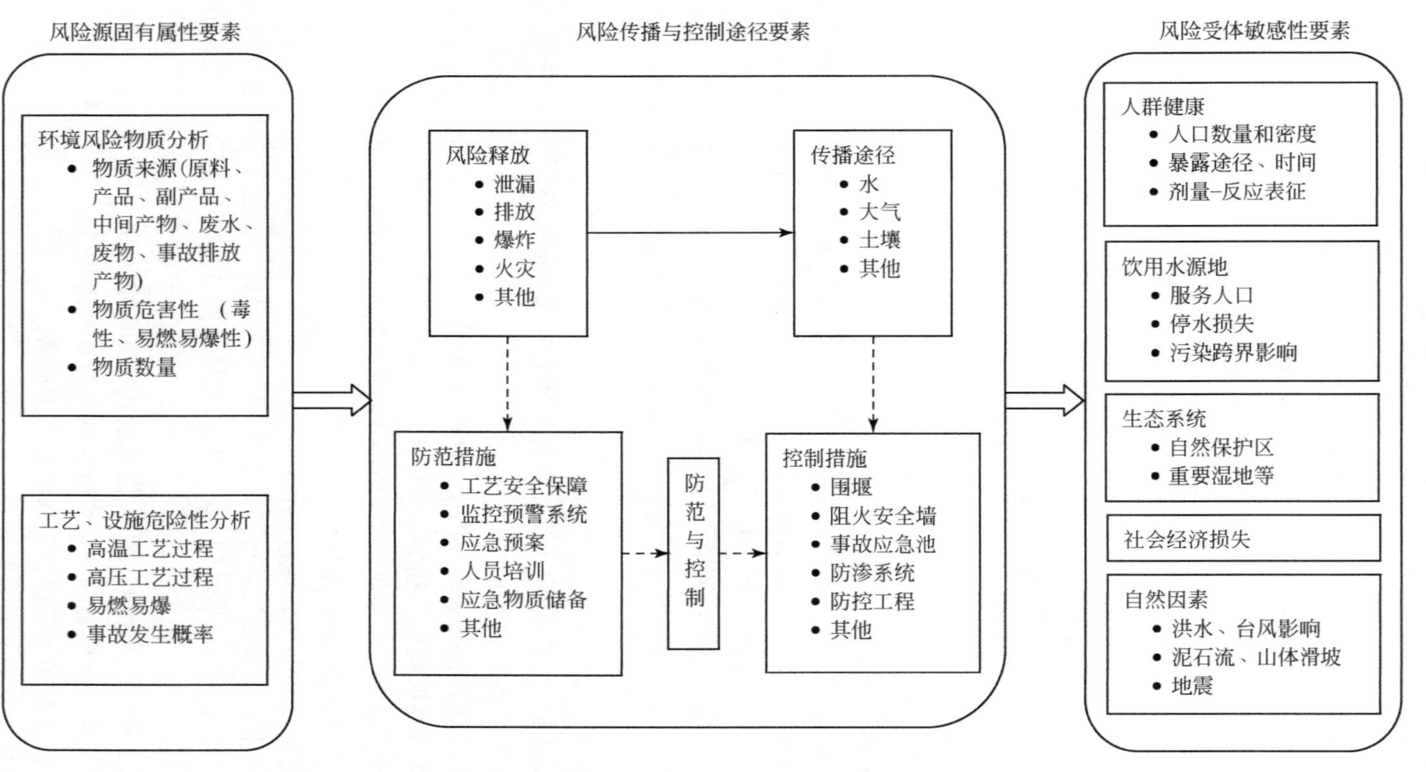

图 2-11　突发环境事件风险系统要素

第3章

重大环境风险源识别技术

环境风险源识别的目的是确定环境风险源的危害级别，即是对环境风险源潜在环境危害水平进行评估的过程。环境风险源识别是环境风险源管理的前提和基础，只有建立科学合理、技术可行的环境风险源识别技术才能够为环境风险源管理提供准确对象，进而建立与实际风险相配套的环境风险管理体制及机制。与已有的危险源辨识不同，环境风险源的识别不仅仅要考虑环境风险源对人的危害，还要考量环境风险源对环境的综合影响，包括生态、人口、社会、经济等多个方面。环境风险源分级识别技术的基本思路如图3-1所示。

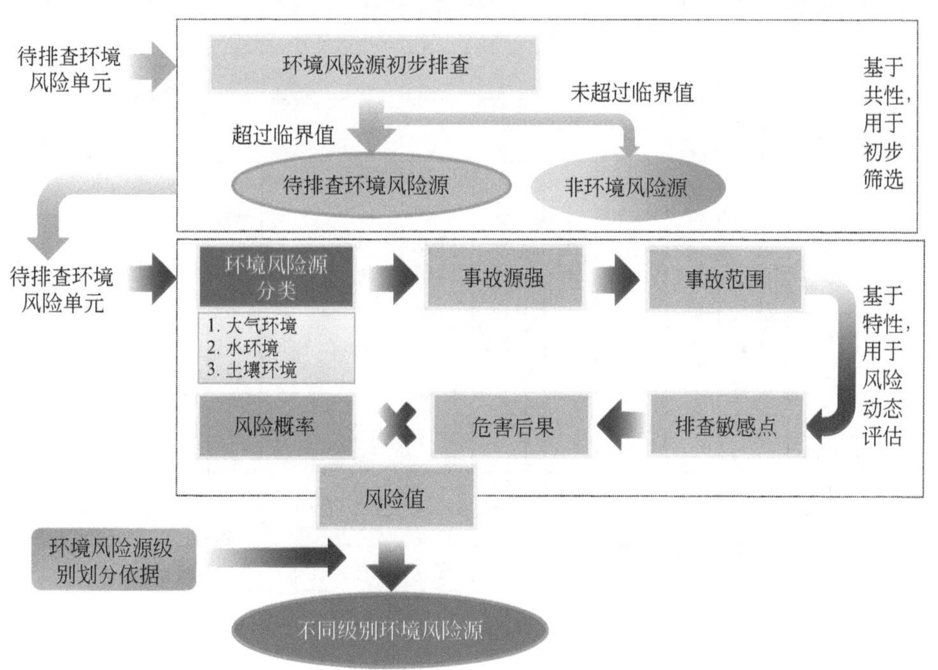

图3-1　环境风险源分级识别方法

通过爆炸、泄漏、扩散等相关模型，计算环境风险源潜在环境污染事件对环境的危害范围；在此基础上，通过调研资料分析，统计危害点影响范围内的环境敏感点个数，依据敏感点类型，结合已有环境敏感点的危害概化指数体系，确定模型计算参数，计算环境风险源对生态、人口、社会、经济的损失指数；进一步计算环境风险源对大气、水、土壤的环境危害指数，通过加权得到环境风险源综合评价指数；最后，依据识别标准体系，评估环境风险源的级别。

3.1　环境风险源分类方法

环境风险源的分类是进行风险源识别的前提，是开展环境风险源相关研究的基础。考虑我国重大环境污染事件的常发类型，鉴于不同地区、不同区域环境风险源类型、存在形式的差异，重大环境污染风险源按照环境受体、风险源物质状态、风险源的移动性、风险源所属行业、风险源所处的场所、敏感受体水源地分别分类。

3.1.1 按环境受体分类

环境受体是环境风险源的潜在危害对象，不同的环境受体对事故危害的承受能力存在差异，因此识别环境风险源需首先确定环境受体。

各种环境风险源进入环境受体的途径不同，产生的影响也各不相同；进入不同的环境受体，危害范围也存在着较大差异。环境受体主要分为水环境、大气环境和土壤环境3类。从环境受体角度考虑，可以将环境风险源分为水环境风险源、大气环境风险源和土壤环境风险源（魏科技，2010），其分类框架如图3-2所示。第一级是基于不同环境受体的环境风险源类型；第二级是基于不同环境风险类型的常发事故类型；第三级为危害物质类型。

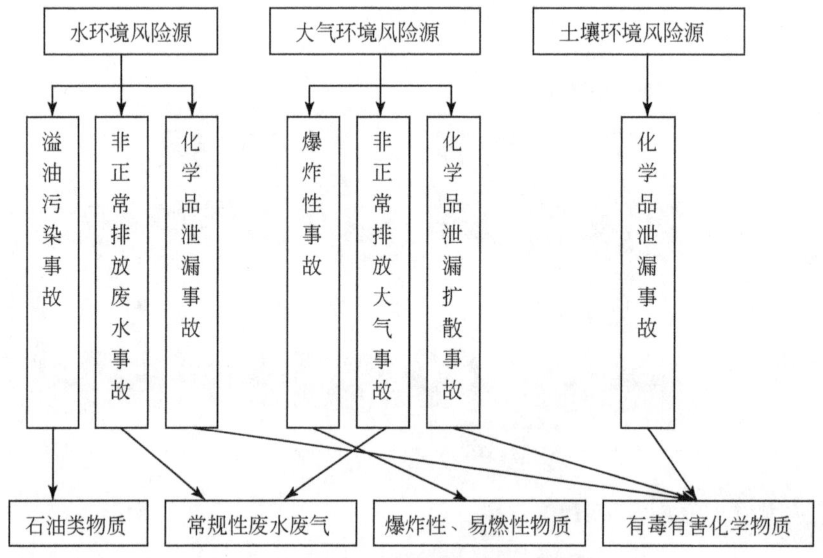

图3-2　按环境风险源的环境受体分类

依据以上分类，在风险源的识别与监管过程中，可针对各类环境风险源可能导致的事故类型，分析源的本身特征、环境受体情况及环境触发机制，明确可能引发的主要事故类型，建立不同的风险源识别方法，评价环境风险源的级别，进而采取相应的监管措施对环境风险源进行有效控制。同时，该分类方法便于环境保护主管部门从水、大气、土壤的环境质量要求出发，对环境风险源进行监控和管理；一旦发生环境污染事件，做到快速响应和进行应急处理处置。

3.1.2 按风险源物质状态分类

对一个系统而言，系统中的物质和能量是造成事故的最根本原因，是决定环境系统危险程度的主要因素。目前从物质角度对危险源进行分类已有较多研究，如《化学品分类和危险性公示通则》（GB 13690—2009）将危险源分为爆炸品、压缩气体和液化气体、易燃液体、易燃固体和自燃物品及遇湿易燃物品、氧化剂和有机过氧化物、毒害品和感染性物品、放射性物品、腐蚀品 8 类。这些分类方法主要是基于危险物质对人身安全、财产的危害考虑，而不是针对事故的潜在环境影响进行分类。

从环境风险源的物质状态出发，环境风险源可分为气态环境风险源、液态环境风险源和固态环境风险源，其分类框架如图 3-3 所示。第一级是基于风险源的不同物质状态下的环境风险源类型；第二级是基于不同环境风险类型下的主要物质类别，考虑危害物质对环境的潜在影响；第三级为环境污染事故类型，主要是危害物质泄漏、扩散和爆炸性环境污染事故。

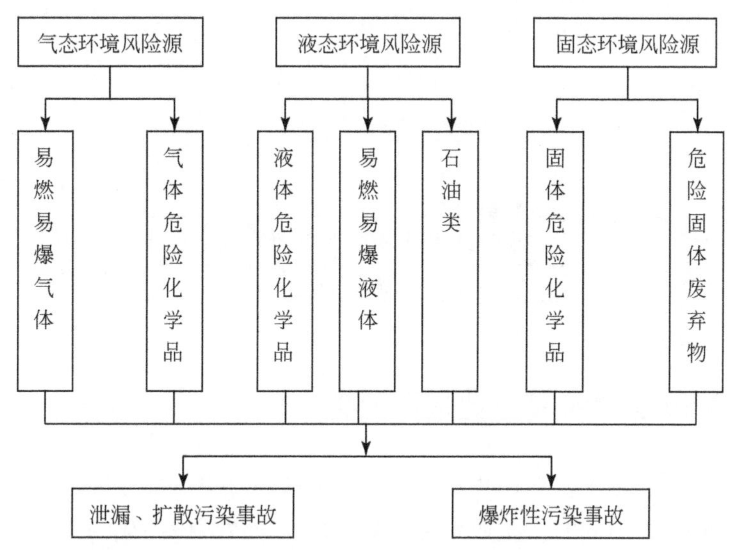

图 3-3　按环境风险源的物质状态分类

依据风险源的物质状态对环境风险源进行分类，可以很直观地认识风险源的基本情况。从物质的状态、危害特性出发，结合物质量的大小和环境状况，分析研究重大环境风险源可能引发的事故类型、事故风险及危害后果，采取有针对性的方法对环境风险源进行识别，进而对环境风险源进行监控和管理。由于导致环境污染事件的物质种类繁多，同种状态的环境风险源包含着多种不同的物质类别，因此在环境风险源的识别阶段，需针对不同的物质类别建立相应的识别方法，其工作过程相对较繁琐。

3.1.3　按风险源的移动性分类

近年来随着城市化进程的加快，原有较广阔空间的企业、仓库、公路、河道等，逐渐都成为人们的居住区，固定的或流动的风险源对人口密集的区域构成新的安全隐患。危险品在运输的过程中突发的环境污染事件也很频繁，事故的突发往往会造成重大环境危害和影响。例如，运送易燃易爆物质的车辆可能发生碰撞引起爆炸；装载有毒有害物质的船只可能发生泄漏，造成水体的污染。因此，从危险物质运输的角度出发，将移动风险源分为车辆运输风险源、船只运输风险源和管道运输风险源，如图 3-4 所示。

这种分类方法有助于有关管理部门加强对交通运输状况的监控，了解运输过程中的环境风险源，清晰掌握风险源头所在。从车辆、船只和管道的角度出发，分析可能对环境造成重大事故污染的风险源，鉴别对环境构成威胁的危险物质，加强对风险源的监控。

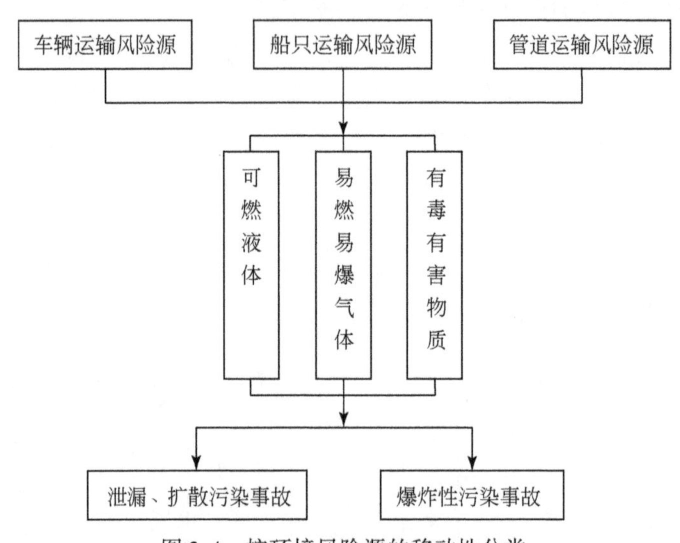

图 3-4　按环境风险源的移动性分类

3.1.4　按风险源所属行业进行分类

改革开放以来，我国工业发展势头迅猛，成为推动我国经济发展的主要力量，在国民经济中起着主导作用。但同时，工业发展常常被视为导致环境恶化的主要原因。我国工业“两高一资”（高耗能、高污染和资源性）粗放发展的特点比较明显，工业发展消耗了巨额的自然资源，排放了大量的废水、废气和废渣，对环境造成了巨大的破坏；同时，我国的工业行业种类众多，大部分行业都会对环境构成一定程度的污染。例如，石油化工行业的原料及产品大多数为易燃、易爆和有毒物质，生产过程多处于高温、高压或低温、负压等苛刻条件下，潜在危险性很大。一旦发生化学突发泄漏事故，往往与爆炸、火灾相互引发，且发展迅猛，致使有毒化学品大量外泄。石油化工行业一旦出现事故，则具有突发性强、危害性大、有毒化学品类型多、行为复杂等特点。

按工业行业对环境风险源进行分类，有利于管理部门清晰地掌握工业风险源，有针对性地进行管理，识别不同行业中存在的环境风险源。分别对不同行业的风险源进行识别与分类，系统地对工业风险源进行监控管理。

根据行业各自的特点，先将行业类别粗分为采矿业，制造业，电力、燃气及水的生产和供应业，交通运输、仓储和邮政业和其他行业，再将风险源所属的具体行业划分到每个类别中。例如，采矿业包括的具体行业有煤炭开采和洗选业、石油和天然气开采业、黑色金属矿采选业、有色金属矿采选业、非金属矿采选业及其他采矿业，而制造业涉及的具体行业较多，如农副食品加工业、食品制造业、饮料制造业、烟草制品业、纺织业、纺织服装鞋帽制造业等几十个行业。具体的行业类型见表 3-1。

表 3-1 行业类型表

类别	具体行业
采矿业	煤炭开采和洗选业、石油和天然气开采业、黑色金属矿采选业、有色金属矿采选业、非金属矿采选业、其他采矿业
制造业	农副食品加工业、食品制造业、饮料制造业、烟草制品业、纺织业、纺织服装鞋帽制造业、皮革/毛皮/羽毛（绒）及其制品业、木材加工及木竹藤棕草制品业、家具制造业、造纸及纸制品业、印刷业和记录媒介的复制、文教体育用品制造业、石油加工/炼焦及核燃料加工业、化学原料及化学制品制造业、医药制造业、化学纤维制造业、橡胶制品业、塑料制品业、非金属矿物制品业、黑色金属冶炼及压延加工业、有色金属冶炼及压延加工业、金属制品业、通用设备制造业、专用设备制造业、交通运输设备制造业、电气机械及器材制造业、通信设备/计算机及其他电子设备制造业、仪器仪表及文化/办公用机械制造业、工艺品及其他制造业、废弃资源和废旧材料回收加工业
电力、燃气及水的生产和供应业	电力/热力的生产和供应业、燃气生产和供应业、水的生产和供应业
交通运输、仓储和邮政业	铁路运输业、道路运输业、水上运输业、管道运输业、装卸搬运和其他运输服务业、仓储业

3.1.5 按风险源所处的场所分类

按环境风险源所处的场所可以将其分为：生产场所风险源、贮存场所风险源、运输途径风险源以及废弃场所风险源，如图 3-5 所示。其中，贮存场所风险源包括库区风险源和储罐区风险源；运输途径风险源包括车辆运输风险源、船只运输风险源和管道运输风险源。

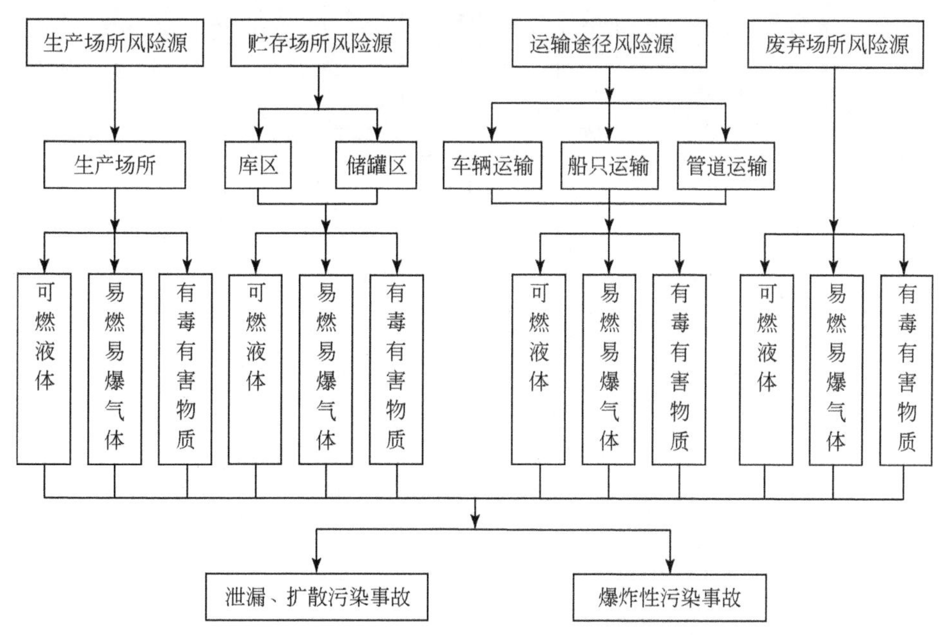

图 3-5 按环境风险源所处场所分类

依据危险化学物质所处的场所，将环境风险源进行分类，便于系统地掌握风险源的基本状况。从生产、贮存、运输以及废弃的途径出发，具体分析企业中生产场所、库区、储罐区等贮存场所以及车辆、船只和管道运输过程中所涉及的危险物质种类，考虑这些危险物质可能导致的环境污染事件类型，进而识别企业环境风险源。这种分类方法便于对企业环境风险源进行识别，有利于加强对企业环境风险源的监控和管理。

3.1.6 按敏感受体水源地分类

水源地是一个城市生存和发展的必要条件，我国城市的水资源短缺和水污染已成为制约经济发展的重要因素，水资源是人类生存和社会发展的必要因素，没有水资源安全，就没有水资源的可持续利用，更无法保障社会经济的可持续发展。突发污染事件可能在很短时间内造成城市水源地水源污染和饮用供水系统的重大损失，并可能进一步引发更严重的城市安全和社会稳定等问题，处置不当还会留下影响深远的后遗症。因此对于水源地的保护日趋重要。

根据水源地环境污染事件的诱因与特征，可以将水源地环境风险源划分为移动风险源、固定风险源和自然风险源（马越等，2012）。其中，移动风险源包括车辆运输风险源和船只运输风险源；固定风险源包括储罐区、库区、生产场所以及管道；自然风险源指水华。分类框架如图 3-6 所示。

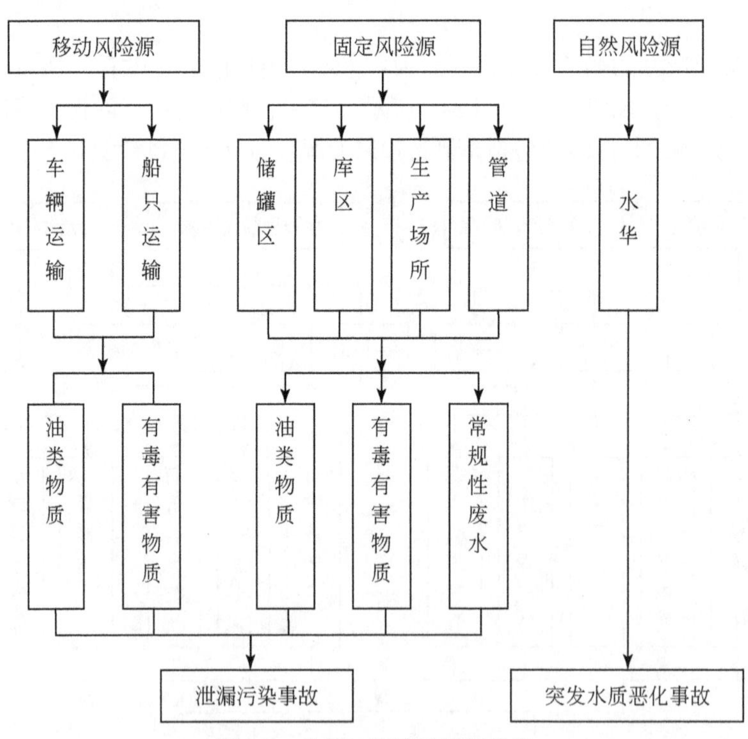

图 3-6　水源地环境风险源分类

以水源地为敏感受体目标对环境风险源进行分类，有助于管理部门系统地识别对水源地有潜在危险的源头所在，直观地掌握危险物质进入水源地的途径，有助于对环境风险源进行严格监控，构建风险源监控体系。通过识别城市水源地各类水污染风险，确定最大风险事故源项，制订城市水源地水污染预防措施和应急管理措施，减少事故的发生；在遇突发性污染风险事故的情况下，能尽快进行有效处理，最大限度地减小或消除事故造成的损失。

3.2 重大环境风险源初步识别方法

待评估企业内可能存在大量潜在环境污染风险物质，分别评估某一类物质，将导致风险源识别过程特别复杂。环境风险源的初筛将有助于减少待排查环境风险源数量，突出重点，针对重大环境风险源进行识别，也是风险管理的现实需要。

重大环境污染风险源排查主要依据待排查物质的环境风险性及其数量，考察其存放量与该类风险物质所界定临界量的关系。若评估单元内的风险物质数量等于或超过该临界值，则定义该单元为环境污染风险源。

单元内待排查的风险物质需要考虑以下 3 个方面：①单元内每次存放某种风险物质的时间超过 2 d；②单元内每年存放某种风险物质的次数超过 10 次；③单元内的风险物质是否在非正常作业条件下产生。

符合上述条件的单元内的风险物质为待识别的风险物质，如果单元内贮存着多种风险物质，那么在识别过程中应当首先考虑风险性最大的那种物质是否超出上述的定义范围，这样就可以基本识别出单元内的危险物质。

3.2.1 环境风险物质的筛选

环境风险物质定义为具有有毒、有害、易燃、易爆等特性，在意外释放条件下可能对场外公众或环境造成伤害、损害、污染的化学物质。环境风险物质研究的核心是对化学品性质和影响危害后果的分析（刘建国等，2006）。环境风险物质的理化性质不同对风险大小和危害后果的影响也不同，具有急性毒性的化学物质一旦释放，作用时间短、危害后果大（王道和程水源，2007）；持久性或可通过生物富集的有机化学物质一旦进入环境，其造成的危害和影响将持续很长时间；一些石油类的物质，稳定、不易被降解，且含有毒素，进入水体后，会对鱼、浮游动物、浮游植物等有较大伤害，对临近海域的海洋生态资源、渔业养殖造成损失，甚至对人类健康构成严重的威胁。对于存放风险物质的储罐和其他容器的贮存区而言，重大环境风险源风险物质的量应当是储罐或者其他容器的最大容积量。

这些数据应当从每天、每季度或者企业自身规定的时间段内的登记情况来获取。注意这个量不同于贮存区的最大容积量，这一点必须在申报表格中进行详细说明。

如果单元内存在的风险物质数量低于相对应物质临界量的 5%，并且该物质放到单元内任何位置都不可能成为重大事故发生的诱导因素，那么就其本身而言，单元内应该不会发生重大事故，这时该风险物质的数量不计入筛选指标的计算中。但生产经营单位应当提供相应的文件说明其不会引发重大的事故，并指出该物质的具体位置。

对于待评估的环境风险企业，首先进行企业风险源识别，识别的依据为企业生产、存储或使用的化学品种类及数量。

环境风险物质的筛选参考借鉴了国内外相关环境风险源识别与管理所规定的化学品类别及临界量，筛选依据主要包括《危险化学品重大危险源辨识》（GB 18218—2009）、美国 EPA 颁布的《化学品事故防范法规》、欧盟颁布的《塞维索指令Ⅲ》等，环境风险物质的筛选和参考原则说明如下。

1）《危险化学品重大危险源辨识》（GB 18218—2009），按照爆炸品、易燃气体、毒性气体、易燃液体、氧化性物质、毒性物质等分类规定了 78 种危险化学品名单与临界量值，对未列入名单的危险化学品根据其危险性规定也确定了临界量值。筛选参考时，全部毒性气体、毒性物质等 58 种列入环境风险物质与临界量清单；其他种类按化学品属性选择参考，未列入环境风险物质与临界量清单的物质包括：氢气、乙醇；遇水放出易燃气体的物质，如电石、钾、钠；氧化性物质，如过氧化钾、过氧化钠、硝酸铵基化肥；有机过氧化物，如过氧化甲乙酮；自燃性物质，如烷基铝；爆炸品，如叠氮化钡、叠氮化铅、雷酸汞、硝化纤维素等。

2）美国 EPA 颁布的《化学品事故防范法规》中列出的 77 种有毒物质与 63 种易燃物质清单与临界量值（TQs）。其中，按照化学品物理性质与毒性进行选择，77 种有毒物质全部列入环境风险物质与临界量清单；另外，除氢气外的 62 种易燃物质列入环境风险物质与临界量清单。

3）《塞维索指令Ⅲ》中规定了 48 种（类）化学品的临界值，对于未明确列出的危险物质，按照化学品毒性、易燃性、环境有害等分类与规定的临界值判断。环境风险物质选择主要考虑有毒有害物质，液氧、氢气等物质未列入环境风险物质与临界量清单。

4）历史环境事件中出现的污染物补充列入环境风险物质与临界量清单，包括硫酸二甲酯、苯胺、二甲苯、乙苯、对苯醌、二氯甲烷、丙酮氰醇、苯酚、硝基苯、萘、白磷、三氯乙烯、四氯化碳、敌敌畏、四乙基铅、二氯甲苯。

5）参考加拿大《环境应急法规》中规定的物质，主要包括丙烯酮、过氯酰氟、溴化氢、三氯硝基甲烷、1，2 二氯甲烷、汞蒸气、溴化氰、碘甲烷、氯磺酸、2-氯乙醇、氨基异丁烷、亚硫酰氯、3-氯丙烯、高氯酸铵、四氧化锇等剧毒和高毒性物质。

6）美国《应急计划与公众知情权法案》（EPCRA）和《综合环境应对、赔偿和责任法案》（CERCLA）中列出的对环境危害严重的风险物质，包括敌百虫、乙腈、邻苯二甲酸二丁酯、1，2-二氯苯、1，4-二氯苯、2，4-二氯苯酚、2，4-二硝基甲苯、四氯乙烯、二苯基亚甲基二异氰酸酯（MDI）、联苯胺等。

按照以上筛选和参考原则，本书共确定环境风险物质 204 种。需要说明的是，环境风险物质与临界量清单应该是动态的，随着研究和认识的深入，环境风险物质与临界量清单应不断补充、完善和更新。

3.2.2 环境风险物质临界量的确定

（1）毒性环境风险物质的伤害阈值标准

毒性物质可分为有毒气体和有毒液体，毒性物质进入环境，导致人或水生物等发生急性或慢性中毒。长期接触低剂量有毒物质造成慢性中毒，而有毒气体、可挥发的有毒液体泄漏一般表现为高浓度、持续时间短，通常引起急性中毒。突发环境事件防范中，对毒性物质释放后果分析中以急性中毒为主。对环境风险物质临界量的确定以事故后果危害阈值为基础，危害阈值即对环境受体或环境保护目标造成某种程度危害的最低限值。国外通常将危害阈值称为效应终点值（effect endpoint）。毒性物质侵入人体主要通过 3 种途径而引起伤害，即食入、吸入和经皮吸收。对于重大事故，主要考虑毒物吸入途径。

对于在紧急事故中的毒物急性暴露阈值，以国外相关研究为主。目前国内外应用较多的有急性威胁生命和健康浓度（immediately dangerous to life and health，IDLH）、应急反应计划指南（emergency response planning guidelines，ERPGs）、急性暴露指南水平（acute exposure guideline levels，AEGLs）、临时紧急暴露极限（temporary emergency exposure limits，TEELs）、半致死浓度（median lethal concentration，LC_{50}）等。

急性威胁生命和健康浓度（IDLH）由美国国家职业安全卫生研究所（NIOSH）提出。该浓度阈值定义为普通职工或公众在暴露 30min 仍然有能力逃离危险，且不致死亡或产生不可逆的健康损害的吸入浓度。IDLH 浓度主要考虑急性暴露数据，没有考虑敏感人群。目前，大约提出了 400 种化学物质急性威胁生命和健康浓度阈值。IDLH 浓度作为计算最大允许安全浓度的安全系数仍没有达成统一，美国 EPA 将“警戒浓度级”定为 IDLH 的 10%。

应急反应计划指南（ERPGs）是由美国工业卫生协会（AIHA）制定，按不同危害程度共分 3 级。ERPGs-1，几乎全部人员可以暴露 1h，除了轻微、临时的不良健康效应或不适气味之外，不会产生其他不良影响的空气中最大浓度。ERPGs-2，几乎全部人员可以暴露 1h，而不致造成不可逆或其他严重健康效应，或影响人员采取防护行动能力的空气中最大浓度。ERPGs-3，几乎全部人员可以暴露 1h，而不致造成生命威胁的空气中最大浓度。ERPGs-3 是 ERPGs 的最高浓度级别，高于此浓度可能对人员构成生命威胁；高于 ERPGs-2 浓度可能产生包括严重的眼睛或呼吸系统刺激、中枢神经系统损伤等严重的健康效应。低于 ERPGs-1 一般不会对人员产生健康危害。由于 ERPGs 毒物浓度标准的确定需要经过非常严格的审查程序，已公布的 ERPGs 毒物浓度标准的物质数量较少，至 2006 年共公布了 126 种物质的 ERPGs 浓度。

危险物质的急性暴露指南水平（AEGLs）由美国 EPA AEGLs 国家咨询委员会组织制定，AEGLs 是主要针对包括敏感人群在内的一般公众的暴露阈值，该浓度值的制定考虑了 10 min 至 8 h 的暴露时间段，提出了 10 min、30 min、1 h、4 h 和 8 h 共 5 个时间的暴露阈值，分别给出了 5 个暴露时间的每级 AEGLs 紧急暴露浓度值，以 ppm① 或 mg/m^3 表示。该浓度阈值用于紧急泄漏事故危害评估时，按不同危害程度分为 3 级。AEGLs-1 代表高于此浓度阈值，一般公众包括敏感人员会遭受不适、刺激或某种无明显症状的效应，但这种效应是非致残的、临时的和可恢复的。AEGLs-2 代表高于此浓度阈值，一般公众包括敏感人员会遭受不可逆或其他严重的、长期的不良健康效应或丧失逃生能力。AEGLs-3 代表高于此浓度阈值，将威胁一般公众包括敏感人员的生命健康甚至死亡。美国 EPA 分别于 1997 年和 2002 年提出了共 471 种优先化学物质清单，至 2006 年年底提出了清单中 89 种化学物质的 AEGLs 值。

临时紧急暴露极限（TEELs）是美国能源部应急管理办公室的后果评价和防护行动分委会负责制定，按危害程度不同分为 4 级。TEELs-1、TEELs-2、TEELs-3 级定义与 ERPGs

① $1ppm=1\times10^{-6}$。

的 3 级阈值标准定义基本相同，但是紧急暴露时间以 15 min 为标准，此外，还定义了 TEELs-0 值，表示低于此浓度对大部分人群无危害。没有 AEGLs 和 ERPGs 的物质采用 TEELs 阈值进行评估，TEELs 主要通过使用毒性参数或职业暴露限值等方法进行推导出。至 2006 年共提出 2945 种危险物质的临时紧急暴露极限阈值。

半数致死浓度（LC_{50}）指动物急性毒性试验中，使受试动物半数死亡的毒物浓度，是衡量毒性物质对水生动物、哺乳动物乃至人群的毒性大小的重要参数。毒性物质的致死效应与受试动物种类、暴露途径和暴露时间有密切关系。用 LC_{50} 表示水中毒物对水生生物的急性毒性，应明确标注受体水生生物的种类和暴露时间，如鲑鱼、鲤鱼等的 24 h、48 h 和 96 h 的 LC_{50} 等。用 LC_{50} 表示空气中毒物对哺乳动物的急性毒性，一般是指受试动物吸入毒物 2 h 或 4 h 的试验结果。半数致死剂量（median lethal dose，LD_{50}）指受试动物半数死亡的有毒、有害物质剂量，通常用“mg/kg 体重”表示。根据对人的可能致死剂量，我国一般将化学物质的毒性分为剧毒、高毒、中等毒、低毒和微毒 5 个等级。

（2）毒性环境风险物质临界量计算方法

环境风险物质的临界量，是指该种物质的贮存量达到这个量，在事故条件下释放具有重大的危险性。环境风险物质临界量的确定遵循“危害等值”的原则。

毒性环境风险物质临界量主要与物质毒性伤害阈值及其挥发性质有关，因此，参考美国 EPA 确定极危险物质（EHS）的临界量值的方法，计算毒性环境风险物质风险等级因子 R，见式（3-1）~式（3-4）：

$$R = \frac{\mathrm{LOC}}{V} \tag{3-1}$$

式中，LOC 为关注风险水平/浓度（level of concern）；V 为挥发指数，表征化学物质的可挥发性。

对于 LOC，根据上述对毒性物质伤害阈值标准，优先选择毒性物质 IDLH 阈值，其次选择 AEGLs-2（1h）阈值，再次选择 ERPGs-2 阈值，3 个阈值均无情况下，选择 TEELs 值或通过 LC_{50}/LD_{50} 推导 IDLH 值，推导公式如下所示：

$$\mathrm{IDLH} = \mathrm{LC}_{50} \times 0.1 \tag{3-2}$$

或

$$\mathrm{IDLH} = \mathrm{LD}_{50} \times 0.01 \tag{3-3}$$

对于 V 的计算，气态物质 $V=1$，对于液态毒性物质，如式（3-4）计算。

$$V = \frac{1.6M^{0.67}}{T + 273} \tag{3-4}$$

式中，M 为该种物质的摩尔质量（g/mol）；T 为该种物质的沸点（℃）。

计算得到 R 值后，对照表 3-2 确定毒性物质的临界量。

表 3-2　风险等级因子与临界量对照表

风险等级因子 R	临界量/t
$R<0.01$	0.25
$0.01\leqslant R<0.05$	0.5
$0.05\leqslant R<0.1$	1.0
$0.1\leqslant R<0.5$	2.5

风险等级因子 R	临界量/t
$0.5 \leqslant R<1$	5
$1 \leqslant R<10$	7.5
$R \geqslant 10$	10

(3) 易燃物质临界量的确定

易燃物质临界量的确定同样遵循“危害等值”的原则，临界量的确定主要依据蒸气云爆炸产生的超压对人的伤害阈值。由于不同易燃物质（气态、液态、闪点、爆炸热）以及物质泄漏或爆炸的场景不同，产生的危害后果差异较大。无法根据每种物质特性给出临界量，借鉴美国 EPA 推荐易燃物质临界量方法，以易燃物质产生蒸气云爆炸为最大可信事故情景，危害作用伤害阈值标准采用距离爆炸源 100 m 范围内产生的超压达到人员致死的临界量（2.5 psi①），由此计算，相当于大约 4.5 t 的易燃物质（如丙烷、乙烯、丙烯）爆炸产生的超压。

因此，在非特殊考虑下，确定易燃物质临界量为 5.0 t。

3.2.3 环境风险物质与临界量清单

按照上述环境风险物质的筛选结果，并根据环境风险物质临界量计算方法，建立了 204 种环境风险物质与临界量清单，见表 3-3。清单中环境风险物质包括 3 部分，分别为毒性风险物质、易燃风险物质、其他环境风险物质，标注了每种风险物质临界量计算或参考的依据。案例记录栏中标注了该风险物质在历史事故案例出现的情况。提出的环境风险物质清单不考虑放射性化学物质。

表 3-3 204 种环境风险物质与临界量表 （单位：t）

序号	物质名称	CAS 号	英文名	案例记录	临界量
1	氯	7782-50-5	chlorine	a/b/c/d	1
2	光气	75-44-5	phosgene	a	0.25
3	二氧化硫	7446-09-5	sulfur dioxide	a/b/d	2.5
4	硫化氢	7783-06-4	hydrogen sulfide	a	2.5
5	氯化氢	7647-01-0	hydrogen chloride（gas only）	a/c	2.5
6	砷化氢	7784-42-1	arsine	a	0.5
7	磷化氢	7803-51-2	phosphine	—	2.5
8	乙硼烷	19287-45-7	diborane	—	1
9	硒化氢	7783-07-5	hydrogen selenide	—	0.25
10	氟	7782-41-4	fluorine	—	0.5
11	二氟化氧	7783-41-7	difluorine monoxide	—	0.25

① $1\,psi=0.155/cm^2$。

续表

序号	物质名称	CAS 号	英文名	案例记录	临界量
12	三氟化硼	7637-07-2	boron trifluoride	—	2.5
13	甲醛	50-00-0	formaldehyde	a/c/d	0.5
14	氯甲烷	74-87-3	chloromethane	—	10
15	溴甲烷	74-83-9	methyl bromide	—	7.5
16	锑化氢	7803-52-3	antimonous hydride	—	2.5
17	环氧乙烷	75-21-8	ethylene oxide	c	7.5
18	二氧化氮	10102-44-0	nitrogen dioxide	—	1
19	甲硫醇	74-93-1	methanethiol	b	5
20	煤气（CO、H_2和CH_4的混合物）	—	gas	a/c	7.5
21	三甲胺	75-50-3	trimethylamine	—	2.5
22	氰气	460-19-5	cyanogen	—	0.5
23	羰基硫	463-58-1	carbonyl sulphide	—	2.5
24	硅烷	7803-62-5	silane	—	2.5
25	四氟化硫	7783-60-0	sulphur tetrafluoride	—	1
26	二氧化氯	10049-04-4	chlorine dioxide	—	0.5
27	一氧化氮	10102-43-9	nitric oxide（nitrogen monoxide）	—	0.5
28	三氯化硼	10294-34-5	boron trichloride	—	2.5
29	乙烯酮	463-51-4	ketene	—	0.25
30	过氯酰氟	7616-94-6	perchloryl fluoride	—	2.5
31	溴化氢	10035-10-6	hydrogen bromide	—	2.5
32	三氯化砷	7784-34-1	arsenic trichloride	—	7.5
33	环氧丙烷	75-56-9	propylene oxide	—	10
34	氨	7664-41-7	ammonia	a/c	7.5
35	氰化氢	74-90-8	hydrocyanic acid	—	2.5
36	羰基镍	13463-39-3	nickel carbonyl	—	0.5
37	氟化氢	7664-39-3	hydrogen fluoride	—	5
38	三氧化硫	7446-11-9	sulfur trioxide	—	2.5
39	乙撑亚胺	151-56-4	ethyleneimine	—	5
40	二硫化碳	75-15-0	carbon disulfide	—	10
41	三氯化磷	7719-12-2	phosphorus trichloride	a/c	7.5
42	三氯氧磷	10025-87-3	phosphorus oxychloride	—	2.5
43	溴	7726-95-6	bromine	a	2.5
44	硫酸二甲酯	77-78-1	dimethyl sulfate	c	0.25
45	氯甲酸甲酯	79-22-1	methyl chloroformate	—	2.5
46	三氯乙烯	79-01-6	trichloroethylene	a	10

续表

序号	物质名称	CAS 号	英文名	案例记录	临界量
47	甲苯-2,4-二异氰酸酯（TDI）	584-84-9	toluene 2,4-diisocyanate	a	5
48	异氰酸甲酯	624-83-9	methyl isocyanate	—	5
49	甲苯二异氰酸酯	26471-62-5	toluene diisocyanate	—	2.5
50	丙烯腈	107-13-1	acrylonitrile	a/c	10
51	乙腈	75-05-8	acetonitrile	—	10
52	丙腈	107-12-0	propionitrile	—	5
53	丙酮氰醇	75-86-5	acetone cyanohydrin	c	2.5
54	丙烯醛	107-02-8	acrolein	—	2.5
55	甲苯	108-88-3	toluene	a/c	10
56	二甲苯	1330-20-7	xylene	a/b/c	10
57	四甲基铅	75-74-1	tetramethyllead	—	2.5
58	戊硼烷	19624-22-7	pentaborane	—	0.25
59	环氧氯丙烷	106-89-8	epichlorohydrin	c	10
60	环氧溴丙烷	3132-64-7	epibromohydrin	—	2.5
61	三氯甲烷	67-66-3	chloroform	c	10
62	四氯化碳	56-23-5	carbon tetrachloride	c	7.5
63	氯甲基甲醚	107-30-2	chloromethyl methyl ether	—	2.5
64	苯胺	62-53-3	aniline	b/c	5
65	敌敌畏	62-73-7	dichlorvos	c	2.5
66	乙二胺	107-15-3	ethylenediamine	—	10
67	二氯甲醚	542-88-1	dichloromethyl ether	—	0.5
68	1,2-二氯苯	95-50-1	1,2-dichlorobenzene	—	10
69	二氯甲烷	75-09-2	dichloromethane	a	10
70	1,2-二氯乙烷	107-06-2	1,2-dichloroethane	—	7.5
71	呋喃	110-00-9	furan	—	2.5
72	邻苯二甲酸二丁酯	84-74-2	dibutyl phthalate	—	10
73	汞	7439-97-6	mercury	—	0.5
74	硫酸	8014-95-7	sulfuric acid	a/b/c	2.5
75	过氧乙酸	79-21-0	peracetic acid	—	5
76	硝酸	7697-37-2	nitric acid	a/c	7.5
77	苯	71-43-2	benzene	a/b/c	10
78	甲基肼	60-34-4	methyl hydrazine	—	7.5
79	3-氨基丙烯	107-11-9	allylamine	—	5
80	氯化硫	10025-67-9	disulfur dichloride	—	2.5
81	环己烷	110-82-7	cyclohexane	—	10

续表

序号	物质名称	CAS 号	英文名	案例记录	临界量
82	丙酮	67-64-1	acetone	—	10
83	乙硫醇	75-08-1	ethyl mercaptan	—	10
84	1,1-二甲基肼	57-14-7	1,1-dimethylhydrazine	—	7.5
85	碘甲烷	74-88-4	methyl iodide	—	10
86	二甲基二氯硅烷	75-78-5	dimethyldichlorosilane	—	2.5
87	甲基三氯硅烷	75-79-6	methyltrichlorosilane	—	2.5
88	三氯硝基甲烷	76-06-2	trichloronitromethane	—	0.25
89	四乙基铅	78-00-2	tetraethyl lead	a	2.5
90	甲苯-2,6-二异氰酸酯	91-08-7	toluene-2,6-diisocyanate	—	5
91	氯甲酸正丙酯	109-61-5	propyl chloroformate	—	5
92	溴化氰	506-68-3	cyanogen bromide	—	2.5
93	氯化氰	506-77-4	cyanogen chloride	—	7.5
94	四硝基甲烷	509-14-8	tetranitromethane	—	5
95	甲基硫氰酸	556-64-9	methyl thiocyanate	—	10
96	四氯化钛	7550-45-0	titanium tetrachloride	—	1
97	氯磺酸	7790-94-5	chlorosulphonic acid	—	0.5
98	2-丙烯-1-醇	107-18-6	allyl alcohol	—	7.5
99	异丁腈	78-82-0	isobutyronitrile	—	10
100	醋酸乙烯	108-05-4	vinyl acetate	—	7.5
101	异丙基氯甲酸酯	108-23-6	isopropyl chloroformate	—	7.5
102	环已胺	108-91-8	cyclohexylamine	—	10
103	哌啶	110-89-4	piperidine	—	7.5
104	反式-丁烯醛	123-73-9	*trans*-crotonaldehyde	—	10
105	甲基丙烯腈	126-98-7	methylacrylonitrile	—	2.5
106	肼	302-01-2	hydrazine	—	7.5
107	过氯甲基硫醇	594-42-3	perchloromethyl mercaptan	—	5
108	丙烯酰氯	814-68-6	acryloyl chloride	—	1
109	丁烯醛	4170-30-3	crotonaldehyde	—	10
110	丙烯亚胺	75-55-8	propyleneimine	—	10
111	三甲基氯硅烷	75-77-4	trimethylchlorosilane	—	7.5
112	三氟化硼二甲基醚	353-42-4	boron trifluoride dimethyl etherate	—	7.5
113	五羰基铁	13463-40-6	iron pentacarbonyl	—	1
114	3,4-二氯甲苯	95-75-0	3,4-dichlorotoluene	a	10
115	硝基苯	98-95-3	nitrobenzene	a	10
116	四氯乙烯	127-18-4	tetrachloroethylene	—	10
117	二甲基硫醚	75-18-3	dimethyl sulphide	—	10

续表

序号	物质名称	CAS 号	英文名	案例记录	临界量
118	2-氯乙醇	107-07-3	ethylene chlorohydrin	—	5
119	苯乙烯	100-42-5	phenylethylene	a/c	10
120	乙胺	75-04-7	ethylamine	—	10
121	乙苯	100-41-4	ethylbenzene	a	10
122	一氧化二氯	7791-21-1	chlorine monoxide	—	5
123	乙烯	74-85-1	ethylene	—	5
124	氯乙烯	75-01-4	vinyl chloride	—	5
125	甲胺	74-89-5	monomethylamine	c	5
126	二甲胺	124-40-3	dimethylamine	a	5
127	丙烯	115-07-1	propylene	c	5
128	乙炔	74-86-2	acetylene	—	5
129	1,3-丁二烯	106-99-0	1,3-butadiene	—	5
130	石油气	68476-85-7	liquefied petroleum gas	—	5
131	二甲醚	115-10-6	methyl ether	—	5
132	甲烷	74-82-8	methane	a	5
133	乙烷	74-84-0	ethane	—	5
134	丙烷	74-98-6	propane	—	5
135	丙炔	74-99-7	methylacetylene（propyne）	—	5
136	氯乙烷	75-00-3	ethyl chloride	—	5
137	氟乙烯	75-02-5	vinyl fluoride	—	5
138	环丙烷	75-19-4	cyclopropane	—	5
139	异丁烷	75-28-5	isobutane	—	5
140	1,1-二氯乙烯	75-35-4	vinylidene chloride	—	5
141	二氟乙烷	75-37-6	difluoroethane	—	5
142	1,1-二氟乙烯	75-38-7	1,1-difluoroethylene	—	5
143	氨基异丁烷	75-64-9	tert-butylamine	—	5
144	异戊烷	78-78-4	isopentane（2-methylbutane）	—	5
145	异戊二烯	78-79-5	isoprene	—	5
146	三氟氯乙烯	79-38-9	trifluorochloroethylene	—	5
147	丁烷	106-97-8	butane	—	5
148	1-丁烯	106-98-9	1-butene（alpha-butylene）	—	5
149	乙基乙炔	107-00-6	ethyl acetylene	—	5
150	2-丁烯	107-01-7	2-butene	—	5
151	1-戊烯	109-67-1	1-pentene	—	5
152	乙烯基乙烯醚	109-92-2	vinyl ethyl ether	—	5
153	异丁烯	115-11-7	isobutylene（2-methylpropene）	—	5

续表

序号	物质名称	CAS号	英文名	案例记录	临界量
154	四氟乙烯	116-14-3	tetrafluoroethylene	—	5
155	丙二烯	463-49-0	propadiene	—	5
156	2,2-二甲基丙烷	463-82-1	2,2-dimethyl propane	—	5
157	1,3-戊二烯	504-60-9	1,3-pentadiene	—	5
158	3-甲基-1-丁烯	563-45-1	3-methyl-1-butene	—	5
159	2-甲基-1-丁烯	563-46-2	2-methyl-1-butene	—	5
160	顺式-2-丁烯	590-18-1	*cis*-2-butene（2-butene-*cis*）	—	5
161	三氟溴乙烯	598-73-2	bromotrifluoroethylene	—	5
162	反式-2-丁烯	624-64-6	*trans*-2-butene（2-butene-*trans*）	—	5
163	顺式-2-戊烯	627-20-3	*cis*-2-pentene（beta-*cis*-amylene）	—	5
164	反式-2-戊烯	646-04-8	*trans*-2-pentene	—	5
165	乙烯基乙炔	689-97-4	1-buten-3-yne（vinyl acetylene）	—	5
166	丁烯	25167-67-3	butylene（butene）	—	5
167	二氯甲硅烷	4109-96-0	dichlorosilane	—	5
168	2-氯-1,3-丁二烯	126-99-8	2-chloro-1,3-Butadiene	—	5
169	3-氯丙烯	107-05-1	allyl chloride	—	5
170	甲醇	67-56-1	methanol	a/c	500*
171	正戊烷	109-66-0	normal pentane	—	5
172	乙醚	60-29-7	ethyl ether	—	10*
173	汽油	8006-61-9	gasoline	a/c	200*
174	乙酸乙酯	141-78-6	ethyl acetate	—	500*
175	正己烷	110-54-3	*n*-hexane	—	500*
176	乙醛	75-07-0	acetaldehyde	—	5
177	异丙基氯	75-29-6	2-chloropropane	—	5
178	异丙胺	75-31-0	isopropylamine	—	5
179	四甲基硅烷	75-76-3	tetramethylsilane	—	5
180	乙烯基甲醚	107-25-5	vinyl methyl ether	—	5
181	甲酸甲酯	107-31-3	methyl formate	—	5
182	亚硝酸乙酯	109-95-5	ethyl nitrite	—	5
183	2-氯丙烯	557-98-2	2-chloropropene	—	5
184	1-氯丙烯	590-21-6	1-chloropropene	—	5
185	三氯硅烷	10025-78-2	trichlorosilane	—	5
186	亚硫酰氯	7719-09-7	thionyl chloride	—	5
187	1,4-二氯苯	106-46-7	1,4-dichlorobenzene	—	10
188	苯酚	108-95-2	phenol	a/b/c/d	5
189	敌百虫	52-68-6	dipterex	—	1

续表

序号	物质名称	CAS 号	英文名	案例记录	临界量
190	2,4-二氯苯酚	120-83-2	2,4-dichlorophenol	—	5
191	2,6-二氯-4-硝基苯胺	99-30-9	2,6-dichloro-4-nitroaniline	—	5
192	2,4-二硝基甲苯	121-14-2	2,4-dinitrotoluene	—	5
193	联苯胺	92-87-5	benzidine	—	0.5
194	六氯苯	118-74-1	hexachlorobenzene	—	1
195	氯酸钠	7775-09-9	sodium chlorate	—	100
196	氯酸钾	3811-04-9	potassium chlorate	—	100
197	二苯基亚甲基二异氰酸酯（MDI）	26447-40-5	diphenylmethane diisocyanate	—	0.5
198	萘	91-20-3	naphthalene	a	5
199	硝酸铵（含可燃物小于 0.2%）	6484-52-2	ammonium nitrate	a	50
200	三硝基甲苯	65506-72-1	trinitrotoluene	—	5
201	高氯酸铵	7790-98-9	ammonium perchlorate	—	5
202	白磷	7723-14-0	phosphorus, white	a	5
203	四氧化锇	20816-12-0	osmium tetroxide	—	0.25
204	对苯醌	106-51-4	1,4-benzoquinone	a	1

注：①表中环境风险物质分为 3 类。毒性风险物质（序号为 1 ~ 122，其中序号 1 ~ 31 为毒性气体，而序号 32 ~ 122 为毒性液体）、易燃风险物质（序号为 123 ~ 187，其中序号 123 ~ 168 为易燃气体，而序号 169 ~ 187 为易燃液体）及其他环境风险物质（序号为 188 ~ 204）。②案例记录列中，a 代表该种物质曾经由于生产事故而引发了突发环境事件；b 代表该种物质曾经由于非法排污而引发了突发环境事件；c 代表该种物质曾经由于交通事故而引发了突发环境事件；d 代表该种物质曾经由于其他原因引发了突发环境事件。③ * 代表该种物质临界量确定参考了《危险化学品重大危险源辨识》（GB 18218—2009）。

未在表 3-3 范围内的环境风险物质，依据其化学物质特性，按表 3-4 确定临界值；若一种风险物质具有多种危险性，按其中最低的临界值确定。

表 3-4　环境风险物质类别及临界量表

化学物质类别	说明	临界值/t	参考依据
油类	矿物油（石油）指烷烃、芳香烃、多环芳烃等烃类有机混合物	200	《危险化学品重大危险源辨识》（GB 18218—2009）
有毒化学物质	剧毒	5	《塞维索指令Ⅲ》
	有毒	50	《塞维索指令Ⅲ》
压缩和液化气体；易燃易爆物质	清单以外的其他易燃物质	10	《危险化学品重大危险源辨识》（GB 18218—2009）
	易爆品	10	《危险化学品重大危险源辨识》（GB 18218—2009）

3.2.4 初步筛选程序

环境风险源初步筛选中，根据企业存储或使用的化学品种类与数量，按照规定的环境风险物质与临界量进行筛选，在确定化学物质时需注意化学品有别称或其他中文名的情况，因此，在具备化学品 CAS 号的情况下，可按 CAS 号进行对比筛选，对于未明确列入清单的化学品，需对应其化学性质，判断是否超标。对企业内存在的环境风险物质的超标值计算分为以下两种情况。

1）企业内存在的环境风险物质为单一品种，则该环境风险物质的数量即为企业内环境风险物质的总量，若等于或超过相应的临界量，则其环境风险物质数量与临界量的比值大于 1，初步判断为待评估环境风险源，见式（3-5）：

$$\sum_{i=0}^{n} \frac{q_i}{Q_i} > 1 \tag{3-5}$$

式中，q_i为每种风险物质实际存在或者以后要存在的量，且数量超过各风险物质临界值的 5%（t）；Q_i为环境风险物质临界量（t）。

2）企业内存在的环境风险物质为多品种时，则按式（3-6）计算环境风险物质数量与临界量的比值；若满足式（3-6）判定为待评估环境风险单位：

$$Q = \frac{q_1}{Q_1} + \frac{q_2}{Q_2} + \cdots + \frac{q_n}{Q_n} \geqslant 1 \tag{3-6}$$

式中，q_1，q_2，…，q_n分别为每种环境风险物质设计的最大存储量或使用量，且数量超过各环境风险物质相对应临界量的 5%（t）；而 Q_1，Q_2，…，Q_n分别为与各环境风险物质相对应的临界量（t）。

为简化计算环境风险场所内风险源的识别过程，可依据风险场所的差异选择不同的排查程序，如图 3-7 所示。

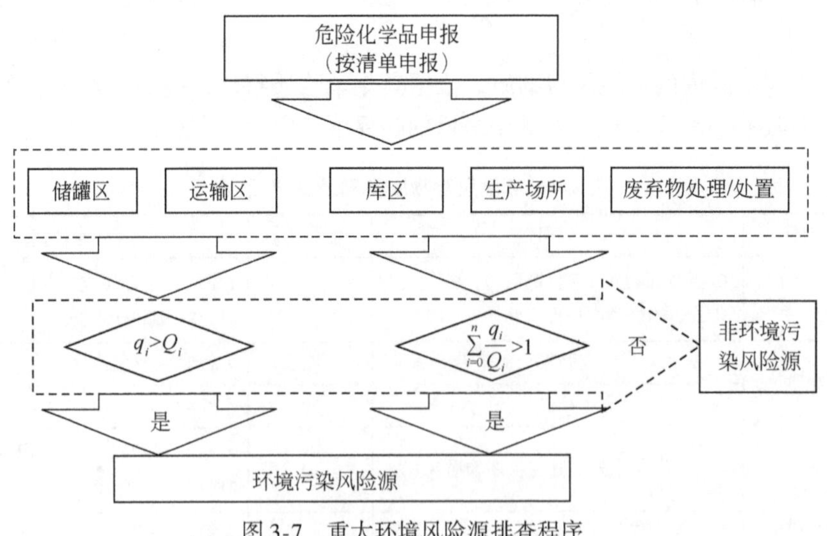

图 3-7　重大环境风险源排查程序

3.3 重大环境风险源定量分级原理及方法

在对环境风险源源强进行分析，预测重大环境污染事件危害范围，评估环境污染事件危害后果的基础上，依据评估企业的平均概率及特征影响因子计算事故发生的概率，进而对风险值进行计算及级别划分。

3.3.1 环境风险源源强分析

风险释放的强度、规模、频度、速率都将影响环境风险的大小。事故源强设定采用计算法和经验估算法。计算法适用于以腐蚀或应力作用等引起的泄漏型为主的事故；经验估算法适用于以火灾爆炸等突发事件为诱发原因的危险物质释放。源强分析主要针对不同风险源类型，分析事故发生之初，污染物质泄漏量或非正常排放量的大小，见表3-5。

表3-5 风险事故源强分析方法

事故类型	事故场所	分析模型	分析结果
液体事故	储罐区	伯努利方程	液体泄漏速度
	库区		
	排放口	非正常排放状况调查	排放量
气体事故	储罐区	伯努利方程	气体泄漏速度
	排放口	非正常排放状况调查	排放量

(1) 液体泄漏扩散过程

液体的泄漏量根据伯努利（Bernoulli）方程，可以建立液体经孔泄漏的速度计算公式，见式（3-7）（刘诗飞和詹予忠，2004）：

$$Q_0 = C_d A\rho\sqrt{\frac{2(P-P_0)}{\rho}+2gh} \tag{3-7}$$

式中，Q_0 为液体泄漏流量（kg/s）；C_d 为排放系数，通常取0.60～0.64，也可按表3-6取值；A 为泄漏口面积（m^2）；ρ 为泄漏液体密度（kg/m^3）；P 为容器内介质压力（Pa）；P_0 为环境压力（Pa）；g 为重力加速度（9.8 m^2/s）；h 为泄漏口上液位高度（m）。

表3-6 液体排放系数

雷诺系数	泄漏口形状		
	圆形	三角形	长条形
>100	0.65	0.60	0.55
≤100	0.50	0.45	0.40

在实际计算过程中，已知某种污染物在河流环境中的浓度允许限值，运用一维水质模型，由此可以计算出污染物达到浓度限值时在河道中的扩散距离。

(2) 气体泄漏扩散过程

气体或蒸汽经小孔泄漏，因压力降低而膨胀，该过程可视为绝热过程。假设气体符合理想气体状态方程，则根据伯努利方程可推导气体泄漏公式如下：

$$Q = C_d PA\sqrt{\frac{2\gamma}{\gamma-1}\frac{M}{RT}\left[\left(\frac{P_0}{P}\right)^{\frac{2}{\gamma}} - \left(\frac{P_0}{P}\right)^{\frac{\gamma+1}{\gamma}}\right]} \tag{3-8}$$

式中，Q 为气体泄漏流量（kg/s）；C_d 为排放系数，通常取 1.0；A 为泄漏口面积（m^2）；P 为容器内气体压力（Pa）；P_0 为环境压力（Pa）；γ 为绝热指数，是等压比热容与等容比热容的比值；M 为气体分子量（kg/mol）；R 为摩尔气体常数［8.314 J/(mol·K)］；T 为容器内气体的温度（K）。

3.3.2 事故危害范围预测

1. 水环境污染事件危害范围

（1）事故扩散过程分析

就单一污染源的某种污染物而言，当环境污染事件发生后，污染物进入水体，直接受到威胁的主要是水生动植物，间接受到影响的是依赖该水体为饮用水源的公众和依赖该水体作为灌溉的农田。由于水体的自然降解、稀释、沉淀等物理化学作用使污染物浓度逐渐降低，当污染物浓度逐渐降低到没有危害的浓度时，该浓度可以视为对环境危害的危险阈值，记为 C（油膜类污染为厚度）。而就河流而言，当污染物释放到水体，经过混合稀释等物理、化学过程后，污染物最大浓度变为 C 时，污染物所经过的水域路程为 L，可能经过的敏感区有 n 个，如图 3-8 所示。

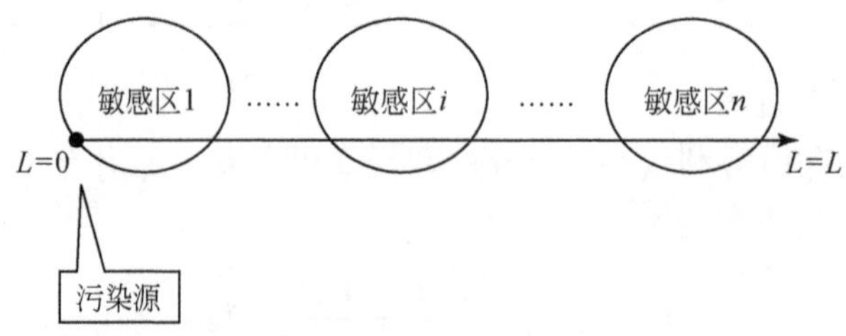

图 3-8 河流水环境污染与敏感区的关系

对于湖、库、海的情形：当污染物释放到水体，经过混合等物理化学过程后，浓度为 C 所包括水域面积内包含或涉及的敏感区可能有 n 个，湖、库、海水环境污染与敏感区的关系如图 3-9 所示。

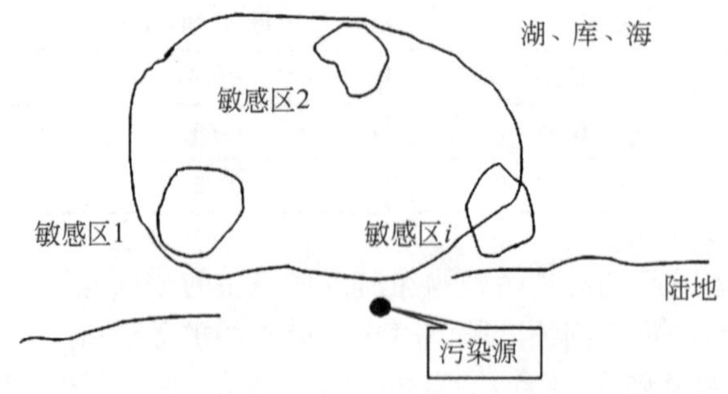

图 3-9 湖、库、海水环境污染与敏感区的关系

敏感区有可能是多重的，对每一敏感区而言，水环境污染造成的环境影响后果可能有如下情形：①因环境污染造成重要城市主要水源地取水中断的污染事件，或引起人员中毒等；②造成直接经济损失；③造成区域生态功能严重丧失，或濒危物种生境遭到严重污染；④因环境污染使当地正常的经济、社会活动受到严重影响。

（2）水环境敏感区

水环境敏感区及可能造成的影响情况见表3-7。

表3-7 水环境敏感区及可能造成的影响

水环境敏感区（点）	可能造成的影响
受纳水体（河流、湖泊、海域）	暂时或长期改变水质保护目标
岸边及附近下游的取水口（自来水厂吸水口、地下水补给区、农业灌溉取水点、工业取水口）	影响生活、生产取水，造成社会影响、经济损失等
岸边及附近下游保护区（养殖区、洄游产卵保护区、特殊种群保护区、湿地保护区、陆地动植物保护区、基本农田保护区）	可能造成各类保护区严重的生态影响
岸边及附近下游的城镇中心区	影响居民使用水，产生社会影响
界	可能造成跨省（市、县）界环境污染

（3）水环境污染范围计算方法

突发性液体泄漏扩散环境污染事件主要是液体泄漏至河道的污染，由于在突发性环境污染事件的应急处理处置中，关注的主要问题是污染物在河道中的浓度与污染扩散的水平距离。因此，液体泄漏事故性环境风险源的危害范围运用二维水质模型进行计算，见式(3-9)：

$$\rho(x,\ y,\ t)=\frac{Q_{源强}}{2u_x h\sqrt{D_x D_y t^2}}\cdot \exp\left[-\frac{(x-u_x t)^2}{4D_x t}-\frac{(y-u_y t)^2}{4D_y t}\right]\cdot \exp(-Kt) \quad (3\text{-}9)$$

式中，ρ（x，y，t）为泄漏点下游x和y处、t时溶解态污染物浓度（mg/L）；$Q_{源强}$为污染源源强（g）；D_x、D_y为横向及纵向离散系数（m^2/s）；u_x、u_y为横向及纵向流速；h为平均水深；K为降解速率。

2. 大气环境污染事件危害范围

（1）事故扩散过程分析

事故可能产生的环境危害半径范围内所覆盖的周边常在人口以及其他环境敏感点，如图3-10所示。在该覆盖范围内，污染物可能直接造成如下影响：①危及周边的人群健康危害，或引起必要的群众疏散、转移，严重影响人民群众生产、生活；②因环境污染使当地正常的经济、社会活动受到严重影响，或造成一定的直接经济损失；③严重污染区域生态环境，濒危物种生境遭到破坏。

（2）大气环境敏感区

根据《建设项目环境影响评价分类管理名录》，环境敏感点（区）及其所受危害的一般情况分析见表3-8。

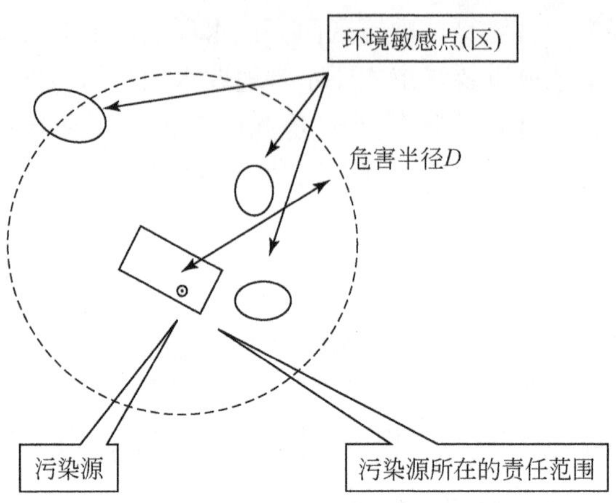

图 3-10 大气环境危害半径范围

表 3-8 大气环境敏感点（区）与危害情况

敏感项目（条件）	可能造成的主要直接危害	可能造成的主要间接危害	类别设定
居民点（区）、自然村	人群健康危害，经济损失	当居民人数多时，将造成社会影响	B
幼儿园、学校、图书馆	人群健康危害，经济损失	造成社会影响	A
医院、疗养院、养老院	人群健康危害，经济损失	造成社会影响	A
影剧院、娱乐场所	人群健康危害，经济损失	造成社会影响	B
体育场馆	人群健康危害，经济损失	造成社会影响	B
饭店、酒家、宾馆、旅店	人群健康危害，经济损失	造成社会影响	B
商场、商铺、市场、银行	人群健康危害，经济损失	造成社会影响	B
党政机关、科研单位、商业办公楼	人群健康危害，经济损失	造成社会影响	B
码头、火车站、汽车站、地铁站	人群健康危害	将造成社会影响	C
机场	人群健康危害	将造成社会影响	C
广场	人群健康危害	将造成社会影响	C
文物保护点	经济损失		D
风景游览区（包括公园、游乐场以及旅游胜地等）	人群健康危害，经济损失，生态环境损失	当居民人数多时，将造成社会影响	D
自然保护区（指县级以上自然保护区）	生态环境损失	经济损失	D
基本农田保护区	生态环境损失	经济损失	D
一般农田、果园	生态环境损失	经济损失	D
禽畜圈养场	经济损失		D
跨国污染	生态环境损失	社会影响巨大	E
跨省、自治区污染	生态环境损失	社会影响较大	E
储有易燃易爆品单位	人群健康危害，经济损失	可能引起更大的危害，造成社会影响	F
储有毒性气体单位	人群健康危害，经济损失	可能引起更大的危害，造成社会影响	F

(3) **大气环境污染范围计算方法**

对于大气环境污染事件，主要考虑连续点源污染物的排放，事故扩散浓度可采用高斯模型进行计算，计算模型见式（3-10）：

$$\rho(x,\ y,\ 0)=\frac{2Q}{(2\pi)^{3/2}\sigma_x\sigma_y\sigma_z}\cdot\exp\left[-\frac{(x-x_0)^2}{2\sigma_x^2}\right]\cdot\exp\left[-\frac{(y-y_0)^2}{2\sigma_y^2}\right]\cdot\exp\left[-\frac{z_0^2}{2\sigma_z^2}\right] \tag{3-10}$$

式中，ρ（x，y，0）为下风向地面（x，y）坐标处空气中污染物浓度（mg/m^3）；x_0，y_0，z_0为烟筒中心坐标；σ_x，σ_y，σ_z分别为 X，Y，Z 方向的扩散参数（m）；Q 为事故期间烟团的排放量（mg）。

运用高斯连续模型计算下风向污染物扩散浓度，并运用 Matlab 等计算软件绘制等浓度图，计算代表污染物最高浓度限值曲线所围闭合区域的面积，从而确定大气污染扩散事故的环境危害范围。

对于某一地点扩散系数的选取，可依据统计资料或实验进行取值；大气稳定度的级别和风速要选取不利于污染无扩散的情况。污染物在大气环境中的危害标准参考表 3-9。

表 3-9 确定危害范围所采用的参考标准

危害范围评估指标	采用评价标准	危害范围	评价结果（危害指数）
大气环境危害范围	《工作场所有害因素职业接触限值》（GBZ 2.1—2007）中的短时间接触容许浓度（15 min，PC-STEL）	对人的区域影响范围	受直接危害的当量人口
		对社会的区域影响范围	当量货币
		对生态的区域影响范围	当量面积
水环境危害范围	LC_{50}	对人的区域影响范围	受直接危害的当量人口
	《生活饮用水水源水质标准》（CJ 3020-93）中的二级标准限值	对社会的区域影响范围	当量货币
	《渔业水质标准》（GB 116707-89）中的最低标准（或其他相关标准）	对生态的区域影响范围	当量面积

3.3.3 环境污染事件危害后果评估

考虑环境风险源特征，对环境危害指数计算模型等作了相应改进。在环境风险源潜在环境污染事件危害范围计算的基础上，确定环境风险源危害范围内的环境敏感点类型及个数，建立环境风险源潜在污染事件对环境敏感点的危害概化指数，计算环境风险源导致大气环境和水环境的损失指数。

1. 水环境风险源危害后果

水环境风险源危害后果的评估，需根据预测的水环境风险源的危害范围，主要评估范围内的环境敏感点，考虑水环境风险源对社会造成的影响、对经济造成的损失、对流域水环境造成的生态损失等，具体见表 3-10，按式（3-11）计算：

$$C_{水}=0.001\sum C_{社会}+0.02\sum C_{经济}+0.02\sum C_{生态} \tag{3-11}$$

式中，$C_{社会}$为水环境污染事件导致的社会恐慌；$C_{经济}$为水环境污染事件造成的直接经济损失；$C_{生态}$为水环境污染事件造成的生态损失。

表 3-10　水环境危害后果评估表

后果类型	对人身健康的影响 $C_{人身}$	对社会的影响 $C_{社会}$	对经济的影响 $C_{经济}$	对生态的影响 $C_{生态}$
敏感点	—	城镇水源地	渔场	河道
危害后果	$C_x = \sum_{i=1}^{n}(S_i \times p_i \times M_i \times \alpha_i \times \beta_i)$			
综合后果	$C_{水} = \sum_{i=1}^{n}(C_{2x} + C_{3x} + C_{4x})$（$i$ 为敏感点个数）			

（1）水环境风险源对社会危害的危害后果

水环境风险源对社会的危害，主要评估突发水环境污染事件中因城镇集中水源地水质恶化，导致短期内城镇水源地断水的危害，见式（3-12）：

$$C_{社会} = \sum_{i=1}^{n}(S_i \times P_i \times \alpha_i \times \beta_i) \tag{3-12}$$

式中，S_i为集中水源地服务人口数（人）。P_i为受影响人口比率（%）。当危害范围内无备用水源并且备用水源也受污染的情况下，P_i 为 100%；当备用水源具有供水能力时，P_i 为 $1-R_{备用水源/受污染}$。α_i为跨界调整因子。当环境污染事件跨国界时，α_i取值 10；当环境污染事件跨省、自治区界时，α_i取值 5；当环境污染事件跨市界时，α_i取值 2；当环境污染事件跨县界时，α_i取值 1。当环境污染事件跨多个行政界限时，跨界因子可多次叠加。β_i为水质调整因子。当受纳水质优于Ⅱ类时，β_i取值 1. 2；当受纳水质为Ⅲ类时，β_i取值 1；当受纳水质为Ⅳ类时，β_i取值 0. 8。

表 3-11 显示了水环境风险源对社会的危害后果评估因子。

表 3-11　水环境风险源对社会的危害后果评估因子

符号	含义	单位	评估因子	取值
S_i	集中水源地服务人口数	人		
P_i	受影响人口比率	%	无备用水源及备用水源也受污染	100%
			备用水源供水能力	$1-R_{备用水源/受污染}$
α_i	跨界调整因子（可多次叠加）	—	跨国界	10
			跨省、自治区界	5
			跨市界	2
			跨县界	1
β_i	水质调整因子	—	优于Ⅱ类	1. 2
			Ⅲ类	1
			Ⅳ类	0. 8

（2）水环境风险源对经济的危害后果

水环境风险源对经济的影响，主要评估突发水环境污染事件中所导致的工业及渔业经济损失。

当评估事故对工业造成损失时，采用式（3-13）计算：

$$C_{经济-工业} = \sum_{i=1}^{n} (S_i \times P_i \times M_i) \tag{3-13}$$

式中，S_i为企业个数（个）。P_i为受影响水平（%）。当企业内无备用水源时，P_i为 100%；而当企业具有自备水源时，P_i为 $1-R_{备用水源/受污染}$。M_i为企业产值（万元/d）。

水环境风险源对经济-工业的危害后果评估因子见表 3-12。

表 3-12　水环境风险源对经济-工业的危害后果评估因子

符号	含义	单位	评估因子	取值
S_i	企业个数	个		
P_i	受影响水平	%	无自备水源	100%
			自备水源	$1-0.5R_{备用水源/受污染}$
M_i	企业产值	万元/d	年产值/365	

当评估事故对渔业造成损失时，采用式（3-14）计算：

$$C_{经济-渔业} = \sum_{i=1}^{n} (S_i \times P_i \times M_i \times \alpha_i \times \beta_i) \tag{3-14}$$

式中，S_i为渔场面积（hm^2）。M_i为渔业价值（万元/hm^2）。P_i为渔业受损率（%）。当污染物质为高毒化学物质时，P_i为 25%；当污染物质为剧毒化学物质时，P_i为 15%；当污染物质为一般毒性化学物质时，P_i为 5%。α_i为季节影响因子。春季时，α_i取值 2.0；夏季时，α_i取值 1.0；秋季和冬季时，α_i取值 0.5。β_i为水质调整因子。当水质优于Ⅱ类时，β_i取值 1.2；当水质为Ⅲ类时，β_i取值 1；当水质为Ⅳ类时，β_i取值 0.8。

水环境风险源对经济-渔业的危害后果评估因子具体见表 3-13。

表 3-13　水环境风险源对经济-渔业的危害后果评估因子

符号	含义	单位	评估因子	
S_i	渔场面积	hm^2		
P_i	渔业受损率	%	高毒	25%
			剧毒	15%
			一般毒性	5%
M_i	渔业价值	万元/hm^2		
α_i	季节影响因子	—	春季	2.0
			夏季	1.0
			秋季、冬季	0.5
β_i	水质调整因子	—	优于Ⅱ类	1.2
			Ⅲ类	1
			Ⅳ类	0.8

（3）水环境风险源对生态的危害后果

水环境风险源对生态的危害后果，主要评估突发环境污染事件所导致的自然生态损失，包括背景损失，其计算见式（3-15）：

$$C_{生态} = \sum_{i=1}^{n}(S_i \times P_i \times M_i \times \alpha_i \times \beta_i) \tag{3-15}$$

式中，S_i为污染面积（hm^2）；P_i为生态受损率（%）；M_i为单位面积生物价值（万元/hm^2）；而其余两个参数，即α_i与β_i的含义以及具体取值如下。

α_i为脆弱性因子。当环境污染事件危害范围涉及濒危水生野生动植物自然保护区时，α_i取值10；当危害范围内存在野生动植物保护区时，α_i取值9；当危害范围内存在湿地和水域生态类型保护区时，α_i取值7；当危害范围内存在种质资源保护区时，α_i取值5；当危害范围内存在天然渔场时，α_i取值3；当危害范围内存在陆地动植物保护区时，α_i取值2；当危害范围内都是一般区域时，α_i取值1。

β_i为水质调整因子。当水质为Ⅰ类时，β_i取值8；当水质为Ⅱ类时，β_i取值4；当水质为Ⅲ类时，β_i取值2；当水质为Ⅳ类时，β_i取值1；当水质为Ⅴ类时，β_i取值0.8；当水质为劣Ⅴ类时，β_i取值0.4。

表3-14显示了水环境风险源对生态的危害后果评估因子。

表3-14　水环境风险源对生态的危害后果评估因子

符号	含义	单位	评估因子	取值
S_i	污染面积	hm^2		
P_i	生态受损率	%	LC_{50}	50%
			60% LC_{50}	30%
			10% LC_{50}	5%
M_i	单位面积生物价值	万元/hm^2		
α_i	脆弱性因子	—	濒危水生野生动植物自然保护区	10
			野生动植物保护区	9
			湿地和水域生态类型保护区	7
			种质资源保护区	5
			天然渔场	3
			陆地动植物保护区	2
			一般区域	1
β_i	水质调整因子	—	Ⅰ类	8
			Ⅱ类	4
			Ⅲ类	2
			Ⅳ类	1
			Ⅴ类	0.8
			劣Ⅴ类	0.4

2. 大气环境风险源危害后果

大气环境风险源危害后果的评估，需根据预测的大气环境风险源的危害范围，主要评估范围内的人口聚集区，考虑大气环境风险源对人身健康造成的影响，以及对社会造成的损失。估算对社会影响时，主要考虑突发环境污染事件发生后需人群临时撤离的危害。按式（3-16）计算。

$$C_{大气} = \sum C_{人身} + 0.001 \sum C_{社会} \tag{3-16}$$

式中，$C_{人身}$为大气环境污染事件导致的人身伤害数；$C_{社会}$为大气环境污染事件导致的社会恐慌数。

大气环境危害后果评估见表3-15。

表3-15　大气环境危害后果评估表

后果类型	对人身健康的影响 $C_{人身}$	对社会的影响 $C_{社会}$	对经济的影响 $C_{经济}$	对生态的影响 $C_{生态}$
敏感点	人口聚集区	人口聚集区	—	—
危害后果	$C_n = \sum_{i=1}^{n}(S_i \times p_i \times M_i \times \alpha_i)$			
综合后果	$C_{大气} = \sum_{i=1}^{n}(C_{2x} + C_{3x} + C_{4x})$（$i$为敏感点个数）			

（1）大气环境风险源对人身健康的危害后果

大气环境风险源对人身健康的危害后果主要评估突发大气环境污染事件对人群健康的直接伤害，具体计算见式（3-17）：

$$C_{人身} = \sum_{i=1}^{n}(S_i \times P_i \times M_i \times \alpha_i) \tag{3-17}$$

式中，S_i为受影响面积（hm^2）。P_i为受影响人口比率（%）。M_i为人口密度（人/hm^2）。α_i为未逃脱率，当环境污染事件危害范围内的人群为无组织、信息获取困难的村镇时，α_i取值40%；当环境污染事件危害范围内的人群为有组织、分散村镇时，α_i取值10%；当环境污染事件危害范围内属于城市和集镇时，α_i取值2%。

对P_i计算或采用式（3-18）评估：

$$P_i = A + B\ln(C^n \times t) \tag{3-18}$$

式中，A、B、n为描述毒性物质的常数；C为物质浓度（mg/m^3）；t为暴露于毒性物质中的时间（min）。

大气环境风险源对人身健康的危害后果评估因子见表3-16，毒性物质的毒性常数见表3-17。

表3-16　大气环境风险源对人身健康的危害后果评估因子

符号	含义	单位	评估因子	取值
S_i	受影响面积	hm^2		
P_i	受影响人口比率	%	LD_{50}	50%
			60% LD_{50}	30%
			10% LD_{50}	5%
			或式（3-18）	
M_i	人口密度	人/hm^2		

续表

符号	含义	单位	评估因子	取值
α_i	未逃脱率	%	无组织、信息获取困难村镇	40%
			有组织、分散村镇	10%
			城市和集镇	2%

表 3-17　一些毒性物质的毒性常数

物质名称	A	B	n
氯	-5.30	0.50	2.75
氨	-9.82	0.71	2.00
丙烯醛	-9.93	2.05	1.00
四氯化碳	0.54	1.01	0.50
氯化氢	-21.76	2.65	1.00
甲基溴	-19.92	5.16	1.00
光气（碳酸氯）	-19.27	3.69	1.00
氟氢酸（单体）	-26.40	3.35	1.00

(2) 大气环境风险源对社会的危害后果

大气环境风险源对社会的危害后果，主要评估突发大气环境污染事件所造成的人群临时撤离危害，具体计算见式（3-19）：

$$C_{社会} = \sum_{i=1}^{n} (S_i \times P_i \times M_i \times \alpha_i) \tag{3-19}$$

式中，S_i为受影响面积（hm^2）；P_i为受影响人口比率（%）；M_i为人口密度（人/hm^2）；α_i为跨界调整因子。当环境污染事件跨国界时，α_i取值 10；当环境污染事件跨省、自治区界时，α_i取值 5；当环境污染事件跨市界时，α_i取值 2；当环境污染事件跨县界时，α_i取值 1。

大气环境风险源对社会的危害后果评估因子见表 3-18。

表 3-18　大气环境风险源对社会的危害后果评估因子

符号	含义	单位	评估因子	取值
S_i	受影响面积	hm^2		
P_i	受影响人口比率	%	100%	
M_i	人口密度	人/hm^2	实际	
α_i	跨界调整因子		跨国界	10
			跨省、自治区界	5
			跨市界	2
			跨县界	1

3. 综合危害后果评估

对一种最大可信事故下有毒有害物质产生的环境危害 C，为水环境及大气环境危害的总和，计算见式（3-20）：

$$C_i = C_{水i} + C_{大气i} \tag{3-20}$$

式中，C_i为企业第 i 种事故场景下突发环境污染事件综合危害后果；$C_{水i}$为第 i 种事故场景下环境风险单元所致的水环境危害；$C_{大气i}$为第 i 种事故场景下环境风险单元所致的大气环境危害。

以水源地环境污染造成停止供水事件作为评估对象，参考《国家突发环境事件应预案》相关参数利用模型评估停水造成的社会影响，计算见式（3-21）：

$$C_{社会} = \sum_{i=1}^{n} (S_i \times P_i \times M_i \times \alpha_i \times \beta_i) \tag{3-21}$$

式中，S_i为集中水源地服务人口数（人）。P_i为受影响人口比率（%）。当危害范围内无备用水源并且备用水源也受污染时，P_i 为 100%；当备用水源具有供水能力时，P_i 为 $1-R_{备用水源/受污染}$。α_i为跨界调整因子。当环境污染事件跨国界时，α_i取值 10；当环境污染事件跨省、自治区界时，α_i取值 5；当环境污染事件跨市界时，α_i取值 2。当环境污染事件跨县界时，α_i取值 1，当环境污染事件跨多个行政界限时，跨界因子可多次叠加。β_i为水质调整因子。当受纳水质优于Ⅱ类时，β_i取值 1.2；当受纳水质为Ⅲ类时，β_i取值 1；当受纳水质为Ⅳ类时，β_i取值 0.8。

3.3.4 事故发生概率

概率表示一个事件发生的可能性大小，是环境污染事件出现的可能性的度量。事故发生概率可以根据后验概率估算或先验估算法得到，前一种方法是根据大量已发生的事故案例数据，通过归纳统计计算得出，此方法有较大的可靠性，但也有很大的局限性：①统计数据不够，且准确度也有待进一步分析，可参考价值有限；②每个具体事故都有其实际情况，通过归纳统计无法将一些影响事故发生的因素考虑进去，如安全技术措施、安全管理水平等；③计算机处理比较困难。而后一种方法是根据导致事故的基本事件的概率分布形式（一般为正态分布），先计算出各基本事件（各单元、部件故障）的发生概率，再结合事故树分析（FTA），用演绎推理方法，从各基本事件发生概率估算出发，逐步向顶上事件推算，最后求得事故发生概率。

由于突发事故的成因比较复杂，事故概率计算也很困难，以上采用基于事故树的先验概率估算方法，对化工企业中的危险源事故概率计算有一定的指导意义，但也有明显不足之处：①我国当前累积的基础数据严重不足，基本事件的发生率资料不完整，对于计算基本事件概率带来困难，并为最后的计算顶事件概率带来困难；②基本事件的概率难以确定，因此，通过计算机进行数据处理也不现实。

依据评估企业的平均概率及特征影响因子计算事故发生的概率。概率的特征影响因子包括：行业类型调整因子、事故类型调整因子、源移动性调整因子和管理水平调整因子。计算公式如式（3-22）：

$$P_i = P_a \cdot k_h \cdot k_d \cdot k_m \cdot k_g \tag{3-22}$$

式中，P_a为基于案例分析建立的企业生产场所、储罐区、库区、废弃物处理处置区事故统计平均概率；k_h为行业类型调整因子；k_d为事故类型调整因子；k_m为源移动性调整因子；k_g为管理水平调整因子。

3.3.5 风险值计算及级别划分

按照突发事件严重性和紧急程度，《国家突发环境事件应急预案》（2006）将突发环境事件分为特别重大环境事件（Ⅰ级）、重大环境事件（Ⅱ级）、较大环境事件（Ⅲ级）和一般环境事件（Ⅳ级）4级。根据4个等级环境污染事件定义，《国家突发环境事件应急预案》中对其人口伤亡、经济损失、环境污染影响程度等指标进行分析，研究中针对这些指标，进行危害后果的归一化和标准化，建立了针对环境污染事件环境危害指数的标准计算参数，将标准参数带入危害指数量化模型，依此反推环境风险源评价指数标准取值范围，从而建立重大环境风险源识别标准体系。

参照国家对环境污染事件的分级标准，根据环境风险源的危害后果将环境风险源分为3级。环境污染风险源风险值为环境污染事件发生的概率与环境风险源危害后果的乘积，采用式（3-23）表示：

$$I = P \cdot C \tag{3-23}$$

式中，I为环境污染事件风险源的风险值；P为环境污染事件发生的概率；C为环境风险源的危害后果。

依据重大环境风险源识别标准体系建立方法，建立重大环境风险源认定标准和分级标准。与环境污染事件分级相对应，将环境风险源分为3级，等级划分阈值见表3-19。

表3-19 环境风险源等级划分表

风险源级别	风险源等级划分阈值
重大环境风险源	$I \geqslant 1000$
一般环境风险源	$400 \leqslant I < 1000$
非环境风险源	$I < 400$

3.4 环境风险源风险矩阵分级方法

为克服环境污染事件风险源识别过程中存在的待识别风险源数量多、识别过程复杂、识别周期长等问题，为各级环境保护应急及监督管理部门提供一种切实可行的突发环境事故风险源识别方法，在以上研究基础上简化为环境污染事件风险源定量分级简化方法。该方法规定了环境污染事件风险源初步排查及分级的基本原则、内容、程序和方法，适用于涉及潜在突发环境污染事件的建设项目、企业以及公共设施的环境风险源识别，还可适用于存在移动性重大环境风险源的区域进行环境风险源识别与评估。

3.4.1 整体思路

环境风险源识别与定量分级是有效管理企业环境风险的基础，对企业环境风险源识别，需综合考虑企业固有风险属性、风险暴露与传播途径、风险管理水平、风险受体等因素。环境风险源识别与分级程序如图 3-11 所示。

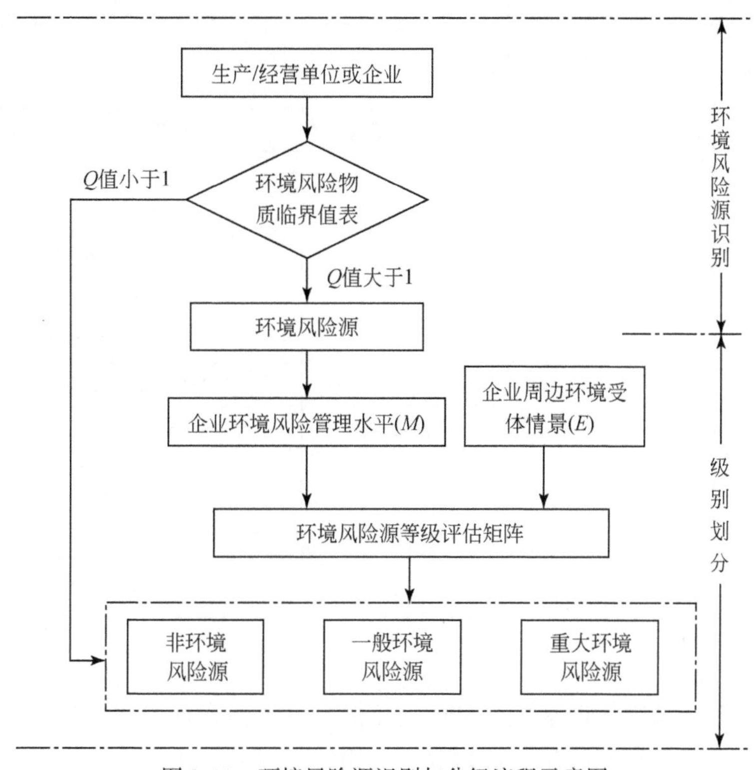

图 3-11　环境风险源识别与分级流程示意图

注：Q 值的含义见式（3-6）。

其中，环境风险源的识别参照 3.2 节“重大环境风险源初步识别方法”。

3.4.2 企业工艺过程与风险管理水平

开展企业工艺过程与风险管理水平研究，具体包括选择适宜的评估指标，对指标进行量化，最后确定评估指标权重。

(1) 评估指标选择

企业工艺过程与风险管理水平评估指标，选取原则遵循指标确定的通用原则，即科学性原则、可操作性原则、相对完备性原则、相对独立性原则与针对性原则。企业的环境风险与其固有风险水平、环境风险管理水平密切相关，同时考虑数据的可获得性，建立生产工艺过程和风险管理水平表征指标体系。

企业行业类别、企业工艺过程是否需要高温、高压条件，工艺中是否涉及易燃易爆物质，决定了企业生产工艺过程风险。企业风险管理水平由风险防范措施、生产安全控制、应急预案、废水排放去向、废水废物处理5个要素组成，具体指标见表3-20。

表3-20　企业生产工艺过程与风险管理水平评估指标

目标层	准则层1	准则层2	指标层
生产工艺过程与风险管理水平	工艺过程风险	所属行业	行业类别
		生产工艺过程	高温、高压
			易燃、易爆
	风险管理水平	风险防范措施	围堰
			应急事故池
			专用排污沟/管
			清洁下水排放切换阀门
			地面防渗处理
		生产安全控制	气/液体泄漏侦测、报警系统
			远程监控网
		应急预案	专门的环境应急预案
			环境应急预案备案
		废水排放去向	废水排放去向
		废水废物处理	有毒有害废水量
			废水处理设施
			危险废物量
			危险废物处理

（2）指标量化

生产工艺过程和风险管理水平（*M*）表征指标以定性指标为主，指标量化采用分值法，按照每个评估指标的实际情况进行分级，相应赋值分为4级，分别赋值为10、7.5、5、2.5。赋值越高，表明其工艺风险越大、环境风险管理水平越差。以行业类别为例，根据突发环境事件分析，石油、化工等行业为高风险、突发环境事件高发行业。对《国民经济行业分类与代码》（GB/T 4754—2002）中的开采业和制造业两大类行业进行赋值。石油和天然气开采业（B07），石油加工、炼焦及核燃料加工业（C25），化学原料及化学制品制造业（C26），化学纤维制造业（C28）赋值为10，医药制造业（C27）等赋值为7.5，煤炭开采与洗选业（B06）等赋值为5，其余行业赋值为2.5。企业生产工艺风险评估指标量化赋值见表3-21。

对于具有多个独立生产工艺的企业，每个工艺过程涉及高温、高压或是易燃、易爆情况可能均不相同。在具体评估时，应按照每个风险工艺过程（单元）进行评估，计算该风险单元的平均值，再对所有风险单元得分进行平均计算，得到该企业生产工艺过程指标分值，具体事例见表3-22。

表 3-21　企业生产工艺风险评估指标量化与赋值表

序号	指标	分值（K）			
		10	7.5	5	2.5
1	行业类别	石油和天然气开采（B07）；石油加工、炼焦及核燃料加工业（C25）；化学原料及化学制品制造业（C26）；化学纤维制造业（C28）	医药制造业（C27）；塑料制品业（C30）；有色金属冶炼及延压加工业（C33）	煤炭开采与洗选业（B06）；黑色金属矿采选业（B08）；有色金属矿采选业（B09）；纺织业（C17）；皮革、毛皮、羽毛（绒）及其制品业（C19）；橡胶制品业（C29）；黑色金属冶炼及延压加工业（C32）；废弃资源和废旧材料回收加工业（C43）	其他
2	生产工艺过程	涉及高温、高压			不涉及高温、高压
		涉及易燃易爆物质			不涉及易燃易爆物质

表 3-22　风险单元潜在风险打分表

企业名称	风险单元名称	生产工艺过程		风险单元平均分值	企业平均分值
		高温、高压	易燃、易爆		
企业 1	风险单元 1	10	10	10	6.25
	风险单元 2	2.5	2.5	2.5	
	风险单元 3	10	2.5	6.25	
	…	…	…	…	

风险防范措施、生产安全控制、应急预案、废水排放去向、废水废物处理情况评估指标量化与赋值见表 3-23。

表 3-23　企业风险管理水平评估指标量化与赋值表

序号	指标	分值（K）			
		10	7.5	5	2.5
1	风险防范措施	无围堰		具有围堰，但是小于最大释放量①	具有围堰，且大于最大释放量①
		无应急池		有应急池，小于单元最大释放量②	有应急池，且大于单元最大释放量②
		无专用排污沟/管			有专用排污沟/管
		无清洁下水排放切换阀门			有清洁下水排放切换阀门
		地面无防渗处理			地面有防渗处理
2	生产安全控制	不具有气/液体泄漏侦测、报警系统			具有气/液体泄漏侦测、报警系统
		没有接入远程监控网			接入远程监控网

<table>
<tr><th rowspan="2">序号</th><th rowspan="2">指标</th><th colspan="4">分值（K）</th></tr>
<tr><th>10</th><th>7.5</th><th>5</th><th>2.5</th></tr>
<tr><td rowspan="2">3</td><td rowspan="2">应急预案</td><td>无独立应急响应预案</td><td></td><td></td><td>有独立应急响应预案</td></tr>
<tr><td>未备案</td><td></td><td></td><td>已按要求备案</td></tr>
<tr><td>4</td><td>废水排放去向</td><td>B 直接进入江河湖、库等水环境，C 进入城市下水道（再入江河、湖、库），F 直接进入污灌农田，G 进入地渗或蒸发地</td><td>A 直接进入海域，D 进入城市下水道（再入沿海海域），H 进入其他单位，K 其他</td><td>E 进入城市污水处理厂</td><td>L 工业废水集中处理厂</td></tr>
<tr><td rowspan="3">5</td><td rowspan="3">废水废物处理</td><td>有毒有害废水排放量大于 100 t/d③</td><td>有毒有害废水排放量 60～100 t/d，有专业处理设施，但不能完全无害化处理</td><td>有毒有害废水排放量 20～60 t/d</td><td>有毒有害废水排放量小于 20 t/d</td></tr>
<tr><td>针对有毒有害的废气没有任何处理设施</td><td></td><td>针对有毒有害的废气有完善的专业处理设施，但不能完全无害化处理</td><td>针对有毒有害的废气有完善的专业处理设施，能完全无害化处理</td></tr>
<tr><td>危险废物产生大于 5 t/d④</td><td>危险废物产生 2～5 t/d</td><td>危险废物产生 1～2 t/d</td><td>危险废物产生小于 1 t/d</td></tr>
</table>

注：①围堰容积的最大释放量规定，最大储存容积×10%+72 m^3；②应急池的最大释放量规定，最大储存容积×10%+72 m^3；③有毒有害废水按行业类别划分，煤炭开采和洗选业，黑色金属矿、有色金属矿采选业，造纸业，石油加工、炼焦业，化学原料及化学制品制造业，医药制造业，化学纤维制造业，畜禽养殖业；④危险废物按《国家危险废物名录》确定。表中 A、B 等字母含义引用《废水去向排放代码》（HJ 523—2009）。

对于具有多个风险单元的企业，在评估风险防范措施、生产安全控制时涉及多单元评估，处理方式按照每个风险工艺过程（单元）进行评估，计算该风险单元的平均值，再对所有风险单元得分进行平均计算，得到该企业风险防范措施、生产安全控制指标分值。

（3）评估指标权重确定

企业行业类别、工艺生产过程、风险防范措施、生产安全控制、应急预案、废水排放去向、废水废物处理 7 个指标分值确定后，由于每个指标对企业生产工艺过程和风险管理水平的贡献值并不相同，因此，需每个评估指标的权重。

应用层次分析法计算得到每个评估指标的权重，见表 3-24。

表 3-24　环境风险因子权重

评估因子	企业行业类别	生产工艺过程	风险防范措施	生产安全控制	应急预案	废水排放去向	废水废物处理
指标权重（W）	0.095	0.250	0.314	0.095	0.055	0.119	0.072

企业生产工艺过程与风险管理水平（M）计算公式，见式（3-24）：

$$M = \sum_{1}^{n} K_n \cdot W_n \tag{3-24}$$

式中，M 为生产工艺过程与风险管理水平；K 为风险因子计算值；W 为风险因子权重；n 为风险因子个数。

然后，按表 3-25 对企业生产工艺过程与风险管理水平进行划分。

表 3-25　企业生产工艺过程与风险管理水平对照表

生产工艺过程与风险管理水平值（M）	工艺过程与风险管理水平
$M \leqslant 4$	A 类水平
$4<M \leqslant 6$	B 类水平
$6<M \leqslant 8$	C 类水平
$M>8$	D 类水平

3.4.3　企业环境风险分级

根据企业周边大气环境和水环境保护目标情况，将企业周边的环境保护目标情况划分为 3 类，再依据企业环境风险物质数量与临界量比值、企业生产工艺过程与风险管理水平、企业周边环境保护目标情景 3 方面因素进一步对企业环境风险等级进行划分，建立企业风险等级评估矩阵。

（1）企业周边环境保护目标情景（E）分析

环境受体是风险系统组成的 3 个要素之一，环境受体差异直接影响企业的环境风险等级，表 3-26 对企业周边环境保护目标情况进行了划分，按环境保护目标敏感性划分为 3 个情景。

表 3-26　企业周边环境保护目标情况划分

类别	企业周边环境保护目标情况
情景 1	①下游 10 km 范围内有如下一类或多类环境保护目标：饮用水水源保护区、自来水取水口、水源涵养区、重要湿地、珍稀濒危野生动植物天然集中分布区、重要水生生物的自然产卵场及索饵场、越冬场和洄游通道、自然保护区、风景名胜区、特殊生态系统、世界文化和自然遗产地；②企业周边半径 5km 范围内居住区、医疗卫生、文化教育、科研、行政办公等机构人口总数大于 4 万人；③厂区可能受 10 年一遇洪水影响
情景 2	①下游 10 km 范围内有如下一类或多类环境保护目标：水产养殖区、天然渔场、耕地、基本农田保护区、富营养化水域、基本草原、森林公园、地质公园、天然林；②企业周边半径 5 km 范围内居住区、医疗卫生、文化教育、科研、行政办公等机构人口总数大于 1 万人，小于 4 万人
情景 3	①企业周边半径 5 km 范围内居住区、医疗卫生、文化教育、科研、行政办公等机构人口总数小于 1 万人；②上述情景 1、情景 2 以外的其他情况

（2）企业环境风险等级评估矩阵

根据企业环境风险物质数量与临界量比值（Q）、企业生产工艺过程与风险管理水平

(M)、企业周边环境保护目标情景(E)三方面因素对企业环境风险等级进行划分，建立企业风险等级评估矩阵。环境风险物质数量与临界量比值(Q)划分为3个区间，分别是$1 \leqslant Q<10$、$10 \leqslant Q<100$、$Q \geqslant 100$；企业生产工艺过程与风险管理水平(M)划分为4个层次，分别为：A类水平、B类水平、C类水平、D类水平；按3个环境保护目标情景分别建立了相应的评估矩阵。

情景1：企业风险级别的划分依据风险矩阵(表3-27)进行。

表3-27 情景1企业环境风险分级表

风险物质超标倍数(Q)	企业生产工艺过程与风险管理水平(M)			
	A类水平	B类水平	C类水平	D类水平
$1 \leqslant Q<10$	一般风险源	一般风险源	重大风险源	重大风险源
$10 \leqslant Q<100$	一般风险源	重大风险源	重大风险源	重大风险源
$Q \geqslant 100$	重大风险源	重大风险源	重大风险源	重大风险源

情景2：企业风险级别的划分依据风险矩阵(表3-28)进行。

表3-28 情景2企业环境风险分级表

风险物质超标倍数(Q)	企业生产工艺过程与风险管理水平(M)			
	A类水平	B类水平	C类水平	D类水平
$1 \leqslant Q<10$	非风险源	一般风险源	一般风险源	重大风险源
$10 \leqslant Q<100$	一般风险源	一般风险源	重大风险源	重大风险源
$Q \geqslant 100$	一般风险源	重大风险源	重大风险源	重大风险源

情景3：企业风险级别的划分依据风险矩阵(表3-29)进行。

表3-29 情景3企业环境风险分级

风险物质超标倍数(Q)	企业生产工艺过程与风险管理水平(M)			
	A类水平	B类水平	C类水平	D类水平
$1 \leqslant Q<10$	非风险源	非风险源	一般风险源	一般风险源
$10 \leqslant Q<100$	非风险源	一般风险源	一般风险源	重大风险源
$Q \geqslant 100$	一般风险源	一般风险源	重大风险源	重大风险源

3.5 企业环境风险评价方法——德国清单法

清单法是德国联邦环境局(Umwetbundsamt Bundsrepublik Deutschland)发展出来的一种对工业设施安全进行检查和评级的方法，致力于降低企业的风险，对水资源环境进行全面的保护(Umwetbundsamt Bundsrepublik Deutschland，2009a)。它的出现是和在罗马尼亚Baia Mare地区的环境灾害事故相关联的，该事故发生后，德国联邦环境局立即启动了"关于罗马尼亚、摩尔多瓦共和国和乌克兰地区发展相关的工业装置和设备相关的水域技术转移"项目，清单法就是在实施这一项目的过程中研究制定出来的。

3.5.1 清单法简介

清单法是以国际流域委员会提出的推荐建议为基础，遵循污染者负责和预防的原则。

(1) 清单法检查的基本单元

在利用清单法对企业进行检查之前首先将企业划分为各种设备，作为清单法检查的基本单元。所谓设备就是指那些独立和固定的或者被赋予一定功能的功能单位，它们的使用涉及对水有危害的物质。这些设备囊括了一个企业正常运行中所需要的所有装置、容器、管道和生产场地。

功能单位的划分可以通过运营商自己来做，原则上应遵循企业运行使用设备的目的。设备的划分要遵循以下几个原则。

1）设备必须根据功能单位进行划分，功能单位可以分为储存、灌装、转运以及生产和应用设备。

在划分设备时，企业的制造工艺目标是至关重要和具有决定性的，一个生产设备要能实现一个制造工艺的目标，完成物料流程。也就是说完成工艺目标的一整套设施可以作为一个设备。

2）不同种类的，包括那些安排在相邻地点的容器如果分派给不同的灌装设备或生产处理设备，那么这些容器就属于相关设备。这也同样适用于共用通风和排风管的多个容器，只要在所有运行状态下，这些容器都不会生成运行所不能允许的正压和负压，以及不会出现有液体进入通风和排风管道的情况。

3）用于处理垃圾（包括液体垃圾）的设备属于生产处理设备。

4）应遵循企业运行使用设备的目的，企业运行中彼此相关但并不独立的功能单位可以组成并视为一个设备。

(2) 组成清单法的清单

针对不同的功能单位，德国联邦环境局已经制定了以下的清单供参考使用。

清单1：物质（Umwetbundsamt Bundsrepublik Deutschland，2009b）；

清单2：溢出安全保护（Umwetbundsamt Bundsrepublik Deutschland，2009c）；

清单3：管道安全（Umwetbundsamt Bundsrepublik Deutschland，2009d）；

清单4：共同存储（Umwetbundsamt Bundsrepublik Deutschland，2009e）；

清单5：密封系统（Umwetbundsamt Bundsrepublik Deutschland，2009f）；

清单6：废水设施（Umwetbundsamt Bundsrepublik Deutschland，2009g）；

清单7：对水有危害的物质的转运（Umwetbundsamt Bundsrepublik Deutschland，2009h）；

清单8：防火方案（Umwetbundsamt Bundsrepublik Deutschland，2009i）；

清单9：设备监测（Umwetbundsamt Bundsrepublik Deutschland，2009j）；

清单10：企业报警和危险防护计划（Umwetbundsamt Bundsrepublik Deutschland，2009k）；

清单11：水淹风险地区的设备（Umwetbundsamt Bundsrepublik Deutschland，2009l）；

清单12：安全报告的基本结构（Umwetbundsamt Bundsrepublik Deutschland，2009m）；

清单13：储存设备（Umwetbundsamt Bundsrepublik Deutschland，2009n）；

清单14：储罐设备（Umwetbundsamt Bundsrepublik Deutschland，2009o）。

每一个清单主要由以下 3 部分构成。

第一部分主要是国际流域委员会所提出的组织和技术方面的建议，这是制定清单内容的基础。这些推荐建议是有法律约束力的，清单所要检查的内容都是根据这些建议来制定的。

第二部分是清单的主要内容，以问答的形式检查国际流域委员会的推荐建议是否被遵守。这些是没有法律效力的动态文件，具体的内容会随着时间而变化。根据相应的问题从组织和技术上提出针对性的短期、中期和长期的措施。这些措施可以被企业运营者作为投资计划的一部分使用，也可以作为主管当局要求企业遵守具体规定的参考目录。

第三部分是对企业和设施的安全水平进行量化。

3.5.2 清单法的实施步骤

1. 设备的划分

首先由运营商把企业按照功能单位划分为各种不同的功能单位。

2. 调查对水有危害的物质

在对要检查的相关设备界限定义以后，就必须要对这个设备中产生的对水的危害作用进行调查。在完成物质的调查后可以计算出所储存物质的水风险指数（WRI）。

水风险指数的计算方法如下。

德国联邦环境局把对水有危害的物质分为 4 类。WGK 0：无害；WGK Ⅰ：一级对水有危害物质——轻微有害；WGK Ⅱ：二级对水有危害物质——有害；WGK Ⅲ：三级对水有危害物质——重度危害。

为计算水风险指数必须把所有的物质换算为相当于第三级物质（WGK Ⅲ）的量。换算方法为：1000 kg WGK 0 类物质相当于 1 kg WGK Ⅲ类物质，100 kg WGK Ⅰ类物质相当于 1 kg WGK Ⅲ类物质，10 kg WGK Ⅱ类物质相当于 1 kg WGK Ⅲ类物质。然后，把换算的值相加，并取对数即可计算出水风险指数。

可以利用水风险指数来描述设备或企业对水体可能造成的风险大小。水风险指数 WRI 1～3：轻微风险；水风险指数 WRI 3～5：中度风险；水风险指数 WRI 5～10：高风险。

3. 对设备进行检查

利用清单对主要的设备进行检查，要检查的主要设备有以下几种。

（1）储罐设备的检查

对储罐设备的检查主要利用清单 13（储存设备）和清单 14（储罐设备）。

清单 13 检查的内容主要有以下几点。

1）储存设备必须是密封和结构牢固的，同时必须具有足够的耐物理和化学性。

2）除储存的为固体和气体类型的对水有危害物质外，单层壁的地下容器和管道原则上是不允许的。

3）如果对水有危害液体是储存在地面上的一个或多个单层壁的容器内，那么容器必须放置在一个经过密封性能处理的和牢固的收集装置中。

4）收集池的容积必须能保证危险情况发生时储存的危险物不会外溢到收集池外。

5）单层壁容器、管道和其他设备必须和墙壁以及其他建筑和容器保持一定的距离，以确保能及时发现泄漏以及保证对收集池状态的观察和检查。

6）容器的设计、制造和放置必须能避免可能给容器及部件带来安全性隐患的位移、倾斜和挤压状况的出现。

7）地面容器的牢固性必须能抗 30min 火灾的影响。

8）户外地面容器的储存必须采取防雷击措施，有必要给每个容器安装避雷装置。

9）容器的放置必须能足够做到防止和抵御外界可能带来的损伤和破坏。

10）在出现由于地下水、淤积水和水淹造成的罐和容器位置变化时，必须使用合适的材料确保罐和容器不会出现漂浮。

11）为了预防火灾时出现的彼此影响，户外地面容器之间和其临近的设备和建筑物必须依据容器的类型和储存液体的等级保持足够的距离，在需要的情况下设立足够的保护带。

清单 14 检查的主要内容有以下几点。

1）储罐设备要有通风和排风装置。

2）储罐设备要有防火焰穿透阀门。

3）储罐要有液位显示仪器、防外溢保险和泄漏指示仪。

4）储罐上每个低于液体面的管道接头都必须安装有隔离装置。

5）设备中用于储存和灌装对水有危害的液体容器只能使用固定的管道接头以及在采用防外溢保护的情况下方可灌装。灌装装置必须是可封闭锁定的。

6）每个储罐都必须进行标志，注明所有相关储罐的参数信息。

（2）防外溢保险设备的检查

容器的外溢常常是事故产生的源头，防外溢保险能有效地防止这一事故苗头，因此可以说它是可以阻止故障和事故发生的特别重要的安全技术措施。只有在使用防外溢保险的前提下才能灌装对水有危害的物质。清单 2 被用来对防外溢保险设施进行检查，其主要内容有以下两点。

1）溢出安全保护必须能够在达到最大允许灌装量之前中断。最大允许灌装量的确定要考虑到采用溢出保险措施后和完全终止灌装之间的余量。

2）必须随时确保设备的功能性和措施的有效性。

（3）对管道的检查

管道可以是独立的管道设备或是设备中用于储存、灌装和转运以及生产设备的一部分。对管道安全性的检查主要依靠清单 3（管道安全），其主要内容有以下几点。

1）管道输送对水有危害的物质时必须要做到绝对密封和安全；必须对其密封性进行检验。

2）管道应根据其用途的不同而满足使用过程中出现的机械应力、热应力、化学抗逆性和生物抗逆性的特殊要求，并具备防老化性能。

3）在必要的范围内，应当采取防护措施，避免出现对管道造成的机械性损害。

4）要特别排除点状腐蚀危险的可能。

5）地下管道必须是双壁的，用泄漏显示仪对管壁泄漏进行自动监控。管道的设计必须是吸管装的，管道中的液体输送在出现泄漏时可以自动断开；或者必须在规定的距离内采取预防泄漏的措施，防止管道内物质的外泄。

6）管道必须进行标志。

（4）物质共同储存的检查

根据欧盟物质和混合物的分类、包装和标志法规（67/548/EWG）定义的危险物质和制剂的储存必须严格按照它们的特性来安排。

所谓的共同存储包含以下几个方面。

1）物质被储存在建筑物的一个房间内。

2）储存在户外，没有经过防渗和防火墙设施或者安全距离没有达到要求（尺寸应为 8 ~ 10 m）的地方。

3）储存在一个共同的收集池内或储罐内。

那么，还必须满足和遵守额外的要求。这些要求在检查清单 4（共同储存）中进行了详细的说明，其主要内容如下。

4）根据欧盟指令（67/548/EWG）的规定，危害物质及制剂的储存必须依据其本身的特性有规则地进行。

5）那些可能导致危险情况（有毒物质外泄、爆炸、火灾或放热反应）出现的物质及制剂不允许共同存储。

6）共同储存物质时必须采取和制定针对危险物质的安全措施。

7）有压气体、低温液态的气体和含氨成分的肥料不可以和其他有害物质一起共同存储。

（5）防火设施和方案的检查

由于单层壁的储罐始终存在着受损坏的可能，那么就必须建立收集池作为第二道防御设施。

但如果要储存或者使用可燃气体，那么在超过一定的储存量时就必须配备消防用水的留存装置。也就是说，每个仓库及仓库单位储存的一级对水有危害物质超过 100t，或二级对水有危害物质超过 10t，或三级对水有危害物质超过 1t 时。在发生火灾时，一方面会产生对水有危害的物质外泄；另一方面也要使用灭火材料进行灭火。这就意味着，消防用水留存装置的大小必须根据上面提到的外泄液体来确定，同时还要考虑使用灭火材料后产生的量。

对防火设施和方案的检查依据检查清单 8（防火方案）进行，其主要内容包括以下几点。

1）必须有具体的防火方案。

2）消防水留存装置必须是密封和耐用的。

3）原则上必须使用不可燃的建筑材料，建筑应分为易着火区域和隔离防火区域。

4）火灾报警器的设置应当能够在第一时间内发现火情。

（6）密封系统的检查

密封系统是指收集盆、收集池或者收集面的密封和抗耐处理，在发生泄漏故障的情况下这些收集装置会直接接触到对水危害的物质。密封系统应当能阻止对水有危害的物质对收集盆、收集池或者收集面的渗透。

对密封系统的检查可以按照清单 5（密封系统）实施，其主要内容包括以下几点。

1）密封性能必须根据所涉及物质的物理化学特性进行测量并通过通用检测方法得到

证明。

2）如果对水有危害的物质是可燃的液体，那么针对其的收集池采用的密封系统也必须同时是防火性的。

3）密封措施必须满足最根本的要求，要在故障发生时有足够的时间来确定损失、处置物质以及排除渗漏。

4）如果无法了解所涉及物质相对密封系统的习性特点，那么必须对可能受到影响的地面进行经常性的物质泄漏和物质渗透检测。

5）通过有密封系统的地面或墙面铺设管道和电缆原则上应该避免。

（7）废水设施的检查

废水是指连续性和间隔性产生的工业废水以及冷却水和雨水。在制定废水系统方案时就应该从原则上加以重视；要通过采用合适的技术（如气冷、无水真空系统技术），环境友好的生产工艺和其他替代生产手段最大限度地避免废水的产生。对废水减量设施的检查是通过清单6（废水设施）来实施的。清单6的主要内容包括以下几点。

1）受故障污染的废水必须通过检测措施给予及早的发现。监控措施必须在时间上和必要的预防应急措施相对应。

2）受故障污染的废水必须要尽可能地控制在靠近故障源头的范围内，如果需要，必须将污水渠封闭隔开。

3）受故障污染的废水不能和其他一般性污水混合排放。

4）必须确保那些有火灾和爆炸危险的物质不能最终进入废水系统，除非废水系统本身能抵御这种风险。

5）必须准备尺寸容量大小相符的留存容器来收集受故障污染的废水，而且要保证该容器在一定的时间内不会渗漏。

6）当污水处理设备的污水处理能力受故障影响下降时，必须采取相应措施，防止对水域造成二次污染（如分处理池、废水再循环处理）。

7）废水系统必须是防漏和牢固的，要满足物理、化学以及热力和生物上的抗逆要求。

8）对于可能出现的故障污染废水的处理要建立企业内部的和外部的预防对应措施，并在危险预防方案中确定信息通报制度和职责。

（8）对水有危害的转运设施的检查

转运可以看做是介于运输和仓储之间的生产活动。转运设施包括船舶、货车和火车等运输工具，装载或卸载所需要的场地以及其附属设施。转运设施检查时，主要的被检查对象是转运场地所必需的技术和组织措施。

对转运设施的检查，在清单法中主要是利用清单7（对水有危害的物质的转运）以及对其进行补充的清单7-AH（从运输船舶上转运对水有危害的物质），这两个清单的主要检查内容包括以下几点。

1）转运场地必须符合机械性应力强度的要求，同时也必须抗外泄液体的腐蚀渗透。在评估场地密封性能和抗耐性能时也要充分考虑到危险防护的组织措施。

2）在利用管道系统转运时必须设有自动运行的安全装置，使得在发生故障和意外的情况下中断输送，避免对水有危害物质的外泄。

3）转运场地必须有收集装置，收集装置要有足够的容积，使得液体外泄时能够采取有效应急措施，或者启动自动安全装置前不会产生外泄。

4）受污染的雨水或故障发生时使用的消防用水不能直接排入水域，必须用合适的方法进行处理。

5）转运场地必须进行明确的标志，并且在转运作业时应作为安全地带。

6）在内河流域的灌装船舶的装卸作业时要特别参照《莱茵河危险货物运输法规》（ADNR）规定的检查单来进行。

（9）有潜在受洪水危害的设备的检查

检查主要针对的是那些可能遭受水患影响的工厂、设备部件和安全装置。造成水患的原因可能是洪水的蔓延，水域或市政管网的倒灌，长时间洪水造成的地下水位升高，或者留存装置内的消防用水。对潜在的受洪水危害的设备的检查主要利用清单11（水淹风险地区的设备）来进行检查。清单11的主要检查内容包括以下几点。

1）地下容器和管道要做到防止隆起。其隆起保护必须能证明能够至少达到空容器漂浮力的1.3倍。

2）地面容器和设备部件必须能够防飘移和抗其他漂浮物或类似物体的机械性撞击。地面容器的底边和地面管道的铺设必须是在百年一遇洪水的水位线位置之上。

3）通风管道的设计和安排必须确保其出口位置不会被淹没。

4）可能会被水淹没的灌装接头要用密封材料进行密封处理。

5）容器和管道上的所有开口都必须是防水设计的。

（10）设备监控

设备监控的主要目的是确保故障情况下不会从设备中外溢出对水有危害的物质。设备监控可以区分为设备运营商自己的监控和主管当局实施的监控。这里的主要任务是有设备运营商自己负责实施的监控，而主管当局实施的监控主要集中在对设备运营商自己负责的监控措施的监督检查。清单9（设备监测）具体规定了企业对设备进行监控时需要考虑的问题。这些问题主要包括以下几点。

1）设备运营商必须确定企业内部安全措施制定和检查的职责，必须确保设备的功能安全；要对设备和设备部件的密封性能以及安全装置的功能性实时实施监控；要把监控设施检查记录归档。

2）设备运营商必须给主管机构提供详尽的报告，就事故发生的原因和可能造成的后果进行说明，同时说明将采用什么措施以避免类似事故的再次发生。

3）设备运营商必须将事故造成的对水有危害的物质的外泄立即上报主管机构和单位。按规定正常运行条件下发生的重大的故障必须记录在案并就此进行评估。

4）运营商要根据安全技术的状况和实际经验来确定相关的设备监控设施及其操作指南，特别是在故障预防方面。这里要特别考虑到对水有危害的物质的危害性，物质外泄的可能性，预防措施以及可能殃及到的水域的特别的防护需求。

5）要根据故障情形下可能会产生的物质外泄特别采用化学参数（如物质浓度、pH）和物理参数（如温度、导电性）以及生物参数（如细菌毒性）等方式来加以监控；用于设备监控的重要检测仪器的故障必须立即发现并确认。

6）企业内部运行的监控措施应优先设置在那些要预防对水有危害的物质外泄的地方，以便及时地发现并马上采取针对性的措施。

7）主管官方机构的监控主要涉及以下方面：①对设备运营商自身监控情况的检查；②检查评估设备运营商的监控措施有多少是通过专业人员进行的以及在监控结果的基础上是否要制定相关的规定；③对设备实施抽检自查和委托独立第三方进行检查。

8）在那些特别重要的设备使用运行前以及在定期的时间段内对是否符合规定的状况实施检查时，主管官方的监控可以另外通过独立的专业公司和人员来进行。

9）水域监控设施的装备设置应当能够保证在故障情况下对水有危害的物质排放可以通过本地域和跨域的检测得到确认。

3.5.3 企业预警和危险防护计划的制订与安全报告

1. 企业预警和危险防护计划的制订

企业预警和危险防护计划的制订是可能出现故障的设备运营商义不容辞的职责。计划应包括在发现可能导致故障的危险情况后或在已出现故障的情况下应该采取的组织和技术措施。这些措施是最根本的防止对水有危害的物质外泄以及阻止故障对水域造成影响的先决条件。

要考察企业的预警和危险防护计划可以根据清单 10（企业预警和危险防护计划）主要从以下几个方面来进行。

1）内部预警和危险防护计划必须能确保在确认危险情况后尽快向企业内部和外部负责受理故障通报的部门和机构进行报告。

2）内部预警计划必须包含具体的作业指导书，保证和每一个设备及设备系统的相关人员或人群在故障情况下及时地通报。

3）必须和负责灾难预防的主管当局一起根据故障可能产生的影响及范围来制定不同的报警等级，并需要协调和制定不同的报警程序。

4）设备运营商要和主管当局协调确定故障发生时由谁对哪项具体措施负责。

5）内部预警和危险防护计划必须确认人员的设置、作用和职责、联系和集中地以及参与救灾的专业队伍的任务，同时必须指定专业人员并确定报警反应时间。

6）确定预警和报警程序，及时对受故障影响的相关水域使用者和居民发出告诫通告。

7）和设备相关的危险防护计划特别需要包括以下基本信息：①可供使用的资源清单；②设备周边范围的水域情况和特别使用功能（如饮用水源保护地）介绍；③在设备和仓库防火区域物质的类型和数量，包括材料安全数据清单以及企业内部材料信息。

8）在那些故障情况下容易造成对水有危害的物质外泄危险的设备和设备部件的每一个地点都必须提供以下信息：①防火图（特别是危险区域，允许使用的消防器材等）；②水的供给（如消防用水、冷却水可供渠道）；③电力供给（如备用电源、空载断路器）；④管道图（如关闭装置、留存装置和特备危险区域）；⑤内部运营报警和预警系统装置；⑥危险设备的紧急制动系统（如反应堆）。

9）危险防护计划中的危险重点的定义必须根据对水有危害的物质和危险技术设备的类型来进行说明，重要的参数如下：①危险物质的类型和数量，物质的影响；②物质分散特性，危害控制的可能性，其他可能的后果；③设备种类。

10）故障情形说明和故障发生时对水有危害的物质外泄对地表水域所造成影响的分析

观察（时间和空间上）。

11）在相关故障情形的基础上对限制故障措施的说明（消防水留存装置、收集池、灭火系统），如：①渗漏；②外溢；③容器、集装箱、管道或其他部件的失灵；④用水灭火时产生的燃烧；⑤企业内部在运输危险物质时发生的故障。

12）在定期的时间段内必须实施故障发生以及采取针对措施的演习。

13）必须定期更新企业内部的预警和危险防护计划。

14）必须确保主管当局及工作人员及时了解报警和危险防护计划的情况。

2. 安全报告

为了评估重大事故的危险性，也为了制定能够防止和抑制事故危险影响的针对措施和步骤，对设备安全进行系统性和全面性的分析是一种有效的方法。要求运营商提供安全报告的法律依据是《塞维索指令》，《塞维索指令》参照了所有参与国家制定的涉及设备安全和水域保护的相关法律和规定。

运营商通过这样一个安全报告可以从安全技术角度对所有企业的设备情况和企业的整个状态有一个全面的了解。企业可以通过制定报告来了解安全技术的盲点，同时也能弄清楚该如何提高生产的安全性。主管机构也可以依据安全报告书中的信息有目的地制定短期、中期和长期的措施，来防范重大事故的发生。

对于安全报告应该涵盖的内容清单12（安全报告的基本结构）给出了具体的说明。

（1）企业范围的简单特点

从对水造成危害的角度出发，需要说明以下方面：①临近范围地表水域和地下水的情况，具体负责地表水域和地下水的部门和人员；②交通连接和水路情况；③现有的饮用水和工业用水处理和抽水设备及装置；④设备范围内的管道和废水系统；⑤被认定的水源保护地；⑥其他特别需要提请注意的情况，如遗弃的受污染的场地设备、垃圾处理站等。

（2）危险物质的说明

就对水有危害的物质而言必须提供以下详细的参数信息。

1）现有的对水有危害的物质（化学名称，俗名，欧盟分类号，CAS号），故障情况下可能造成潜在化学反应的物质清单。

2）现有物质的数量和状况，特别是：①设备和设备部件中已经存在的，有可能发生外泄的物质的数量；②压力、浓度和物理状态。

3）现有物质的物质数据，特别是：①一般物理物质数据，如熔点、沸点、蒸汽压力、密度和溶解度；②安全技术数据，如可燃性，和水的反应性、分解温度；③对水环境危害的级别；④评估在任何故障情况下可能对人使用水资源和水体生态功能带来的急性毒性影响；⑤评估在任何故障情况下可能对人使用水资源和水体生态功能带来的长期以及后期才产生的毒性影响；⑥有关物质的水解特征和自然条件下遇水后的其他反应性；⑦有关在发生潜在的化学反应时可能产生物质的数据和信息。

（3）设备和流程的说明介绍

介绍说明设备的技术用途，设备的基本结构和设计以及基本的工艺流程，作为今后评估设备和其工艺流程对环境造成危害的基本依据。从对水造成危害的角度出发，要特别明确地确定以下方面。

1）设备物质的安排和处置（辅助材料、废水、废弃物、垃圾）。

2）确定那些关系到安全技术的重要设备部件（充分考虑预防为主的原则）：①带有特殊物质的设备部件；②防护和安全装置；③其他对企业安全必要的设备部件。

3）介绍说明那些关系到安全技术的重要设备部件（充分考虑预防为主的原则），特别是：①设计特点以及和安全技术相关的重要设备部件的设计；②工艺流程说明，工艺流程条件，物理和化学转换；③安全技术如测量、控制和调整相关的重要设备部件的功能和可靠性。

（4）对可能故障和故障预防的调查和分析（危险分析）

从对水环境造成危害的角度出发，必须对以下方面进行调查和分析。

1）对安全管理涉及的对水有危害的物质的操作、处理、使用、储存、灌装、转运等方面进行调查，制定对人和环境更高一级的保护措施（组织结构、负责部门、操作方式和方法，过程和手段以及现有和计划采用的监控系统）。

2）对与安全技术相关的重要设备部件进行系统调查。

3）假设故障情形，设备区域内的一个设备部件出现了大量有害物质的外泄，对可能对人和环境造成的损害进行评估。

4）对土层情况说明介绍，考虑对水危害的物质外泄可能造成对土地的污染渗透。

5）制定假设故障情形方案。

6）在和其他设备和设备部件的交互作用下以及故障发生时的多米诺效应，有害外泄物质进入和泛滥作用于地表水域和地下水系统。

7）实施对涉及水道的影响调查。

8）确定危险防护计划措施的组织协调。

9）根据危险分析的结构制定可以具体实施的组织和技术防范措施的优先程序。

（5）阻止故障和减少损失的防护和应急措施

从对水造成危害的角度出发，必须制定防范措施避免故障外泄有害物质对水域的污染：①识别和阻止有害物质向地表水域和地下含水层的外泄渗入；②废水系统（废水收集、输送和处理设备）；③在陆路和水上的仓储、灌装和转运有害物质时的收集和留存系统；④报警和测量装置（废水系统、收集和留存系统）；⑤安全管理的改进和员工能力建设；⑥安全组织；⑦制定更新的内部应急计划（预警和危险防护计划）；⑧防火和防爆措施；⑨消防用水留存；⑩安全保护区域；⑪安全距离；⑫建立防护设施，防止自然灾害对带有危害物质的设备造成破坏；⑬避雷保护；⑭洪灾水淹；⑮极度恶劣天气；⑯地震；⑰其他周边设施和事件给带有危险物质的设备和设备部件造成的影响。

（6）结果

调查的结果必须能够证明设备是安全无虞的，不会出现危险物质外泄对水环境造成污染的情况。要做到这一点，必须：①评估现有设备安全技术水平的等级；②指出任何可能存在的风险；③对可能存在的风险要制定相应的短期、中期和长期措施方案。

3.5.4 安全水平的量化

现有安全水平只能基于对相关设备的检查和评估才可以了解和确认。即使是最不同种类的设备采用了这种方法也会变得易于操作和归纳。清单法给出了简便的计算风险值大小的方法。可以方便地对设备风险水平进行量化。

（1）水风险指数的修正

在计算确定真实风险时必须充分考虑所处场所和区域的环境因素。考虑到设备所处的场所或区域是否会受到自然灾害的波及，在故障发生情况下是否会给诸如饮用水的供给带来危害是至关重要的。也就是说，要对周边环境进行彻底的调查摸底。

如果一个地区可能发生 4 级以上的地震，那么就必须充分考虑到地震可能造成的危害。对水风险指数的修正值是 0.1。

如果设备所在地区有发生百年一遇洪水的可能，那么水风险指数就要增加修正系数 0.1。

如果设备处于饮用水水源地，自然保护区等敏感地区时，出现对水有危害的物质外泄会给居民和周围环境造成很大的影响。因为这个原因，水风险指数要增加修正系数 0.1。

综合考虑有关环境因素，水风险指数可以修正，见式（3-25）：

$$\mathrm{MWRI} = \mathrm{WRI_S} + M_1 + M_2 + M_3 \tag{3-25}$$

式中，MWRI 为修正的水风险指数；$\mathrm{WRI_S}$ 为场所或区域的水风险指数；M_1 为地震危险；M_2 为洪水泛滥危险；M_3 敏感区域。

（2）清单的平均风险值

根据国际流域委员会推荐的建议实施情况以及检查点在整个设备中的重要程度，清单会给出 3 个风险值，清单的使用人员可以根据该细节点的情况选择风险类别：推荐建议细节点已实施（一般风险）——RC = 1；推荐建议细节点只是部分实施（中度风险）——RC = 5；推荐建议细节点没有实施（高度风险）——RC = 10。

在每个检查清单的最后将计算出每个被评估的细节点风险的平均值，见式（3-26）：

$$\mathrm{ARC}_n = \frac{\sum_m \mathrm{RC_{SP}}}{m} \tag{3-26}$$

式中，ARC_n 为检查清单的平均风险；M 为清单中评估细节点的数量；SP 为评估细节点；RC 为风险类别。

（3）设备的平均风险值

在确定了每个检查清单的风险值后，可以使用式（3-27）计算出设备的风险大小。

$$\mathrm{ARP}_i = \frac{\sum_{\mathrm{CL}} \mathrm{ARC}_n}{\mathrm{CL}} \tag{3-27}$$

式中，ARP_i为设备 i 的平均风险；ARC_n为检查清单 n 的平均风险；CL 为检查清单的数量。

（4）设备真实风险的确定

每个企业或设备的真实风险值可以根据企业或设备的平均风险和对水有危险物质换算为 WGK Ⅲ类物质的质量值来进行计算，见式（3-28）：

$$\mathrm{RRP}_i = \lg(10^{\mathrm{WRI}_i} \cdot \mathrm{ARP}_i) = \lg(\mathrm{EQ3}_i \cdot \mathrm{ARP}_i) \tag{3-28}$$

式中，RRP_i为设备 i 的真实风险；WRI_i为设备的水风险指数；$\mathrm{EQ3}_i$为对水有危险物质换算为 WGK Ⅲ类物质的质量值；ARP_i为设备 i 的平均风险。

然后就可以根据表 3-30 来评估该设备的风险水平。

表 3-30　待评估设备风险水平分级表

范围	风险水平
（RRP_i-WRI_i）≤0.4	安全水平情况良好，但并不意味着高枕无忧而无须采取进一步的改进措施
0.4<（RRP_i-WRI_i）≤0.8	缺少重要的安全装置或配备不足，必须立即采取必要的改进措施改变现状
（RRP_i-WRI_i）>0.8	和水体保护相关的安全水平低下，必须马上采取相应的改进补救措施改善现状并再次进行检查评估

（5）设备所处区域风险大小的确认

要对场所和区域的真实风险进行评估，必须对所有附属设备进行全方位检查。为此首先要了解场所和区域的平均风险大小，该平均值可以借助设备的水风险指数来确定，见式（3-29）：

$$\mathrm{ARSite}=\frac{\sum_k(10^{\mathrm{WRI}_i}\cdot \mathrm{ARP}_i)}{\sum_k 10^{\mathrm{WRI}_i}}=\frac{\sum_k(\mathrm{EQ3}_i\cdot \mathrm{ARP}_i)}{\sum_k \mathrm{EQ3}_i} \tag{3-29}$$

式中，ARSite 为工业场所区域的平均风险；ARP_i为设备 i 的平均风险；RRP_i为设备 i 的真实风险；$EQ3_i$为对水有危险物质换算为 WGK Ⅲ类物质的质量值；WRI_i为设备 i 的水风险指数；k 为设备数量。

（6）设备所处区域的真实风险

场所所处的真实风险可以根据式（3-30）来确定：

$$\mathrm{RRS}=M_1+M_2+M_3+\lg(10^{\mathrm{WRI_S}}\cdot \mathrm{ARSite})=M_1+M_2+M_3+\lg(\mathrm{EQ3_S}\cdot \mathrm{ARSite}) \tag{3-30}$$

式中，RRS 为工业场所区域的真实风险；ARSite 为工业场所区域的平均风险；WRI_S为场所区域的水风险指数；M_1为地震危险；M_2为洪水泛滥危险；M_3为敏感区域；$EQ3_S$ 为在场所区域内对水有危险物质换算为 WGK Ⅲ类物质的质量值。

第4章

重点环境风险源监控技术

在环境污染事件风险源“分类-识别-分级-监控-分区-管理”技术体系中，风险源监控占有至关重要的地位和作用，是风险源日常管理及事故预防与事故应急救援之间的衔接和管理支撑保障。环境风险源数量巨大，难以全部监控，根据区域实际情况，在风险源识别基础上对重点环境风险源进行监控，即可抓住环境风险防控重点。开展重点环境风险源监控，监测污染风险源的环境影响和状态，对突发性污染事件进行预警，可为重大污染事件的预防、区域环境污染综合管理和决策提供技术支持。

目前，各级环境保护部门及工业企业等单位缺乏环境风险源管理技术支撑。在环境风险源分类以及国内外文献调研的基础上，结合我国行业的特点，同时考虑了重大环境风险源的特点，并参考了危险物质名录、优先控制污染物黑名单，构建了重点环境风险源指标体系。在确定报警参数、制定监控报警等级时，依据了相应排放标准值和相关环境标准值。在综合集成建立环境风险源监控技术库时，同时考虑固定源（包括气态源和液态源）与移动源监控技术，优选监控技术方法进行集成。综合考虑国家和地方各级环境保护部门环境风险源监控管理服务需求，分别从监控指标体系、监控布点原则、监控技术等方面进行技术体系研究，编制了《环境风险源监控系统技术规范》（建议稿），形成了集气态源、液态源和移动源为一体的环境风险源综合监控系统。

4.1 重点环境风险源监控指标体系构建

通过明确监控指标体系构建思路，确立监控指标体系的构建原则，筛选适宜的监控指标，合理设计监控指标体系，实现重点环境风险源监控指标体系的构建（韩璐等，2013）。

4.1.1 监控指标体系概述

所谓指标就是帮助人们理解事物如何随时间发生变化的定量化信息。对于比较复杂的事物或系统，通常单个指标难以反映事物或系统的主要特征，需要有多个具有内在联系的指标按一定结构层次组合在一起构成指标体系，以更全面、更综合地反映复杂事物的不同侧面。指标体系不是指标的任意叠加和简单堆砌，而是从“体系”的角度上，强调各个指标都紧密围绕一个共同的主体和核心，指标之间既具有一定的内在联系，又尽可能避免指标信息上的相关和重叠，指标的组合应具有适当的结构层次。总之，指标体系应是由反映复杂事物或系统各个侧面的多个指标结成的有机整体，是对概念的综合反映和定量化描述。

环境风险源监控指标体系，主要指一系列能敏感清晰地反映环境风险源系统基本特征及环境风险变化趋势的并相互印证的项目，是环境风险监控的主要内容和基本工作。根据所监控各指标的动态数值来测定风险源的风险高低，确定预警区间，发出预警信号，对风险源状况提出预警，从而达到防范事故的目的。

（1）监控指标体系构建思路

在环境风险源分类以及国内外文献调研的基础上，结合我国行业的特点，构建了重点环境风险源监控指标体系。所构建的指标体系能全面反映出重大风险源的客观情况以及影响事故发生的主要因素、特征状况及外部环境对危险源的影响因素。指标体系所反映的信息能够同时满足风险源监控数据库系统和地理信息数据库系统的数据处理要求。

（2）监控指标体系构建原则

若要准确衡量某一区域重大气态和液态环境风险源的存在状态，尽可能地反映该系统的变化情况，需要监控的因子极多，但由于区域气态和液态环境风险源涉及面积大、类型多、监控指标庞杂，考虑到经济、人力和可操作性等因素，监控时不可能做到包罗无遗，必须在其中选择若干因子作为监控指标，指标设计要尽可能精炼、合理，并能基本反映出该区域气态和液态环境风险状况及其变化趋势。监控指标选取是否适当，直接影响到该区域重点气态和液态环境风险源的监控效果。因此，在进行监控指标选取、指标体系构建时要在充分收集指标的基础上，经筛选和优化，突出重点，把握关键因素，并遵循如下原则。

1）科学性：指标选取应建立在充分认识、系统研究所在区域气态和液态环境风险源的基础上，能够客观地反映区域气态和液态风险源的状态。

2）典型性：指标的选取应尽量选择有代表性的综合指标和主要指标，特别是对本区域风险贡献率大的指标，做到分类、分级，有层次、有重点。

3）安全性：建立的指标体系要能够表征大气和水环境的安全性，能对风险源与周围环境出现的不平衡和波动变化做出反映。

4）整体性：指标体系是一个有机整体，应全面识别并兼顾监控运行实际效果，从各个不同角度反映出所监控系统的主要特征和状况，充分考虑该区域的社会、经济和环境条件。

5）可比性：不同区域同种气态或液态环境风险源类型的监控应按统一的指标体系进行。

6）可操作性：指标选取要考虑到指标数据取得的难易程度、可测量性和可靠性，做到衡量上有标准、措施上有保障。

7）经济性：尽可能以最少费用获得必要的气态和液态环境风险源信息。

8）灵活性：对同类型的气态或液态环境风险源，在不同区域应用时，指标体系也应作相应调整，针对不同区域区别对待、有所侧重。

9）阶段性：根据现有水平和能力，先考虑优先监控指标，等条件具备时，逐步加以补充，已确定的监控指标体系也可分阶段实施。

10）实效性：一旦气态或液态风险源内部条件或外部环境发生变化时，要及时修订监控指标。

11）时空性：指标选取要兼顾时间和空间，既要监控各因子在时间上的变化，还要监控其空间格局的总体变化，做到时间与空间的有机统一。

在选取指标时，这些原则之间可能会出现一定的矛盾，为此需要做如下处理：①定量指标与定性指标相结合。这既可使监控科学客观，又可弥补数据本身存在的某些不足。②科学性与简便性相结合。出现矛盾时，应在满足有效性的前提下，尽可能使监控易于操作。③指标的精确性问题。有些指标目前不能做到很精确，可请专家根据经验作定性判别，给某些指标以质的界定。

（3）监控指标的筛选

综合考虑指标选取的科学性、典型性和可操作性，对重点环境风险源监控指标进行筛选。在环境风险源识别分级的基础上，通过收集国内外有关法规、标准和园区、企业调研资料，咨询专家，分析比较，初筛风险源监控指标，建立环境风险物质指标体系，经过专家咨询、反馈意见，修改指标体系后，最终形成环境风险物质监控指标体系。重点环境风险源监控指标体系的构建流程，如图4-1所示。

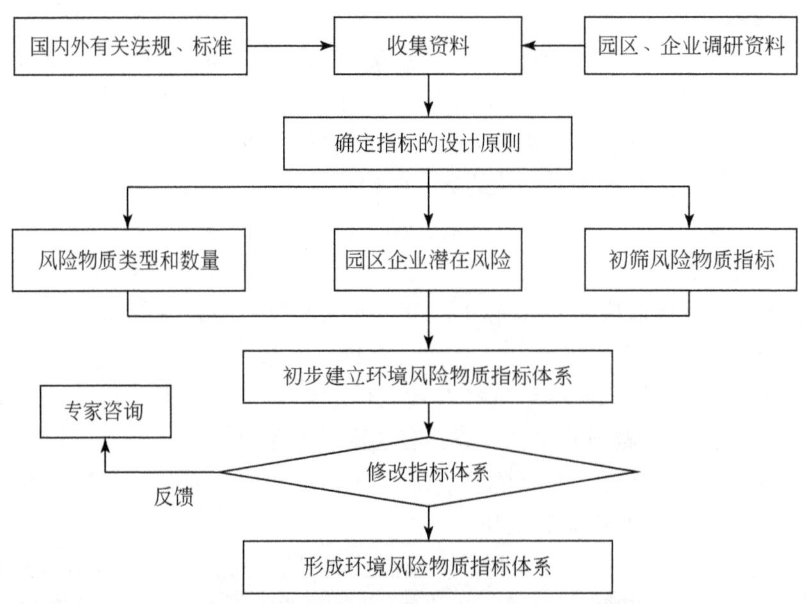

图4-1 重点环境风险源监控指标体系构建流程

（4）监控指标体系设计

重点环境风险源监控系统中的监控指标，主要是一系列能敏感清晰地反映环境风险源系统基本特征及环境风险变化趋势并相互印证的项目，根据所监控各指标的动态数值来测定风险源的风险高低，确定预警区间，发出预警信号，对风险源状况提出预警，从而达到防范事故的目的。按照重点环境风险源监控指标体系的构建流程，针对不同区域特点确定了重点环境风险源监控指标体系的基本结构，如图4-2所示。

由监控指标体系的基本结构可以发现，气象参数、源状态参数、位置参数等都很明确，只有无机和有机特征风险物质浓度没有明确具体的名称，需要具体情况具体分析，但是在进行优先选择特征风险物质浓度监控指标时，需要遵循如下原则。

1）历年来统计资料中发生事故或环境化学环境污染事件频率较高的化合物。例如，2009年突发环境事件共涉及大约35种危险化学品，包括：铅、镉、铬、锰、砷、煤焦油、甲醛、丙酮氰醇、苯、甲拌磷、氰化物、甲苯、苯酚、邻二甲苯、甲醇、二乙醇胺、双环戊二烯、环己酮、二氟甲烷、液氨、氯气、氟化氢、苯乙烯、尿素、硫酸、氯磺酸、十二烷基苯磺酸、磷酸、正丁酸、二氯硅烷、丙烯酸丁酯、三氯氢硅、二乙烯酮、邻硝基甲苯和柴油。

2）毒性较大或毒性特殊、易燃易爆化合物（国家环境保护局，1996；Seko and Onda,

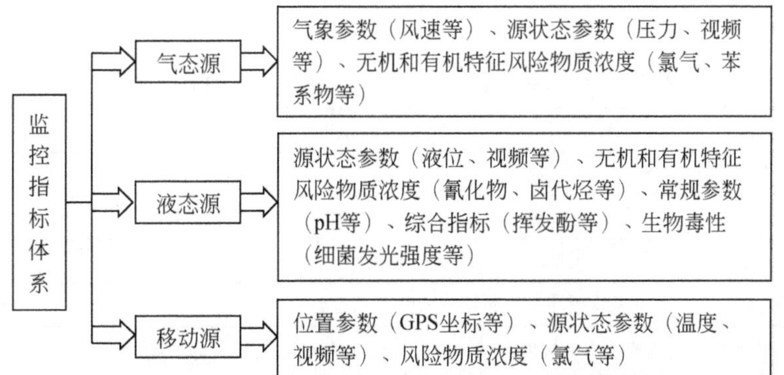

图 4-2　重点环境风险源监控指标体系基本结构

1997；Hussam et al.，2002）。1984 年美国 EPA 公布了 65 种有毒污染物名单；1990 年美国《清洁空气法》修正案列举了 189 种有毒有害物质；1976 年美国 EPA 公布了 129 种环境优先污染物的“黑名单”；日本早在 1972 年已经把含有乙酸乙酯、甲苯和甲醇等的稀释剂和胶黏剂列入修订后的“毒品及剧毒物质取缔法”中，把它们和具有兴奋、致幻觉和麻醉作用的药物同样加以管理，禁止以摄入、吸嗅为目的的非法持有和使用。我国在 1993 年公布了 52 种应优先控制的有毒化学品名单。

3）生产、运输、储存、使用量较大的化合物。依据具体的行业情况具体分析。

4）易流失到环境中并造成环境污染的化合物。

监控指标体系中另一项重要的参数是生物毒性。目前，现有的在线监测仪器对某些有毒有害物质和低于一定浓度的有毒有害物质无法测定。利用水生物对水体有害物质的敏感性，通过对不同水生物在不同水质环境条件下相应的活动变化状况测定或分析，可以得出对水质的定性评价结果（张明杰，2001；高娟等，2006b）。生物式水质监测可以直接检测出生态系统已经发生的变化或已经产生影响而没有显示出不良效应的信息，及时反映污染物的综合毒性效应及可能对环境产生的潜在威胁，掌握水环境质量，发现理化监测所发现不了的环境问题（胡振元和施梅儿，1995）。它可以弥补理化监测技术实时性和综合性较差的缺陷。特别在河流断面和饮用水源地风险源监控方面优势较大。

综上可见，监控指标的选取既反映了风险源周边的自然、社会状况及敏感目标的环境质量，又反映了风险物质本身的性质和特征。

4.1.2　重点环境风险源监控指标

根据分区域监控的原则，将重点环境风险源的监控区域分为环境风险源本体、缓冲区和环境敏感受体 3 个区域。由于不同监控区域在环境风险源监控时的关注点不同，在选择监控指标时应有所侧重。依据化工园区的规模和地区经济发展程度的不同，企业和园区可根据自身条件选择必测指标和选测指标。

1. 重点液态环境风险源监控指标

（1）环境风险源本体监控指标

由于该区域是直接影响环境污染事件的发生区域，因此该区域应重点监控影响环境污染事件发生的参数。监控指标见表 4-1。

表 4-1　化工园区重点液态环境风险源本体的监控指标

指标类别		监控指标
必测指标	环境参数	气温、湿度、风速、风向、明火
	工艺参数	由生产工艺及风险源类型决定，如 pH、温度、压力、液位、流量、浓度、阀位等
	视频	风险源现场情况，人员出入和操作
选测指标		环境风险源涉及的源物质浓度

注：当环境风险源涉及的源物质为气液两相时，应监控现场的可燃/有毒气体浓度。

（2）缓冲区监控指标

该区域是环境污染事件发生后，污染物的主要泄漏区域，也是事件发生后污染物未达到环境敏感受体前的补救区域，该区域应重点监控事故发生后的表征参数以及估算事故影响范围和程度的参数，监控指标见表 4-2。

表 4-2　化工园区重点液态环境风险源缓冲区的监控指标

指标类别		监控指标
必测指标	常规指标	流量、pH、电导、温度、浊度、COD/ TOC
	特征指标	园区环境水质优先监控污染物
选测指标		音视频参数、环境风险源涉及的源物质浓度

注：当液态环境风险源本体监控数据异常时，则环境风险源涉及的源物质浓度为必测指标。

（3）环境敏感受体监控指标

该区域是环境污染事件发生后的影响区域，为了估算事故对生态环境的影响，并为后期污染的有效治理提供依据，该区域应重点关注表征生态环境安全的参数。根据环境敏感受体类型的不同，分为地表水监控、地下水监控和近岸海域监控。其中地下水监控为有条件的园区的选测指标。

地下水监控指标（选测）参照《地下水质量标准》（GB/T 14848—93）和《地下水环境监测技术规范》（HJ/T 164—2004）中的规定，结合化工园区的实际情况，确定污染场地地下水样品的监控指标（均为选测指标）。化工园区地下水监控指标见表 4-3。

表 4-3　化工园区地下水监控指标

指标类别		监控指标
必测指标	常规指标	pH、总硬度、高锰酸盐指数
	特征指标	环境风险源涉及的源物质浓度；园区环境水质优先监控污染物

地表水监控指标参照《地表水环境质量标准》（GB 3838—2002）、《生活饮用水卫生标准》（GB 5749—2006）和《地表水和污水监测技术规范》（HJ/T 91—2002）中的规定，结合化工园区实际情况，确定化工园区地表水样品的监控指标。化工园区地表水监控指标见表 4-4。

表 4-4　化工园区地表水监控指标

指标类别		监控指标
必测指标	常规指标	水温、流量、流向、pH、电导、悬浮物、溶解氧、高锰酸盐指数
	综合毒性指标	藻/溞/鱼/微生物等生物毒性
	特征指标	园区环境水质优先监控污染物
选测指标		五日生化需氧量、氨氮、铜、锌、硒、砷、汞、镉、六价铬、铅、氰化物、氟化物、挥发性酚、石油类、阴离子表面活性剂、硫化物、大肠菌群；湖库在河流监测项目的基础上，需增加总氮、总磷、叶绿素 a、透明度；环境风险源涉及的源物质浓度

注：当环境风险源本体或缓冲区监控数据出现明显异常时，或发生环境污染事件时，则环境风险源涉及的源物质浓度或环境污染事件有关的特征性污染物应视为必测指标。

近岸海域监控指标参照《海水水质标准》（GB 3097—1997）、《海洋监测规范》（GB 17378—2007）和《海洋调查规范》（GB 12763—2007）中的规定，结合化工园区实际情况，确定化工园区地表水样品的监控指标。化工园区近岸海域监控指标见表 4-5。

表 4-5　化工园区近岸海域监控指标

指标类别		监控指标
必测指标	常规指标	水温、pH、浑浊度、溶解氧、高锰酸盐指数、营养盐类
	综合毒性指标	藻/溞/鱼/微生物等生物毒性
	特征指标	园区环境水质优先监控污染物
选测指标		石油类、无机氮、挥发酚、活性磷酸盐、硫化物、铜、铅、锌、镉、铬、砷、汞，以及环境风险源涉及的源物质浓度

注：当环境风险源本体或缓冲区监控数据出现明显异常时，或发生环境污染事件时，则环境风险源涉及的源物质浓度或环境污染事件有关的特征性污染物应视为必测指标。

2. 环境水质优先监控污染物筛选方法

对于有毒有害污染物，世界各国采取了各自的防治污染措施，虽然各国发展水平不同，国情不同，污染状况不同，防止污染的具体做法多有不同，但是有一点是共同的：由于有毒污染物为数众多，不管出于什么样的控制目的，不可能对每一种污染物都制定标准、限制排放、实行控制，而只能是有针对地从中选择出一些重点污染物予以控制。

化工园区作为一类特殊的化学工业生产场所，是污染源相对集中的区域，其通过各种途径排放或因事故泄漏的污染物将直接或间接影响周边的生态环境。因此，从化工园区水环境中筛选出潜在危害性大的污染物作为环境优先污染物（priority pollutants），对其进行优先监测和控制是实现重点液态环境风险源的有效监控，遏制环境污染事件发生，保护生态环境安全的重要措施之一。

（1）筛选程序

参考国内外环境优先污染物的筛选方法，结合化工园区的特点，制定如下程序筛选化工园区水环境优先监控指标，筛选分为粗筛、精选和复审 3 个阶段，如图 4-3 所示。

（2）粗筛阶段

根据园区现场调查、采样分析结果，汇总园区企业液态排放液态特征污染物清单和园区现场采样调查检出物质清单，形成初始名单。借鉴国内外环境优先控制污染物资料（美

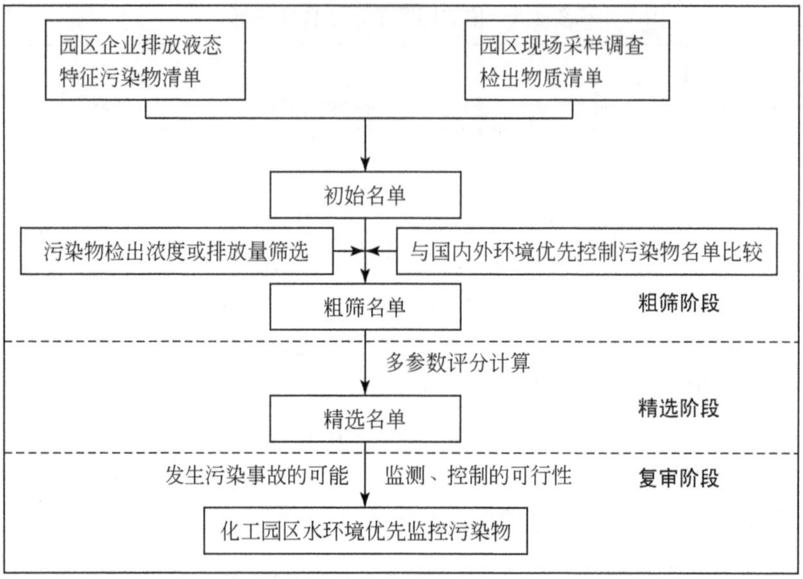

园区企业排放液态
特征污染物清单

园区现场采样调查
检出物质清单

初始名单

污染物检出浓度或排放量筛选

与国内外环境优先控制污染物名单比较

粗筛名单

粗筛阶段

多参数评分计算

精选名单

精选阶段

发生污染事故的可能

监测、控制的可行性

复审阶段

化工园区水环境优先监控污染物

图 4-3 化工园区水环境优先监控污染物筛选程序

国提出的 129 种优先控制污染物，中国提出的 68 种水中优先控制污染物）并参考相关环境标准《地表水环境质量标准》（GB 3838—2002）Ⅰ类和集中式生活饮用水地表水源地特定项目标准限值，筛除一部分不在名单或检出浓度低于标准值两个数量级以上的物质，定性、定量地选出一部分污染物形成粗筛名单。

（3）精选阶段

采用多参数综合评分法，综合考虑污染物的环境暴露（*A*）、毒性危害（*B*）和火灾、腐蚀性危害（*C*），按照下列方法对化合物分级、赋值、评分、排序，根据实际情况选择部分污染物形成精选名单。各指标的权重根据其重要性和可靠性划分，重要性大、可靠性高的指标相应的权重也高。指标间权重因子的级差按照 2 倍等比的方式设置。

环境暴露分级赋值。根据化工园区的特点，进行环境暴露评估时，主要考虑正常生产过程中物质的使用量、废水中污染物的排放量及园区水环境现场调查中污染物检出浓度和检出率。暴露分级标准见表 4-6。由于各种污染物的浓度水平差距较大，而且分布不均匀，因此采用“检出浓度/环境标准值”比值分级的方法，将比值分为 6 个区间，各区间分别赋予 0～5 不同的分值，详见表 4-6。若该物质的环境标准值无法获得，可采用相应的环境基准值或环境预测无影响浓度（PNEC）代替标准值进行分级。

表 4-6 暴露评估分级

数据项目	暴露分级及赋值						权重（p_i）
分值	0	1	2	3	4	5	
A_1 排放量/（t/a）	<0.1	0.1～1	1～10	10～100	100～1 000	≥1 000	4
A_2 使用量/（t/a）	<1	1～10	10～100	100～1 000	1 000～10 000	≥10 000	4
A_3 检出率/%	0～1	1～10	10～30	30～50	50～70	70～100	2
A_4 检出浓度/环境标准值	<0.1	0.1～1	1～5	5～10	10～100	≥100	水：4 底泥：2

综合毒性分级赋值。国外在评价化学品的危害性时，涉及生物效应、环境效应和健康效应等，参数很多，设计严密，但是要获得所有数据，难度较大。因此，根据化工园区排放污染物一般浓度高、毒性大的特点，仅选取有代表性的污染物的急性毒性（水生生物、哺乳动物）、生物蓄积性和致癌性 3 个指标作为综合毒性的评价参数。

鉴于本研究只是筛选水环境中优先监控污染物，因此急性毒性参数采用水生生物（藻、溞、鱼）EC_{50}或LC_{50}值，分别计算其平均急性毒性值。根据保护最敏感物种的原则，选择藻、溞、鱼平均急性毒性值中的最低值进行分级赋值，分级标准参考《水和废水监测分析方法（第四版）》急性生物毒性测定及评价中的毒性分级标准。

由于化合物在正辛醇和水中分配值与生物富集有一定的相关性，因此根据化合物的正辛醇–水分配系数（K_{ow}）来简单地对污染物的生物蓄积性分级赋值，分级标准参考化学品评分排序评价模式（chemical scoring and ranking assessment model，SCRAM）中的生物累积性分级赋分标准。

致癌性分级参考国际癌症研究机构（International Agency for Research on Cancer，IARC）对致癌物的分组结果（2009 年 1 月）。其中 1 组为人体确认致癌物，其致癌证据充分，即流行病学调查和病例报告表明致癌物和人癌症发生之间有因果关系。2 组为人体可疑致癌物，分为 2 个级别，证据程度较高的为 A 组，较低的为 B 组。2A 组表示对人体的致癌性至少存在有限证据；2B 组表示动物试验证据充分而人体数据不充分。3 组表示人体致癌性不确定，即现有的证据不足以对人类致癌性进行分类。4 组表示对人体可能没有致癌性。综合毒性分级标准见表 4-7。

火灾、腐蚀危险性分级赋值。由于火灾和爆炸是导致化工园区环境污染事件发生的主要原因，因此评估污染物的易燃、易爆、腐蚀性，也是对环境污染事件发生风险的一种评价。这里参考国际化学品危险性分级、作业场所化学品安全标签危险性分级及美国消防协会的相关法规将化学品的燃烧性、反应性和腐蚀性，按照如下条件分级赋值，见表 4-8。

燃烧性是指引起化学品燃烧的难易程度。化学品的燃烧性分为 0 ~ 4 五级。凡符合条件之一者即可按最高危险性定级。

活性反应危害是指化学品发生能量释放时所造成的伤害。有些化学品具有自身快速释放能量的特性（如自反应或聚合），有些化学品只有接触水或其他化学品才能发生剧烈的爆炸性反应。反应性分级根据能量释放的难易、速度和数量，分为 0 ~ 4 五级，见表 4-8。

综合评分。污染物危害性综合积分（M）采用加权求和法进行计算。具体计算公式如下：

$$M = A + B + C = \sum A_i p_i + \sum B_j p_j + \sum C_k p_k \tag{4-1}$$

根据污染物的综合积分（M）与积分最大值（M_{max}）的比值（R）确定污染物危害性等级，即 $R = M/M_{max}$，$0 < R \leq 1$。将污染物危害性分成 3 级：①高，$R \geq 0.75$；②中等，$0.40 \leq R \leq 0.75$；③低，$R \leq 0.40$。

根据情况，选择 $R \geq 0.75$ 或综合积分靠前的污染物形成精选名单。

表 4-7　综合毒性分级标准

数据项目	毒性分级及赋值					权重（p_j）
	0	1	2	3	4	
B_1 生物蓄积性（BCF，K_{ow}）	<10	10～100	100～1 000	1 000～10 000	≥10 000	8
B_2 水生生物急性毒性 EC_{50} 或 LC_{50}/（mg/L）	>1 000（微毒）	100～1 000（低毒）	10～100（中毒）	1～10（高毒）	<1（极高毒）	8
B_3 哺乳动物急性毒性（大鼠经口）LD_{50}/（mg/kg）	≥5 000（微毒）	500～4 999（低毒）	50～499（中等毒）	1～49（高毒）	<1（剧毒）	4
B_4 致癌性（IARC 致癌等级）	4 组	3 组或名单之外	2B	2A	1 组	2

表 4-8　火灾腐蚀危害性分级

数据项目	分值	C_1 燃烧性	C_2 反应性	C_3 腐蚀性
毒性分级及赋值	0	不燃物质，指接触 815℃的高温，5min 之内不能燃烧的化学品	在常温常压甚至着火条件下也稳定的化学品。包括：不与水反应的化学品；在 300℃以上，500℃以下出现放热现象的化学品	无
	1	可燃物质，指必须经预热才能燃着的物质。包括：接触 815℃高温，在 5min 之内能燃烧的化学品；大多数可燃物	在常温常压下稳定，但受热或加压时不稳定的化学品。包括：接触空气、光或潮气可发生变化或分解的化学品；在 150℃以上，300℃以下出现放热现象的化学品	有
	2	易燃物质，指发生燃烧前，必须适当加热或接触相当高环境温度的物质。包括：23℃≤闪点≤61℃的液体；粉尘状态下可迅速燃烧，但不能与空气形成爆炸性气氛的固体；纤维化或粉碎时可迅速燃烧或能闪燃（如棉花等）的固体物质；能迅速释放出易燃蒸气的固体或半固体状化学品	在加热或加压条件下，可发生剧烈的化学变化的化学品。包括：在低于或等于 150℃试验条件下，出现放热现象的化学品；与水可发生剧烈的化学反应或形成爆炸性混合物的化学品	—
	3	高度易燃物质，指在几乎所有的环境温度下，都能着火的液体和固体物质。包括：爆炸下限>10%（V/V）的易燃气体；−18℃≤闪点<23℃的液体；在常温常压下，可与空气形成爆炸性混合物，并能在空气中迅速扩散的化学品，如可燃粉尘或易燃液体蒸气；分子内富氧的物质（赛璐珞、有机过氧化物等）	在强引发源或在引发前需加热的条件下，能爆轰、爆炸性分解或爆炸性反应的化学品。包括：对受高热或强烈撞击敏感的化学品（如过氧化物等化学品）；与水能发生爆炸性反应的化学品	—
	4	极度易燃物质，指在常温常压下可迅速气化，并能在空气中迅速扩散而燃烧的化学品。包括：爆炸下限≤10%（V/V）的易燃气体；易燃的低温液化气体化学品；闪点<−18℃的液体；自燃化学品	在常温常压下，自身能迅速发生爆炸性分解或爆炸性反应的化学品，包括在受热或受撞击、摩擦时，对热或机械撞击敏感的化学品	—
权重（p_k）		4	4	2

注：对于无法获得数据的化合物，可以参照已列出的结构和化学性质相似，危险性相似的污染物进行分类。

(4) 复审阶段

根据精选名单，综合考虑污染物监测、控制的可行性，同时参考专家意见，进一步筛选出化工园区水环境优先监控污染物名单。

污染物的监测可行性考察指标包括是否有标准检测方法；是否可在线监测。污染物控制可行性的考察指标包括是否有相应的污水排放标准、环境质量标准、职业接触限值。

3. 重点气态环境风险源监控指标

在资料调研的基础上，结合化工园区考察情况，参考国内外重大环境污染事件及危险源应急、监测预警方案，初步提出重点气态环境风险源监控指标体系框架。

(1) 高风险区和中级风险区

1）风险源企业内部监控。根据功能不同将气态环境风险源分成3个区，不同功能区的监测指标有所侧重。①储罐区、库房、压力管道、生产工艺：温度、压力、液位、泄漏。②废气排放口：特征污染物浓度及常规指标。③事故发生后的直接影响区：特征污染物浓度。

2）风险源周边敏感受体监控。自然环境：主要是影响污染物扩散的条件，如气温、气压、风向、风速、温度、太阳辐射等。

3）整个高风险区监控。特征污染物浓度和自然环境（常年主导风向、平均气温、平均风速等）。

(2) 较低和低级风险区

1）风险源企业内部监控。根据功能不同将气态环境风险源分成3个区，不同功能区的监测指标有所侧重：①储罐区、库房、压力管道、生产工艺：温度、压力、液位、视频监控。②废气排放口：特征污染物浓度及常规指标。③事故发生后的直接影响区：特征污染物浓度。

2）风险源周边敏感受体监控。自然环境：主要是影响污染物扩散的条件，如气温、气压、风向、风速、温度、太阳辐射等。

4.1.3 监控报警

监控报警包括报警等级和形式、报警发布和报警响应等。

1. 报警等级和形式

报警分为3个级别，黄色警报、橙色警报和红色警报。每个报警参数对应3个报警阈值，即上限值、中限值和下限值。报警参数的下限值依据相应排放标准值和相关环境标准值，报警参数超过下限值，监控报警系统发出黄色警报；中限值就是10倍的排放标准值和环境标准值，报警参数超过中限值，监控报警系统发出橙色警报；上限值是100倍的排放标准值和环境标准值，报警参数超过上限值，监控报警系统发出红色警报。报警参数及阈值见表4-9。

表 4-9　报警参数和报警阈值

<table>
<tr><th colspan="2">监控区域</th><th>报警参数</th><th>下限值</th><th>中限值</th><th>上限值</th><th>依据</th></tr>
<tr><td rowspan="4">环境风险源</td><td>储罐区</td><td>液位、温度、压力、流量、浓度、明火源、风速等</td><td colspan="3" rowspan="4">高低液位超限、温湿度超限、压力异常、流量超限速、浓度超高、明火源、高风速等</td><td rowspan="4">《工业场所有害因素职业接触限值》第一部分：化学有害因素（GBZ 2. 1—2007）；《工业企业设计卫生标准》（GBZ 1—2010）；国家或地方安全生产相关规定</td></tr>
<tr><td>库区</td><td>温湿度、浓度、明火源等</td></tr>
<tr><td>生产场所</td><td>液位、流量、温度、压力、浓度、明火源等</td></tr>
<tr><td>管道</td><td>温度、压力、流量、浓度、明火源等</td></tr>
<tr><td colspan="2">缓冲区</td><td>常规指标（流量、水温、pH、COD/TOC）；园区水质优先监控污染物；环境风险源涉及的源物质</td><td>相应排放标准值</td><td>10 倍排放标准值</td><td>100 倍排放标准值</td><td>《污水综合排放标准》（GB 8978—1996）；相关行业的国家排放标准；地方排放标准的相应规定限值</td></tr>
<tr><td rowspan="6">环境受体</td><td>饮用水源区</td><td rowspan="6">常规指标（水温、pH、电导率、溶解氧、浊度等）；园区水质优先监控污染物；环境风险源涉及的源物质</td><td rowspan="6">相关环境质量标准值</td><td rowspan="6">10 倍环境质量标准值</td><td rowspan="6">100 倍环境质量标准值</td><td>《地表水环境质量标准》Ⅱ ~ Ⅲ类水质标准（GB 3838—2002）</td></tr>
<tr><td>渔业用水区</td><td>《渔业水质标准》（GB11607-89）</td></tr>
<tr><td>景观娱乐用水</td><td>《景观娱乐用水水质标准》（GB 12941-91）/《地表水环境质量标准》Ⅲ ~ Ⅳ类水质标准（GB 3838—2002）</td></tr>
<tr><td>农业用水区</td><td>《农田灌溉水质标准》（GB 5084-92）</td></tr>
<tr><td>工业用水区</td><td>《地表水环境质量标准》Ⅳ类水质标准（GB 3838—2002）</td></tr>
<tr><td>排污控制区及过渡区</td><td>参照相邻功能区的水质要求</td></tr>
</table>

2. 报警发布

根据报警区域不同，报警系统分为如下 3 类。

（1）环境风险源本体报警

此处报警设施应设立在方便操作人员的观测处，发出声的声光报警信号要与操作区域背景声响和灯光明显区分，每个安全监控报警参数检测仪表应有明显标志，每个监控预警区域内至少应设立 1 个手动事故报警按钮，系统应能将报警参数传送至企业控制室。

（2）企业控制室报警

报警设施设立在企业控制室，对企业内部环境风险源和事故发生的泄漏区进行监控，出现异常时发出声光报警，同时将报警参数传送至园区中央监控中心。

(3) 园区中央监控中心报警

报警设施设立在园区中央监控中心，对园区内企业外部事故发生后可能影响的公共区域及周边环境敏感受体进行监控，出现异常时发出声光报警，同时接收企业控制室的报警信息。

3. 报警响应

报警信息发布后，企业控制室和园区监控中心应根据环境风险源的具体情况和可能造成的影响及后果，采取针对性措施。

(1) 黄色报警响应

发布黄色报警后，企业或园区应就报警现场情况，立刻采取应对措施，切断相关阀门，尽快排查报警原因，消除故障、异常，以防止事故发生。

(2) 橙、红色报警响应

发布橙、红色报警后，企业及园区监控相关风险源监控部门应快速开展污染预防及隐患消除工作，密切监控环境风险源变化状态，必要时可暂时停产，并启动相关级别环境应急预案。

4.2 重点环境风险源监控布点

重点环境风险源监控布点包括确定重点环境风险源监控布点原则、选定重点环境风险源监控布点方法以及优化环境风险源监控点位。

4.2.1 确定重点环境风险源监控布点原则

监控点位的选取在监控系统构建过程中相当重要，涉及监控信息的典型性、有效性和经济性等。结合重点环境风险源监控指标体系研究提出的监控指标，按照因地制宜、分类指导的方针，提出了重点环境风险源监控点布设原则：①在重点环境风险源监控区域内，监控点位的选择是以重大环境风险源识别和分级为基础的；②所选择的监控点位必须能提供足够表征该风险源的信息；③将整个监控区域作为一个整体，要保证所获得的监控信息具备完整性，不仅要考虑重大环境风险源本身，同时要考虑周边的环境敏感受体；④监控区域的选择以及监控系统的构建要充分考虑当地的社会经济状况和科学技术水平，使监控体系的建立更具可操作性；⑤监控点位的选择要根据当地的实际情况来确定，监控区域的气候情况、交通及文物保护情况等都会影响监控点位的确定，具有区域差异性。

监控可分为重点环境风险源所在区域内部监控、区域外部环境敏感受体和装载风险物质的移动车辆监控 3 个层面。

(1) 重点环境风险源所在区域内部监控布点

在具体风险源布点，监测可能影响风险源安全状态的工艺参数和环境参数。一旦发生环境污染事件，在事故发生后企业内部影响区域布点，通常选择在工厂的废气或废水排放口，储罐库区泄漏点，车间或工段的排放口，以及有关工序或设备的废气或废水排放点。

(2) 重点环境风险源所在区域外部环境敏感受体监控布点

对于风险源企业外部环境敏感受体的监控布点，主要选择重点环境风险源密集或级别高的城区、居民住宅区、学校、水源地等，一般重点环境风险源所在地的下风向、水源河流等的上游为主要监控布点范围。

(3) 装载风险物质的移动车辆监控布点

在装载风险物质的移动车辆上布设监控点，以及在移动风险源经过的重要环境敏感受体边界布设射频标签点位。

4.2.2 选定重点环境风险源监控布点方法

根据重点环境风险源监控指标体系研究所提出的监控指标，按照因地制宜的方针，提出重点液态环境风险源监控布点原则：①监控点位的选择以重点液态环境风险源分类识别和分级为基础，不同级别、类型的重点环境风险源在布点范围和方法上应区别对待；②监控点位的布设应涵盖整个重点液态环境风险源可能的影响区域，包括重点液态环境风险源本身、缓冲区和周边环境敏感受体；③尽可能以最少的断面（点位）获取足够的有代表性的数据，同时需要考虑采样的可行性和方便性。

根据重点液态环境风险源的布点原则，针对不同类型的重点环境风险源进行分级别、分区域的布点，具体布点方法如下。

1. 液态环境风险源监控布点

不同级别的液态环境风险源监测布点区域有所区别。重大液态环境风险源，监控布点区域为从液态环境风险源本体到周边环境敏感受体的全部监控区域；对较大液态环境风险源，监控布点区域为液态环境风险源本体和缓冲区；对一般液态环境风险源，监控布点区域为液态环境风险源本体以及位于企业内部区域的缓冲区。详见表4-10。

表4-10 不同级别液态环境风险源监测点位的一般要求

区域级别	液态环境风险源本体	缓冲区		环境敏感受体
		企业内	企业外	
重大	√	√	√	√
较大	√	√	√	
一般	√	√		

此外，对于较大、一般液态环境风险源，当其上一级监控区域的监控数出现明显异常时，其监控区域应扩展至下一级。即当较大液态环境风险源企业外部缓冲区监控数据出现异常，应将环境敏感受体纳入到较大液态环境风险源的监控区域中；当一般液态环境风险源企业内部缓冲区监控数据出现异常，应同时监控企业外部缓冲区，依次类推（李霁，2011）。

(1) 液态环境风险源本体布点

液态环境风险源本体监控即在具体源布点，监测可能影响风险源安全状态的工艺参数和环境参数。该区域采样点位的布设与生产工艺、生产设备、物料特性和储罐结构等有关，应根据实际情况布点。具体的点位布设方法可参考《重大危险源（储罐区、库区和生产场所）安全监控通用技术规范》（征求意见稿）、《危险化学品重大危险源 罐区现场安全监控装备设置规范》（AQ 3036—2010）及《地表水和污水监测技术规范》（HJ/T 91—2002）。

明火和可燃、有毒气体等气态环境风险源的检测，根据检测范围和检测点确定安装位置，尽量不影响正常生产秩序。

（2）缓冲区布点

a. 企业内部缓冲区域布点

该区域采样点的布设与生产工艺和排水管网设置情况有关，通常选择在企业的废水排放口，车间或工段的排放口以及有关工序或设备的排水点。具体监测点位设置在管道的中央，水质混合均匀处。

b. 企业外部缓冲区布点

若排水管道通向污水集中处理设施，应对未处理的进水和处理后的出水分别监测；若企业污水通过排水渠道直接排入地表水系，应在排入地表水系前的排水渠道布点。具体布点方法依据《地表水和污水监测技术规范》（HJ/T 91—2002）。

（3）环境敏感受体布点

a. 地表水监测

若重点液态环境风险源附近存在地表水环境敏感受体，或重点液态风险源所在企业污水最终排入地表水，应在排放口或可能泄入区上下游的对照断面和控制断面设置监测点，有条件的园区和企业还可在削减断面布点。

对照断面：具体判断某一区域水环境污染程度时，位于该区域所有污染源上游处，能够提供这一区域水环境本底值的断面。

控制断面：为了解水环境受污染程度及其变化情况的断面。

削减断面：指工业废水或生活污水在水体内流经一定距离而达到最大程度混合，污染物受到稀释、降解，其主要污染物浓度有明显降低的断面。

河段监测点位可结合已有的地表水环境监测点位布设，避免重复监测。具体采样位置应根据当地水流条件和排放口或可能泄入区位置而定。具体布点方法依据《地表水和污水监测技术规范》（HJ/T 91—2002）和《地表水自动监测技术规范》（征求意见稿）。

若采用离线监测，依据《地表水和污水监测技术规范》（HJ/T 91—2002），在设置监测断面后，应根据水面的宽度确定断面上的采样垂线，再根据采样垂线处水深确定采样点的数目和位置。对于江河水系，当水面宽小于 50 m 时，只设一条垂线；水面宽 50 ~ 100 m 时，在左右近岸有明显水流处各设一条垂线；水面宽大于 100 m 时，设左、中、右三条垂线。一般只在水面下 0.5 ~ 1 m 处设一个采样点即可。

若采用在线监测，依据《地表水自动监测技术规范》（征求意见稿），在设置监测断面后，采水点的设置应符合下列要求：①采水点水质与该断面平均水质的误差不得大于 10%，在不影响航道运行的前提下采水点尽量靠近主航道；②取水口位置一般应设在河流凸岸（冲刷岸），不能设在河流（湖库）的漫滩处，避开湍流和容易造成淤积的部位，丰、枯水期离河岸的距离不得小于 10 m；③河流取水口不能设在死水区、缓流区、回流区，保证水力交换良好；④取水点与站房的距离一般不应超出 100 m；⑤取水点设在水下 0.5 ~ 1m 范围内，但应防止地质淤泥对采水水质的影响；⑥枯水季节采水点水深不小于 1 m；采水点最大流速应低于 3 m/s，有利于采水设施的建设和运行。

湖泊水库监测垂线上采样点的布设与河流相同，但如果存在温度分层现象，应先测定不同水深处的水温、溶解氧等参数，确定分层情况后，再确定垂线上的采样点位及数目。

b. 地下水监测

对于有条件进行地下水监测的园区，监测点位尽量结合已有的地下水监测点位，避免重复。布点方法依据《地下水环境监测技术规范》（HJ/T 164—2004）。

根据《地下水环境监测技术规范》（HJ/T 164—2004），地下水质基本监测站宜从经常使用的民井、生产井及泉流量基本监测站中选择布设，不足时可从水位基本监测站中选择布设。水质基本监测站的布设密度，宜控制在同一地下水类型区内水位基本监测站布设密度的10%左右，地下水化学成分复杂的区域或地下水污染区应适当加密。

c. 近岸海域监测

若风险源临近海域，或风险源所在企业污水最终排入海域，则应监测附近海域。近岸海域监测站位应设在污水汇入区域，一般采用网格法布点，兼顾海洋水团、水系锋面，重要渔场、养殖场，主要航线，海湾，入海河口，环境功能区、重点风景区、自然保护区、废弃物倾倒区以及环境敏感区等具有典型性、代表性的海域，必要时可增加站位密度，尽可能沿用历史监测站位。布点方法依据《海洋监测规范》（GB 17378—2007）。

2. 气态环境风险源监控布点方法

气态环境风险源监控布点方法是对区域的大气进行监控，通过监控可以了解大气中风险物质的情况，对监测出的风险物质进行分析比对，进而追溯风险源本身，为更好地进行气态环境风险源的监控提供依据。

（1）企业内部区域监控

气态环境风险源监控，即在具体风险源布点，监测可能影响风险源安全状态的工艺参数和环境参数。

事故发生后企业内部影响区域监控，即该区域监控点位的布设与生产工艺有关，通常选择在储罐库区、管道泄漏点，车间或工段的排放口，工厂的废气排放口以及有关工序或设备的废气排放点。

（2）企业外部敏感受体监控

重大风险源周边的敏感点，即风险源密集或级别高的城区、居民住宅区、学校等要设置监控点。一般情况下，风险源所在地的下风向是主要监控范围，采用的监控布点的方法以扇形布点法为主。

（3）装载风险物质的移动车辆监控布点

在装载风险物质的移动车辆上布设监控点，以及在移动风险源经过的重要环境敏感受体边界布设射频标签点位。

4.2.3 优化环境风险源监控点位

我国对于环境风险源的监控刚刚起步，为了全面系统地监控水中环境风险源，在制定监控方法时，应多参考现行或试行的环境监测技术规范和重大危险源的相关监测技术规范。在监控布点时为力求严谨，尽量兼顾到风险源可能影响的全部区域，在布点上尽量避免过分监控。

气态环境风险源监控布点优化是对大气监控点位进行优化筛选，选择最具代表性的监控点来反映大气中风险物质的时空分布特征和变化规律。在常规大气监控布点的基础上探讨如何对大气环境风险源监控点位进行合理优化，以期用最少的点位获取尽可能客观、真实反映风险物质的监控数据。

考虑到国内监测技术水平和园区、企业的经济状况，建议在一段时间的有效监控后，在获得大量监控数据的基础上，可以采用数学统计的方法，如物元分析法、最优指标法、BP 人工神经网络等对监控点位进行优化（Si et al.，2011）。

4.3 移动环境风险源监控技术

移动风险源作为风险源存在状态的一种重要表现形式，更具有突发事故的可能性，根据国内外统计的数字，在突发环境污染事件中，风险源在移动过程中发生泄露的概率最大。因此，移动环境风险源的监控研究是环境风险源动态监控技术系统研究的重要组成部分。

移动风险源的重要特点是其空间位置的变化性，根据风险源的承载对象和转移转运返回时的不同，移动风险源可以分为主要在陆地上转移的车载移动风险源、在河、湖、海洋移动的船载移动风险源、空中运输的移动风险源以及管道运输的风险源等。根据风险源的物理特性可以分为气态、液态、固态移动风险源等。风险源的物理形态、化学特性、事故特征以及不同的运输方式，在对移动风险源的监控上将有不同的技术路线和特定的技术方法。

本研究在对国内外移动环境风险源监控技术与示范区对移动源监控需求调研基础上，以车载罐装液态移动风险源作为研究对象，提出移动环境风险源监控技术设计方案，开展移动环境风险源监控关键技术研究，开发了环境风险移动源监控设备原型，并开发针对移动环境风险源监控的软件平台。

4.3.1 移动环境风险源动态监控技术系统研究

移动环境风险源动态监控技术系统的研制技术路线分为硬件系统实施和软件系统实施两部分，具体技术路线如图 4-4 所示。

1. 系统总体规划

在研究前期分析的基础上，对系统软硬件的总体结构设计、实现功能、数据要求、系统研制工作安排等提出总体规划，并进行可行性分析论证，在论证通过后进入下一步实施。

2. 硬件系统实施技术路线

首先，确定移动环境风险源监控终端设备调研选型。通过对项目实施的已有设备情况考察、信息传输方式调研、移动环境风险源监控指标选择，并进行试验对比，结合各设备基本功能、综合考虑各方面因素，确定各设备的选型。其次，采购移动环境风险源监控终端设备。最后，对移动环境风险源监控终端各部件进行安装与调试，保证系统运行稳定。

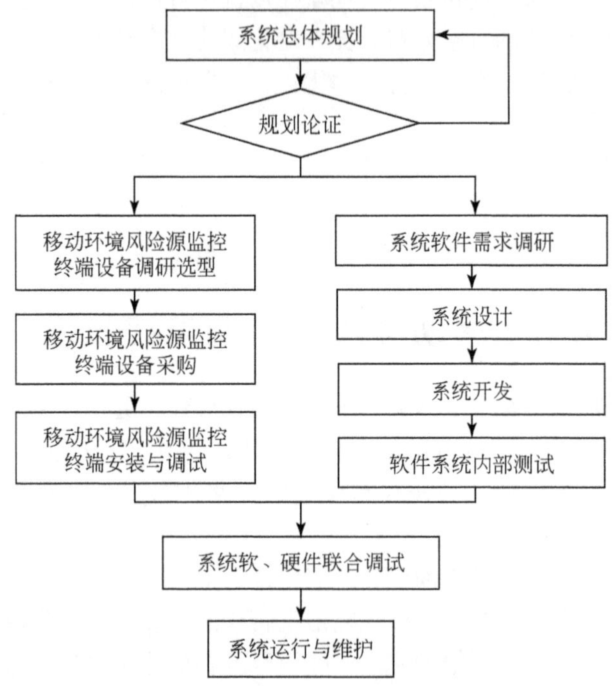

图 4-4　移动环境风险源动态监控技术系统研制技术路线

3. 软件系统实施技术路线

(1) 系统软件需求调研

本研究从业务需求、用户需求、功能需求、其他需求 4 个不同层次进行了详细的需求调研。需求调研范围包括风险源使用单位、监管部门，大量国内外技术文献，相关国家和行业标准。

(2) 系统设计

系统设计分为总体设计和详细设计。总体设计确定软件的结构，功能模块划分，总体数据结构和数据库结构等内容。详细设计阶段为每个模块完成的功能进行具体描述，把功能描述转变为精确的、结构化的过程描述，并用相应的表示工具把这些控制结构表示出来。

(3) 系统开发

程序员根据软件设计师编写的详细设计说明书编制程序，并在开发过程中通过阶段性成果的展示发现问题、逐步完善。

(4) 软件系统内部测试

按照详细的测试方案对软件系统进行测试，确保系统运行稳定，能达到项目要求。

4. 系统软硬件联合调试

对系统软硬件进行联合调试，确保系统正确、稳定运行。进行监控试验，对系统监控结果进行验证，确保能较好地实现对可移动风险源的动态实时监控，定位准确，相关设备运行比较稳定，所获得的监控信息及时准确。

4.3.2 移动环境风险源分类与监控指标体系构建

移动环境风险源是指具有移动属性的环境风险源，对于移动风险源的分类按照环境风险源分类的基本原则进行，包括气态、液态、固态环境风险源。同时考虑危险品本身的特性进行更细致的分类。另外根据移动风险源位移所用的承载工具做进一步划分。

不同的运载工具，对环境风险源监控的重点不一样，但是对移动环境风险源监控的核心是要解决两个问题。

(1) 移动环境风险源当前的位置

移动环境风险源监控的目标之一就是要确保环境监管人员能够随时掌握移动其位置信息，确保移动环境风险源在空间上可控。

(2) 移动环境风险源物质的状态情况

对移动环境风险源物质状态的监控包括两个方面的内容，其中主要为运载容器或者工具本身状态信息，如容器的压力、温度、流速等，另外是物质本身的物理特征参数如浓度等；同时对移动环境风险源周边直观的状态信息，在必要时，也需要获取。

根据移动环境风险源的监控目标，对于监控指标的选取也比较明确，监控指标主要包括：①位置信息，如当前的坐标、出入库情况等；②状态信息，如温度、流速、压力、浓度等。

对于不同的化学品特征污染物，气态特征风险物质如氯气、氨气、二氧化硫、苯系物和环氧烷；液态特征风险物质如 1,2-二氯丙烷、丙烯腈和苯系物等，可以选择不同的特征污染物监控方式进行监控。

4.3.3 移动环境风险源监控设备

移动环境风险源监控设备包括移动视频终端、定位系统、射频标签设备、数据采集设备和移动环境风险源监控系统等。

1. 移动视频终端

对某些特殊的移动环境风险源，视频监控的目的是在第一时间内为监控中心上传危险品现场信息。

根据项目现场调研和系统功能设计，移动视频终端应通过便携式的视频摄像机捕捉瞬时的视频信号，管理人员通过采集到的视频图像了解移动源的状况，避免移动源丢失、遗失等现象。视频信息由于数据量大、质量要求较高，应选择将图像压缩后通过无线网络方式进行传输。系统应具有 PPP 拨号过程，并嵌入式地实现了 TCP/IP 协议、POP3/SMTP 协议，同时支持动态 IP。系统采用并行多线程处理（simultaneous multi threading）技术，通过 CPU 控制多路图像压缩，实现数据不同通道传输，将数据的传输分割，保证了数据在窄带宽下顺利传输，后端通过数据冗余算法，进行原有数据的合并，从而实现了多通道无线数据传输。传输系统中核心控制采用600 MHz DSP 的处理器，并配有 32 MB 存储器，可以实现视频的多码流压缩和处理。

2. 定位系统

定位系统可以监控移动源的空间位置和移动轨迹，定位设备适用于车载移动源安装，安装位置一般位于移动源附属设备之上，通过设备选型测试比较，采用联通 GPSONE 设备进行定位系统试制。

无线定位系统结合了 GPS 卫星信号和 CDMA 网络信号进行混合定位。在终端能够接收到 GPS 卫星信号时采用 GPS 定位方式，当终端在室内或者接受卫星信号不好的环境时采用 CDMA 基站接收的辅助 GPS 卫星信号实现辅助定位，同时从 GPS 卫星和蜂窝/PCS 网络收集测量数据，然后通过组合这些数据生成精确的三维定位。可在室内、室外、城市和乡村环境中工作，室外精确度为 5 ~ 50 m，室内为 50 ~ 300 m。

3. 射频标签设备

射频识别（radio frequency identification，RFID）又称电子标签，是一种非接触式的自动识别技术，它通过射频信号自动识别目标对象并获取相关数据，识别工作无需人工干预，可工作于各种恶劣环境。RFID 技术可识别高速运动物体并可同时识别多个标签，操作快捷方便。最基本的 RFID 系统由三部分组成：标签（tag）：由耦合元件及芯片组成，每个标签具有唯一的电子编码，附着在物体上标识目标对象；阅读器（reader）：读取（有时还可以写入）标签信息的设备，可设计为手持式或固定式；天线（antenna）：在标签和读取器间传递射频信号。

对移动危险源监控，利用射频标签技术，当携带射频卡的移动危险源通过设定的信号采集点时，射频卡立即发射出具有代表身份特征的射频信号经系统接收，并通过系统网络发送到管理中心，接收来自上传的编码信息实现对涉密载体信息的采集分析处理，实时显示数据存储、数据变更、报表处理等功能，使管理人员能及时准确地查询各种信息，并及时地判断移动危险源的状态，方便监管人员对移动危险源的调度和管理，提高管理水平。

根据系统功能要求，本研究选用 ZITIAN-T80 只读系列远距离识别卡为自动识别系统进行测试，该设备有效距离 2 ~ 200 m，适用于车辆、集装箱等金属材质。根据测试结果，最高识别速度可达 200 km/h，系统可扫描出带有该标签的设备通过，满足移动源监控需求，可在沿途设立监控点，监控移动源是否经过规定位置。射频标签技术可弥补其他监控设备在恶劣条件下无法工作的缺点。

4. 数据采集设备

借助环境保护在线监测系统结构中前端数据采集设备，在移动危险源的监控中，把监控数据统一上传处理。环境保护在线监测系统结构分为前端数据采集、数据远程传输和上位机监控平台 3 个部分，专用采集仪集采集与传输为一体，大大提高了系统的稳定性与可靠性，同时降低了维护成本。

数据采集设备的要求、功能和特性包括：①多种类型的数据输入接口功能，基本配置：12 AI、12 DI、4 DO、文本屏显示、5 路 RS232/485（可扩展）；②2 MB 存储空间，历史数据能可靠地保存 12 个月以上；③系统自带实时时钟，断电自动计时功能，支持远程校时；④支持本地或远程参数设置，如修改定时上传间隔时间，最大及最小量程、数采仪地址、报警上下限值等；⑤支持下端反控功能；⑥系统内部程序采取模块化方式，以适应将来对诸如协议指令的扩充和修改；⑦支持 GPRS/ CDMA/ ADSL/ PSTN/ WLAN/ 短波电台等多种通信方式；⑧GPRS/CDMA 支持多中心传送（UDP 模式可支持六中心，TCP 模式可支持双中心）。

5. 移动环境风险源监控系统

（1）系统设计思路

根据监控的业务需求，移动环境风险源的安全监控应以企业为主体，并且为了满足移动环境风险源监控管理的需求，该系统采用了“一体化”、“集成化”、“数字化”、“网络化”设计原则，同时根据移动环境风险源安全监管的业务需求，结合 3S 技术进行设计。

1）一体化：移动环境风险源监控管理系统采用一体化的管理平台，将定位、视频、射频、特征指标、报警等功能模块实现了“嵌入式集成”，由统一数据采集模块和数据处理平台进行数据处理，实现各个功能模块之间的联动，报警一体化。

2）集成化：该系统除了将定位、视频、特征指标监测、射频标志统一监控管理之外，还为其他监控方式预留完整的接口，能够实现数据的自动化集成。

3）数字化：该系统中的所有主控设备全部采用数字化管理主机，实现对整个监控系统中各个功能模块的数字化管理。

4）网络化：监控系统可以根据具体的要求设置企业监控中心以及多级别的环境保护监控中心，通过系统权限控制，实现多个部门多级别的联动管理，同时可以提供相应的应急服务功能。

（2）移动环境风险源日常信息管理

系统提供移动环境风险源信息的管理功能，用户可以方便地查看指定移动环境风险源的属性信息和地理信息，以及相关的行业、企业等信息。移动环境风险源管理模块实现对各种类型移动环境风险源的登记、管理、涉源单位管理以及突发环境应急事件的管理，实现信息的登记、查询、统计、管理（增、删、改）、分析报告、报表输出以及结合 GIS 的管理功能。移动环境风险源管理包括移动环境风险源登记管理、单位管理、突发环境事件应急管理等。

（3）系统设计

a. 系统总体架构

系统总体架构如图 4-5 所示。

b. 移动视频监控

具备多种报警方式：视频信号丢失报警，动态侦测报警，光源变化视频报警。

录像方式分为以下几种：手动控制，人工操作录像；报警联动，当有传感报警时开始录像；按相应的时间、地点、镜头号即可检索出每一幅图像画面；在监控现场的计算机上查看回放；在控制中心通过远程网络查看回放。

c. 位置监控

位置监控包括：①立即定位，获取当前位置；②发起跟踪，在地图上实时显示移动风险源的运行轨迹；③历史轨迹，查看某一时间段的位置信息；④行迹管理，设置预先运行轨迹，风险源一经移动并超出警戒范围，系统将实现自动报警，管理和监控人员可以在第

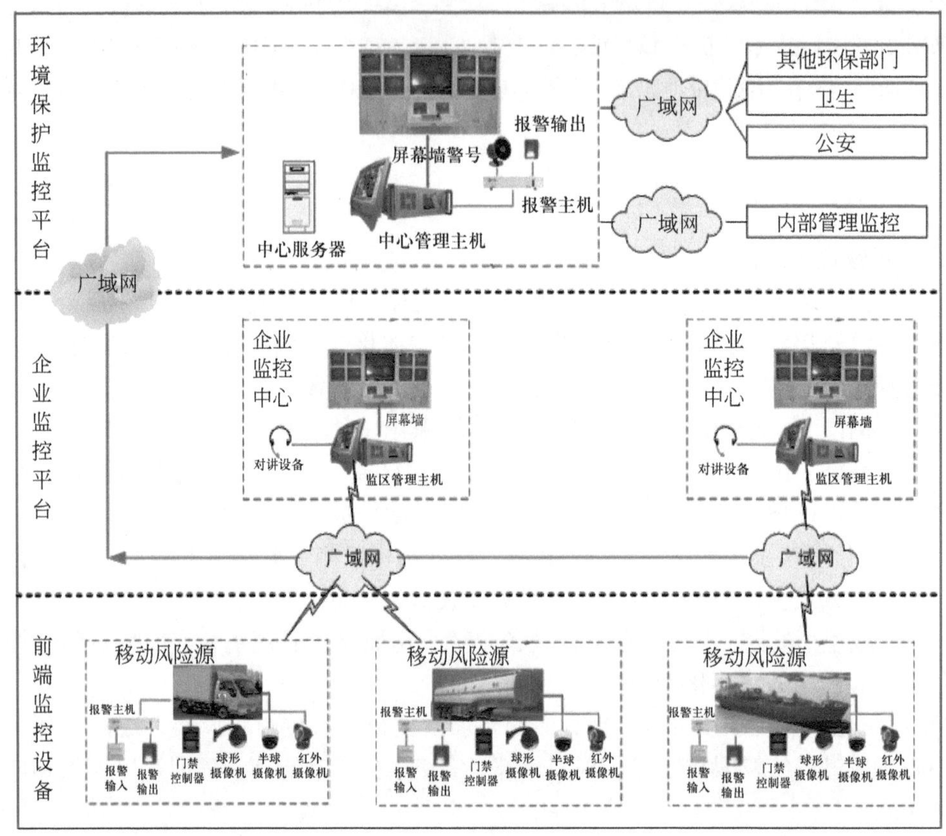

图 4-5　系统总体架构

一时间得知移动风险源的位置信息和移动轨迹；⑤异常情况报警，低电压报警，位置异常报警。

d. 射频标示

该系统利用电子标签对每一个需要管理的移动风险源在其管理周期内进行标记管理。利用系统可以实时了解掌控每个移动风险源的性质、当期状态、当前位置、历史变化等信息，并根据这些信息采取相应的管理对策和措施，达到提高安全监管的目的。

根据需求，系统包含了若干模块：系统管理、标签登记、工作场所离开管理。具体如下：系统管理用于系统设置以及系统用户信息和权限；标签登记用于在移动风险源设备上安装射频标签，并对移动风险源相关信息进行登记，数据记入数据表；工作场所离开管理用于一旦移动风险源离开工作场所，获取射频标签信息，系统启动报警功能，并把相关信息保存数据库。

e. 移动源监控管理平台

移动源监控管理平台特点包括：①有较强的基本信息录入和显示功能；②优化软件界面，外网查询界面美化要达到用户的要求；③明确各行政部门职能，分配不同等级的系统使用权限，实现移动风险源的分级管理，实时多路监控掌握移动风险源的安全情况；④按行政区域来组织管理和查询；实现区域、企业、移动风险源信息的录入及查询；⑤原有移动风险源管理的数据库可实现数据导入功能；⑥各种数据报表可以以 Word 或 Excel 表格的格式输出；⑦实现移动风险源的实时多路监控（分为视频监测、定位监测和射频监测），对移动风险源的监控都设有报警功能，并有视频录像备份和移动轨迹回放。

4.4 重点环境风险源监控系统构建

针对重点环境风险源监控系统总体设计，本研究主要从监控指标体系、监控布点方案、监控技术、监控数据采集传输、监控系统的数据库与网络架构、监控系统的管理应用和系统性能需求分析等方面构建重点环境风险源监控系统。本节重点介绍数据采集传输、网络架构等方面的研究内容。

4.4.1 重点环境风险源监控系统总体设计

重点环境风险源监控系统总体设计包括监控系统需求分析与用户特点、系统设计的基本原则和系统设计的基本思路。

1. 监控系统需求分析与用户特点

随着经济的快速发展，我国城镇化、工业化同步发展，由于工业化过程中产业结构不够优化，城市化进程将大量消耗以钢铁、建材、有色金属、石油化工等化工及重化工产品，不仅会产生大量污染排放，而且会带来更多的环境风险。化工类产品的生产、运输、储存等过程大多涉及有毒有害物质，其中产生的气态、液态污染物会对环境造成巨大危害，这些环境风险源有潜伏期长、持续危害性大及对环境造成的危害修复难等特点，因此尤须加强其环境风险源的在线监控，从源头减少、遏制环境事故的发生（韩璐等，2014）。本研究的监控系统既要满足对产生重大环境风险的源进行实时监控、预警及信息管理，实现风险源及敏感受体监测数据的实时采集、传输、存储功能，又要实现重大环境风险源的预警与监管，构建一个信息查询发布平台，使环境风险源监管实时化、透明化、信息化。

监控系统的最终用户是市、县级环境保护部门，他们具有丰富的环境管理经验，是系统的最直接用户，他们所关心的问题不局限于某个风险源侧面，而是具有综合性的特点。监控系统的另一类直接用户是重大环境风险源所在区域的管理委员会，如化工园区或工业园区管理委员会，监控系统的中心就建在这里，他们负责区域内所有重大环境风险源的日常监管和监控系统的日常维护管理，包括基础数据的录入、修改、更新、系统和数据备份等工作。通过他们的工作为上层决策人员提供所需的数据、信息和决策支持。监控系统的最基础的用户是重大环境风险源所在的企业，他们要直接负起风险源防范的责任，负责环境风险源监控仪器和设备的正常使用，如实上报环境风险源的信息。

2. 系统设计的基本原则

环境风险源管理是一个多层次体系，包括了环境风险源的分类、分级、分区、监控与源调控等几个子体系。重点环境风险源监控作为环境风险源管理的重要子系统，本研究充分考虑了系统的完整性、实用性和可行性，设计了如下的系统设计原则。

（1）监控对象与管理目标的一致性

环境风险源管理系统是一个多层次体系，针对不同的对象，如化工园区或者饮用水源地，其管理目标具有很大的差异性，这就要求监控的对象及其相对应的管理目标相一致。对于化工园区，监控的对象重点是企业内的储罐和污染物排放口；对于饮用水源地，监控的对象重点是水质。

（2）监控指标与风险特征的一致性

不同的监控区域和监控对象，其风险特征差异很大，使用同类参数来衡量风险大小，显然是不科学的。监控指标应根据监控区域内环境风险源的特征、区域环境特征进行选取。

（3）监控方法与质量控制措施的一致性

保证监控数据的有效性与准确性是环境风险源监控有效的基础。不同的监控方法应该有相应的质量控制措施，质量控制措施包括现场监控设备的质量控制和传输数据的有效性判断等。

（4）监控方式与监控目的的一致性

目前，环境监测方式主要分为常规监测、自动监测、应急监测、遥感监测等。环境风险源监控系统以连续在线的自动监测监控为主，辅以定时采样的常规监测和应急监测，主要实现对环境风险源动态变化的预警监控作用。

（5）监控系统与安全保障的一致性

现场监控设备安全性能的不达标，以及布置地点和方式的不合理，不仅浪费建设成本，而且还会由于设备易损、错报漏报等带来严重的后果。因此，在进行监控系统设计时，针对不同监控对象的安全特性，要设置不同安全级别的监控设备，同时要根据监控对象的特点优化布点方案。

（6）监控报警级别与事故分级的一致性

《国家突发环境事件应急预案》中按照突发事件严重性和紧急程度，突发环境事件分为特别重大环境事件（Ⅰ级）、重大环境事件（Ⅱ级）、较大环境事件（Ⅲ级）和一般环境事件（Ⅳ级）4 级。重点环境风险源监控系统的监控报警级别设置与事故分级基本一致，在不利情况下监控报警级别高于事故级别。

3. 系统设计的基本思路

环境风险源的有效监控直接影响到区域环境污染综合管理、重大污染事件的预防及其综合决策。通过对环境风险源的监控，可以有效分析污染物排放源对空气质量和水环境的影响，评价环境治理措施的效果，对突发性污染事件进行预警，为环境管理和决策提供技术支持。鉴于目前环境风险源监控的现状条件，提出适合中国国情的环境风险源监控系统框架，如图 4-6 所示。

重大环境风险源是经过环境风险源识别分级后筛选出的需要重点管理和监控的源（魏科技等，2010）。构建重点环境风险源监控系统，主要从监控指标体系、监控布点方案、监控技术、监控数据采集传输、监控网络数据库构建、监控管理技术平台 6 个方面进行研究。典型环境风险源动态监控系统总体架构和系统数据处理总体流程分别如图 4-7 和图 4-8 所示。

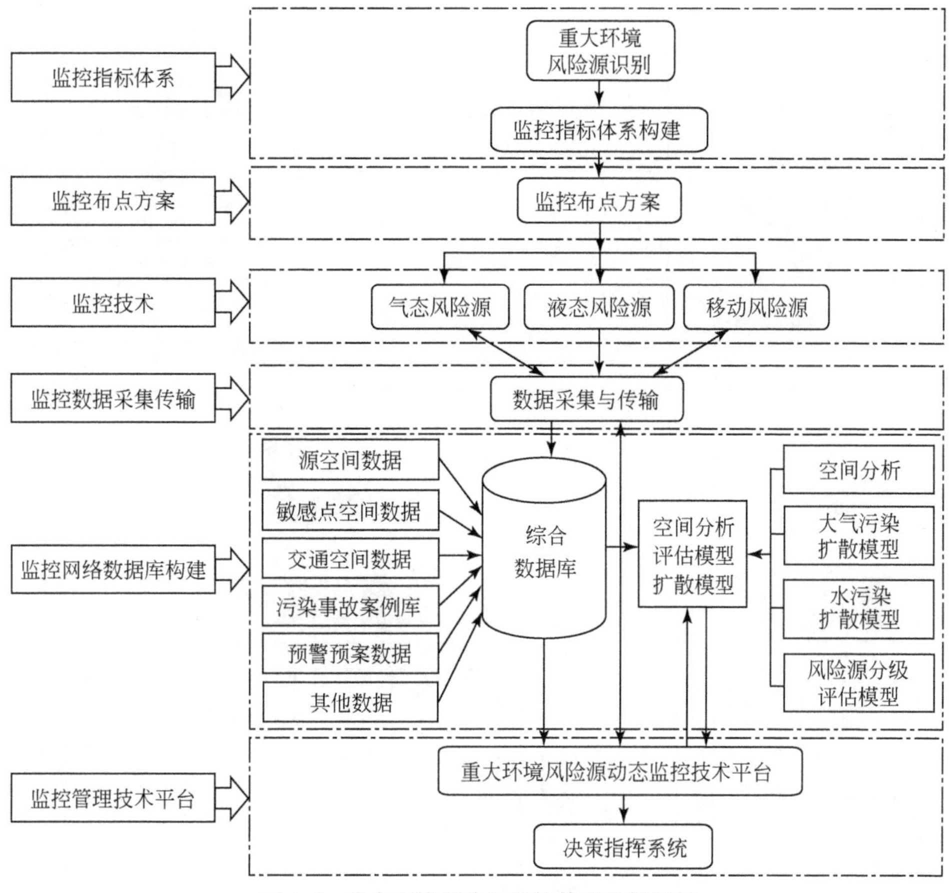

图 4-6 重点环境风险源监控体系逻辑框架

4.4.2 监控系统信息采集与传输

环境风险源监控系统的数据传输主要通过数据采集卡来采集监测数据，经过监控平台的前端应用程序进行接收处理（谢斌宇等，2011）。

监控系统网络出口设计为 2 个，分别与 Internet 和区域环境保护专网相连，网络服务器群均以有线方式与核心交换机相连，而众多风险源或敏感点的监控设备则以有线或无线的方式通过核心交换机传输到网络服务器群。监控主干网络拓扑图如图 4-9 所示，网络机房拓扑图如图 4-10 所示。

前端处理软件使用 Visual Studio 开发，并同数据库进行交互操作，其数据处理流程如图 4-11 所示。它主要负责对数据采集设备监测到的信息进行接收，同时对数据的准确性进行纠错，并发送到数据库进行存储。一旦数据库端的设备或软件出现故障，前端处理程序还可以对故障发生期的监测数据进行自动存储，防止数据发送出现中断。

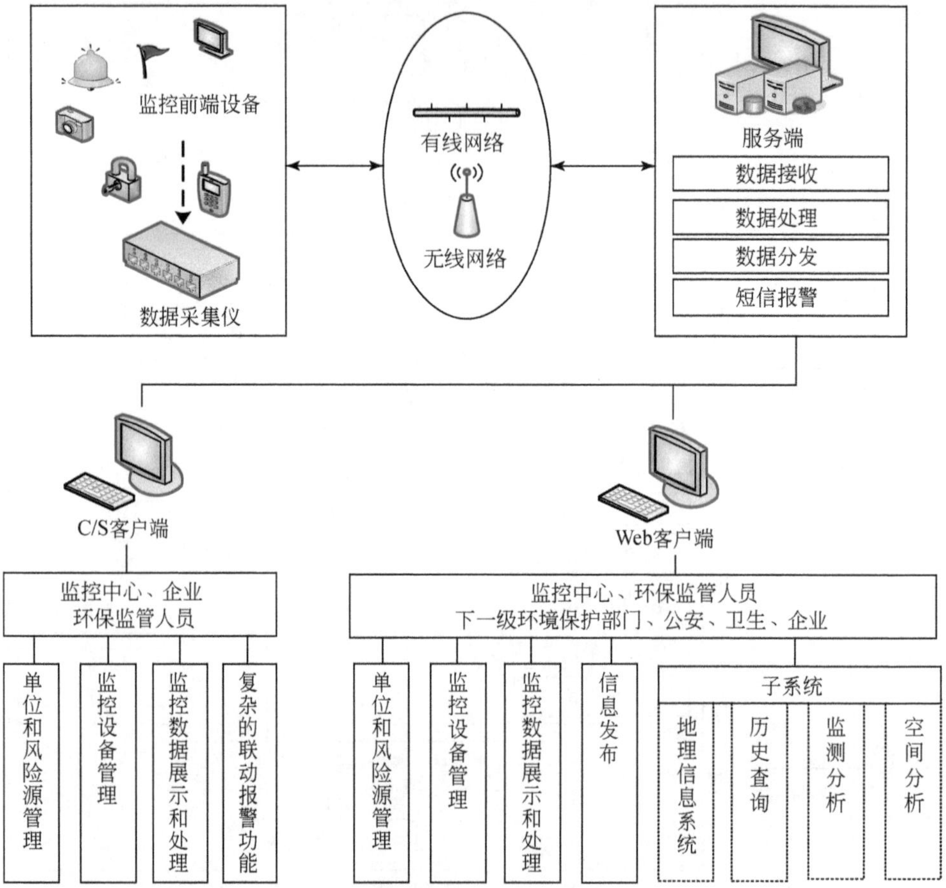

图 4-7　环境风险源动态监控系统总体架构

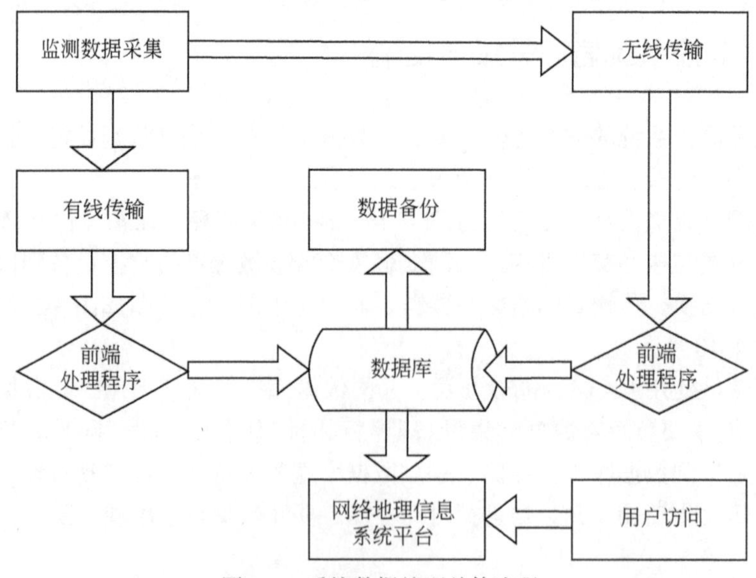

图 4-8　系统数据处理总体流程

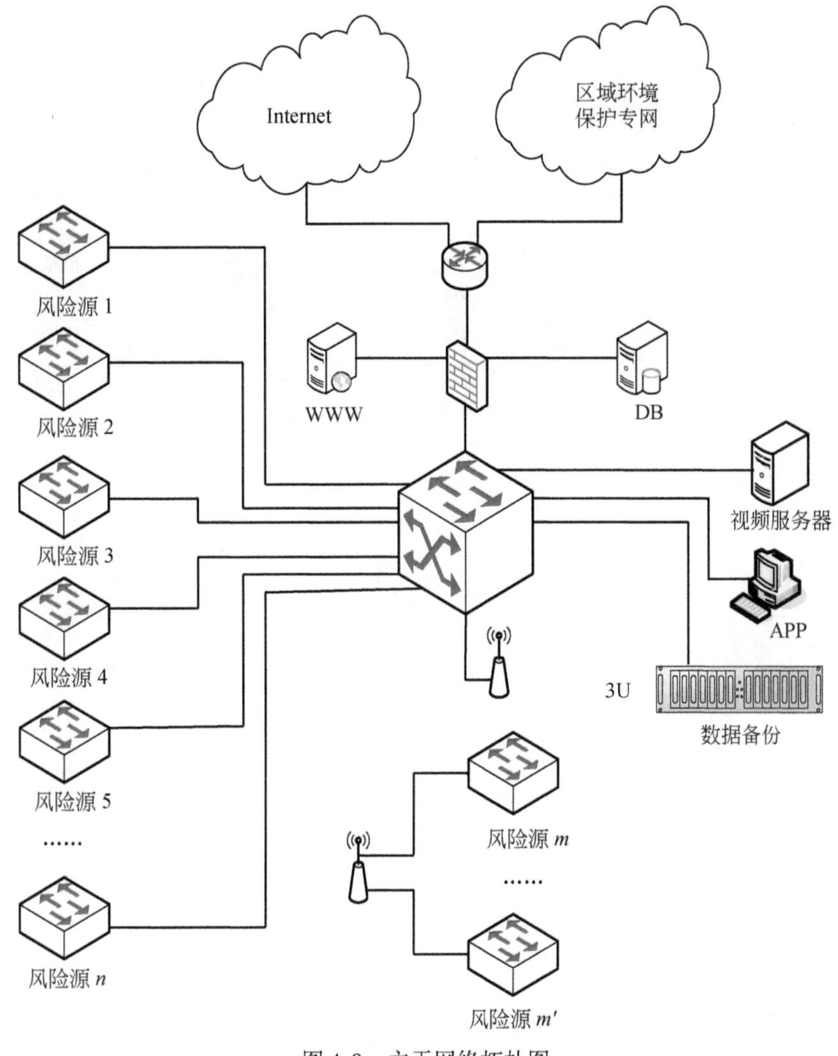

图 4-9　主干网络拓扑图

4.4.3　监控系统的数据库与网络架构系统

监控系统的数据库与网络架构系统包括数据库系统和监控系统的网络地理信息系统两个方面。

(1) 数据库系统

监控系统数据库主要包括空间数据库、属性数据库和管理信息数据库 3 部分。按照系统要求和需求分析，在空间数据库方面，采用 Shape 格式的数据，建立起覆盖监控区域的空间数据库，图层包括河流、企业、村庄、学校等；在属性数据库方面，采用 Microsoft SQL Server 2005 数据库存取，包括各企业环境风险源实时监测数据、风险源和企业基本信息、风险物质基本信息等；而管理信息数据库方面，则包括查询权限数据、用户信息数据等信息。空间数据库以 SQL Server 数据库作为存储数据的基准，通过空间数据引擎

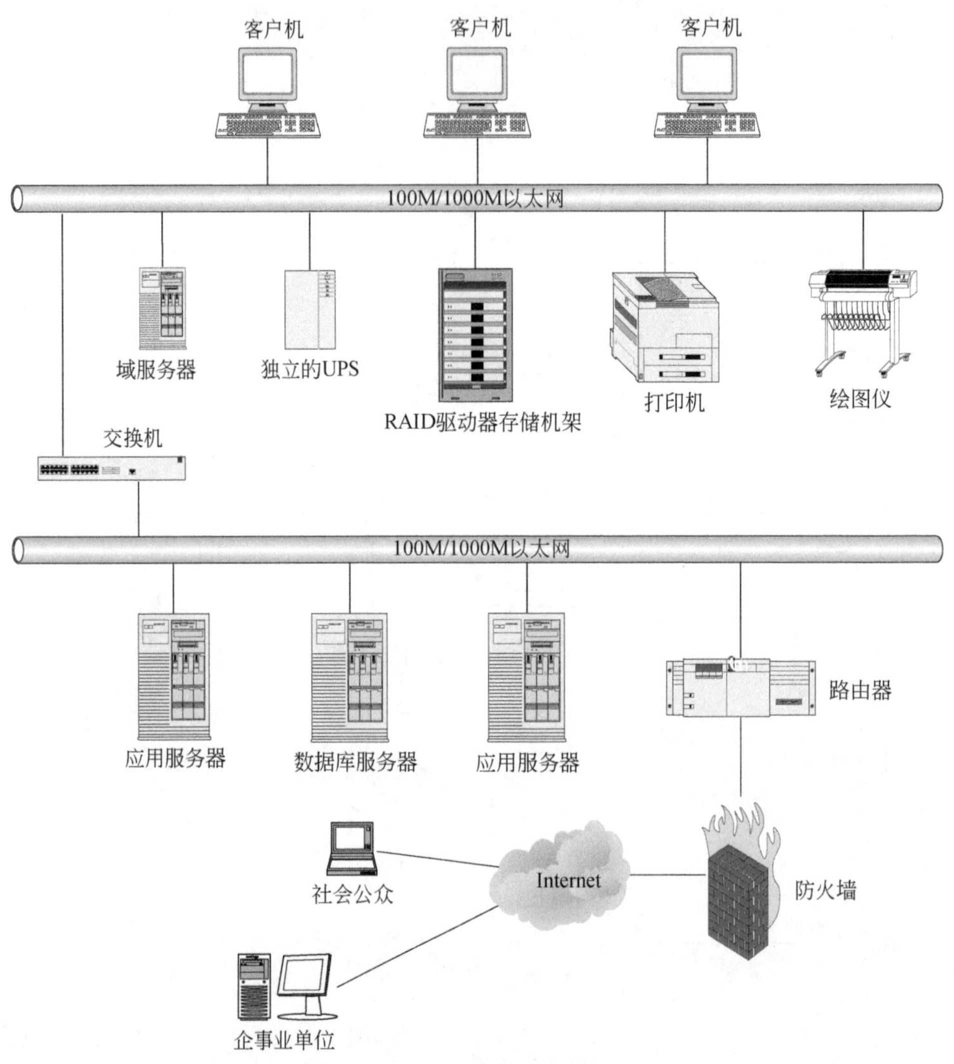

图 4-10　网络机房拓扑图

ArcSDE 与 ArcGIS Desktop 相连接，同时 ArcIMS 还可以进行数据发布，如图 4-12 所示。

（2）监控系统的网络地理信息系统

网络地理信息系统主要由 Web-GIS 技术、数据库技术以及网络开发技术架构而成，其技术架构如图 4-13 所示。

其中，Web-GIS 技术使用的是 ESRI 公司的 ArcGIS 产品，包括 ArcGIS Desktop、ArcIMS、ArcServer 和 ArcSDE 四部分。ArcGIS Desktop 是一个集成了众多高级 GIS 应用的软件套件，地理信息的编辑、管理、设计等操作则主要由该软件完成；ArcIMS 是一个进行 GIS 地图、数据和元数据发布的地图服务器；ArcServer 包含了一套 Web 框架上建设服务器端 GIS 应用的共享 GIS 软件对象库；而 ArcSDE 作为空间数据服务器负责 ArcGIS 其他软件产品同关系型数据库的通信连接。

数据库采用目前应用较为广泛的 SQL Server 作为开发软件，主要存储监测数据、风险源信息、专家档案、模型数据以及周边环境因素等，为风险源的查询、统计、分析提供数

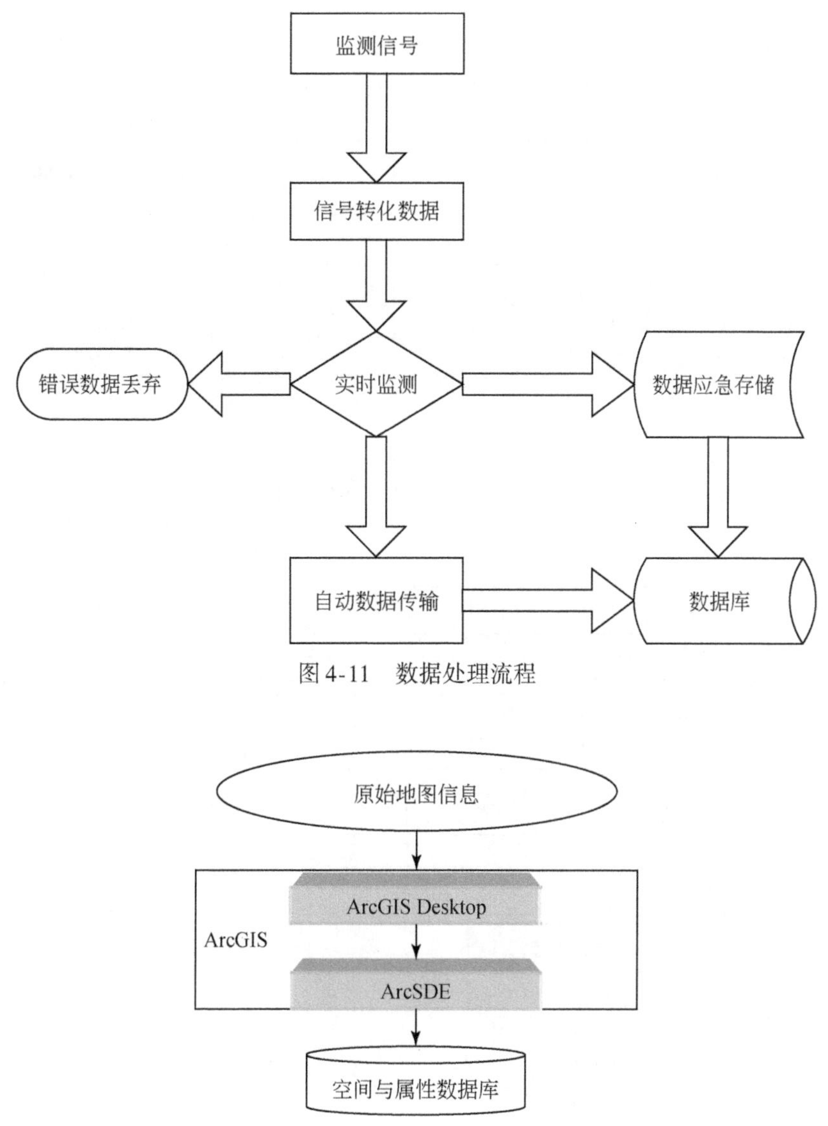

图 4-11 数据处理流程

图 4-12 空间与属性数据库系统技术架构

据基础。

Web 网站在 NET 环境下基于微软的 Internet 信息服务（IIS）进行构建，ASP 技术将在 Visual Studio 环境中作为网页的开发技术，并同 Web-GIS 相关工具结合共同开发。在 ESRI 公司的 ArcGIS 开发环境下，使用 ArcIMS 进行环境风险源实时数据的发布，同时采用 SQL Server+ArcSDE 的方式进行数据存储。平台整个框架采用分层式架构，从上到下依次是用户端、界面表现层、GIS 服务层和基础数据层，如图 4-14 所示。

1）用户端：因特网上的任意用户都可以通过常用浏览器（如 IE 等）查阅和检索化工园区企业环境风险源信息。

2）界面表现层：主要在 .NET 环境下采用 C#语言进行服务器端 Web 组件的编程，它可通过 GIS 服务层来同基础数据层进行风险源空间数据或者属性数据的交互，同时还可以

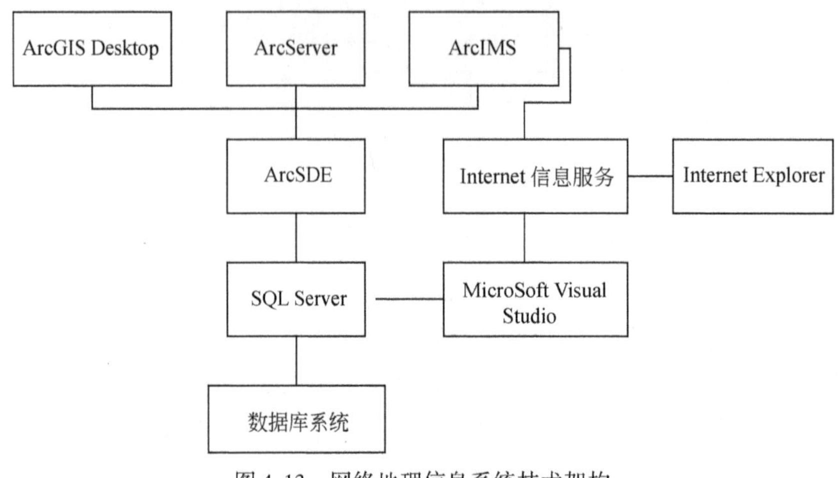

图 4-13　网络地理信息系统技术架构

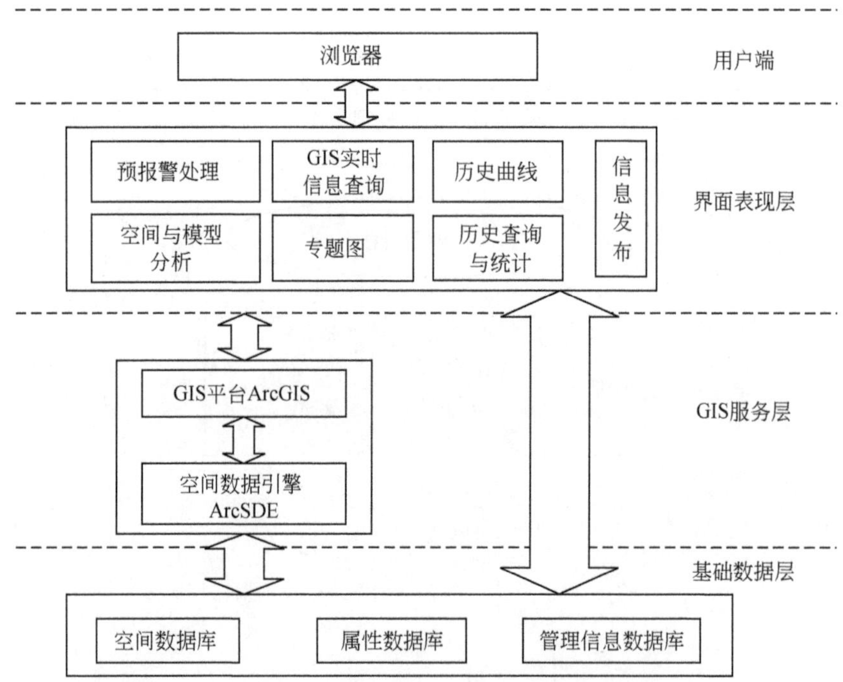

图 4-14　网络地理信息系统架构

直接读取管理信息数据库的数据。用户的所有操作都是在界面表现层完成的。

3）GIS 服务层：该层主要使用 ArcGIS 软件进行地理数据的编辑修改，电子地图和环境保护信息数据的结构与组织存储按照 ESRI 的 Geodatabase Data Model 设计，使用 ArcIMS+ArcServer 的组合方式进行地理信息数据的网络发布，同时利用 ArcSDE 空间数据引擎建立同数据库的链接，使其可以同空间数据库和属性数据库进行交互。GIS 服务层作为整个平台框架的中间层，起到了连接界面表现层和基础数据层进行数据传递的重要作用。

4）基础数据层：主要是指环境风险源及其周边环境的各类基础数据库，包括环境风险源数据、危险品数据、监测数据、报警日志记录、周边敏感点数据、环境保护专家数据、应急资源数据、地理信息数据和模型数据等。通过 GIS 服务层为界面表现层提供基础数据支持。

用户端及界面表现层直接与监控系统应用层接口。

4.4.4 监控系统的管理应用

环境风险源监控系统直接与用户对话，根据环境风险源监控管理的需求，应用功能模块主要包括源信息管理、环境敏感受体信息管理、源监控信息管理以及信息发布等（温丽丽等，2010），其功能的总体架构如图 4-15 所示。

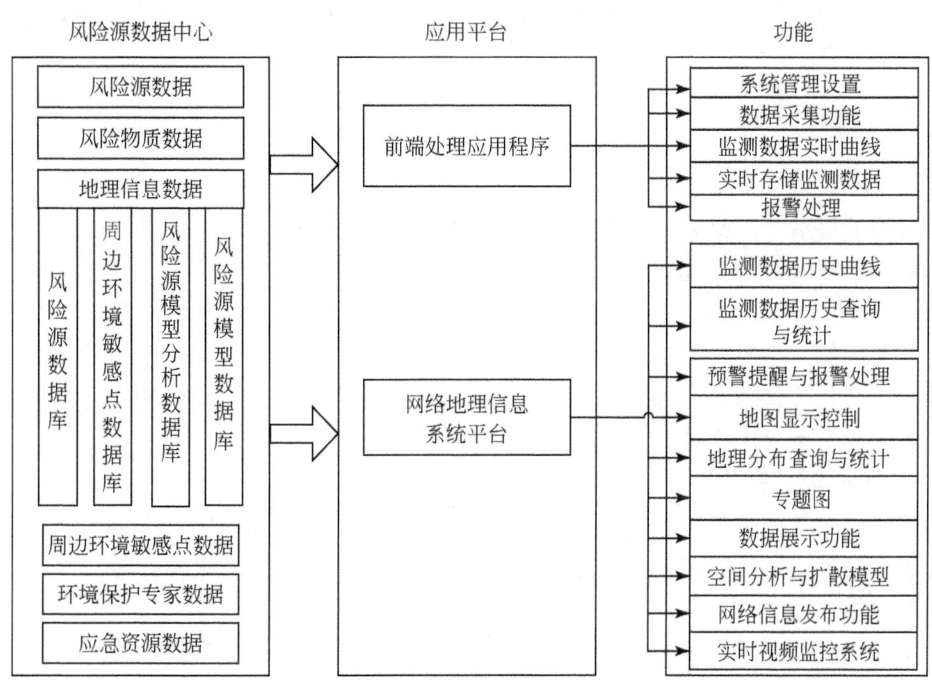

图 4-15　监控系统应用层功能总体架构

1. 基础信息

（1）风险源数据

风险源数据包括化工园区环境风险源（如储罐、库房等）的基本信息、位置信息、日常检查信息等，这些数据信息对应地理信息数据库风险源图层中的地理实体，并同风险物质数据相关联。

（2）风险物质数据

风险物质数据主要存储危险品的中（英）文名称、分子式、熔沸点、气味等基本信息，同时对危险物质的应急处置方法、环境影响、环境标准等信息也进行存储。

（3）周边环境敏感点数据

周边环境敏感点主要包括学校、机关、医院、居民点、水源地、河流等，对其相关信息进行存储。

（4）环境保护专家数据

环境保护专家数据主要存储每种危险品处理处置专项专家信息，包括专家所处行政区域、专长、工作单位、联系方式等信息。

（5）应急资源数据

应急资源主要包括应急处理处置工具包、医疗资源、应急救援物资、车辆设备、应急监测设备、常规监测设施或者设备等。一旦突发环境污染事件，管理者或者决策者可以查看数据库中存储的应急资源，以便有效地作出应急反应和处置。

（6）地理信息数据

地理信息数据库用于组织和存储环境风险源的地理位置、地理分布和尺寸信息等，地理信息数据库由多个图层（一组用于存储地理信息的数据表）组成，存储 Web-GIS 地图所有地理信息数据。

2. 监控信息

应用层监控信息主要是结合 GIS 实时显示感知层传输过来的监控数据、对超过阈值的情况进行报警显示，以及历史曲线和地理分布统计查询等。

（1）GIS 实时信息查询

GIS 实时信息查询功能可以在电子地图中查看企业信息的同时显示出当前该企业环境风险源的监测值，主要展示每小时和每天的实时曲线，可以相互切换观察，日曲线可以存储并定时发往相关管理部门备案；环境风险源实时监测和 GIS 查询功能的结合，为管理者或决策者做出决策提供了更加直观和人性化的数据显示。

（2）预报警处理

预报警处理是该系统平台应急响应的一种手段。针对不同物质的不同阈值，通过声音提示、界面闪烁、短信通知和日志记录来完成对某一环境风险源的报警处理。

（3）历史曲线

该系统功能根据用户对企业风险源不同了解需求，通过读取数据库中存储的环境风险源实时监测数据来生成不同周期的曲线图。该模块设有 3 种周期曲线图，分别为周历史曲线、月历史曲线和年历史曲线。周、月、年历史曲线既包含了最近一段时期某环境风险源的监测情况，又包含某环境风险源长时期的监测情况，3 种曲线立体化展示了企业环境风险源的环境风险情况，为环境保护部门环境监管力度的分配提供了重要帮助。

（4）历史查询与统计

该功能根据用户对企业环境风险源具体环境风险情况的了解需求，通过组合不同的检索条件，来展示出该环境风险源在某一历史时刻的具体监测情况。主要包括一般查询和统计查询两个功能。主要检索查询条件和显示结果包括企业名称、风险源名称、时间段、监控指标、监控值、风险等级等。

（5）地理分布查询与统计

地理分布统计查询功能提供单一条件（如以时间段：年、季、月、天等）或组合条件的查询，可查询环境风险源、环境质量等属性数据和相关联的外部数据，并对查询到的数据进行统计。按照企业行业、地区、所在环境功能区、设施运行情况以及它们的任意组合作为查询条件操作数据库，对历史数据按照同类环境风险源和不同类环境风险源以月、季、年为基准单位的多时间段、多角度地对环境风险源环境质量等数据和相关任意条件进行筛选查找和统计分析。

（6）专题图

专题图主要包括人口、河流、水源地、环境风险源、危险物质、行业六类专题图，操作主要包括放大、缩小、全图、漫游、查找、测距、框选、清除选择、缓冲区分析等。

（7）空间与模型分析

对泄漏、扩散、爆炸3种情况进行环境模拟分析，考虑爆炸范围、浓度扩散速度、泄漏影响范围等因素，对可能发生的事故预警，准备提前做好防范措施。

除此之外，还包括环境风险源监控管理相关的信息发布，定时发布环境保护相关的国家法律法规、地方政策、行业标准等。在系统管理设置上主要进行用户管理、权限设置，并修改预警报警线，同时对报警事件进行日志记录，方便日后查询。

4.4.5 监控系统性能要求分析

环境风险源监控系统相对于一般工业监测，具有其特殊的设计难点，主要表现如下。

1. 恶劣的室外环境

环境风险源监控点需要部署在不同于室内的生态环境现场，如危险化学品储罐区、污染物排放口、工业生产现场等地点，监控节点装置需要暴露，且受到烈日辐射、风雨雷电和飞鸟等生态影响，这些地点工作人员不便经常到达，因此要求监控系统可以在如此恶劣的环境中正常工作，即使由于断电等原因造成暂时性无法工作，也应该保证该系统在电源恢复后仍可自动恢复工作状态。

2. 苛刻的网络传输条件

部分环境风险源实时监控系统分散于城市及周边地区的各个角落，在很多情况下，有线网络由于其物理条件的局限性根本难以应用。因此在这些情况下，往往需要选择无线传输网络作为数据传输媒介。然而相对于有线网络，无线传输网络还存在很多不足，如网络带宽相对较小，网络传输稳定性不够高，价格昂贵等。

3. 自动功能扩展和升级需求

环境监控的指标随着城市环境规划的不断完善发展将会不断变化，这就要求环境监控系统可以方便地适应于新的监控要求，通过二次开发形成的应用逻辑能自动下传至各监控节点部署升级。

4. 系统高负荷并行处理要求

环境污染源分布广泛，环境保护部门要实现有效监控，需要布置大量的监控节点。因此，控制中心需要同时对大量的监控节点进行监测，监控系统必须能够正确处理来自各个监控节点的环境数据，确保环境数据的完整、准确地接收与处理，并且系统服务器还需要时刻监视各监控节点的运行情况。因此，在化工园区构建环境风险源监控系统时需要满足如下的性能要求。

（1）系统的稳定性

系统的稳定性要求：①系统须在正常情况下运行稳定、可靠，具有很好的容错机制，能够适应恶劣的环境；②在非正常情况下具有一定的坚固性，保证系统事务以及数据的完整；③具有完整的数据备份能力；④具有能够从崩溃的系统中较完整地恢复数据的能力；⑤不因系统管理人员的变动而产生运行问题。

（2）系统的可扩展性

系统能够适应发展的需要，方便软件、硬件的升级和扩充：软件可由授权操作者对设备以及各种参数进行设置和选择。

（3）安全性

系统必须能够防篡改、防泄密、数据通信应加密；同时系统应该能防止数据毁灭性丢失；能对用户权限进行严格的动态管理。

（4）兼容性

能与系统有关的污染源数据库、环境质量数据库、其他相关资料数据库信息系统进行数据共享。在各有关部门之间提供协作服务、消息服务。

4.5 重点环境风险源监控技术规范

目前，对环境污染事件的研究中，主要是对案例进行分析，以及对事故发生后的应急处理处置和管理进行研究（魏科技等，2008；郭振仁等，2009；Zeng et al.，2009）。对于引发重大环境污染事件的风险源研究较少，集中在危险化学品的管理、环境风险源的分类分级评估等，尚处于起步阶段（周红等，2004；魏科技等，2010；赵肖和郭振仁，2010）。在环境污染事件风险源“分类-识别-分级-监控-分区-管理”的技术体系中，风险源监控占有至关重要的地位和作用。本研究构建了重点环境风险源监控系统，与常规浓度监测相比，环境风险源监控是更为先进和科学的风险防范方式，是在我国目前经济发展迅速、污染防治和风险防范任务重的形势要求下的必然措施。因此尽管存在技术、经济问题，为了给环境风险源管理的确切实施提供技术支持，规范对环境风险源监控的行为，迫切需要制定一套切合实际的监控系统技术规范，特别是解决系统设计和基础性关键问题，为子系统和设备级等其他技术规范的制定提供依据和打下基础。

本节结合我国环境风险管理的实际需求，对编制《环境风险源监控系统技术规范》（建议稿）进行了探讨，主要对引发重大水环境污染和大气环境污染的气态和液态环境风险源监控系统技术规范进行了研究。对编制建议稿中所涉及的适用范围、监控系统构成、监控参数选取、布点原则、监控数据采集传输技术要求和监控软件平台功能设计等开展研究，以制定内容全面、现实可行、科学先进的环境风险源监控系统技术规范，确保监控数据有效、可靠（温丽丽等，2011）。

4.5.1 编制思路

虽然重点环境风险源监控系统与重点污染源在线监测在结构上同属于计算机数据采集

与监控系统，但环境风险源监控是一个全新的领域，其系统建设的目的和用途是防范环境风险，减少重大环境污染事件的发生，把对人类和环境存在的潜在危险降至最低，系统涉及了重大环境风险源相关的工业全过程，而非仅仅针对排污口监测。因此，该系统在可靠性等设备性能要求以及监控参数和对象、工作方式和功能设计等诸多方面有独特的技术特点，这就要求其规范的研究和编制也要突出其特色。

编制的监控系统技术规范必须能够保障系统具备完整和可靠的监控功能，能够与我国的经济发展水平和相关规范相适应，同时又能具有一定的技术超前性（丁伟等，1993；关磊等，2008）。

（1）保障系统设计的全面性和安全性

设计环境风险源监控系统时要充分分析引发环境污染事件的风险源类型，分析危险化学品生产、流通系统的安全特性和事故概率，考虑生产工艺、危险化学品储存和排放，以及源周边环境敏感受体影响等问题，在进行系统功能设置时，涵盖了源和受体基本信息管理、监控信息的采集显示、数据分析和事故报警。

（2）保障系统的相对独立性及与现有系统的整合

环境风险源监控系统应相对独立，源监控和环境敏感受体监控数据要直接传到终端监控中心。由于环境风险源监控系统涵盖了安全与环境参数，其独立性是相对的，环境风险源所属企业已建立的安全监控系统在有机整合的基础上可以通过异构系统集成和整合作为子系统纳入环境风险源监控系统。

（3）保障系统的经济协调性和可操作性

技术规范制定的一条重要原则是技术规范应与当前的经济技术水平相适应（鞠复华，2000），不能盲目提高要求，否则既会增加成本和难度，也会延缓系统应用的进度。因此，环境风险源监控系统必须建立在目前的经济技术水平和管理水平的基础上，做到实际可行，同时保证其先进性，尽量适应环境管理制度实施的要求。

（4）保障与现行相关规范的协调一致性

目前，国家制定了一些大气、水、环境污染源自动监控相关的技术规范，这些都是环境风险源监控系统应用的技术基础。虽然环境风险源监控系统的建设提出了更高的技术要求，但必须与现行标准规范相衔接和配套，重点抓住环境风险源监控的代表性，使环境风险源监控管理更规范有效。

（5）保障发挥监控网络的作用

监控系统用户进行分级管理，充分调动环境风险源所属企业的积极性，明确其责任，充分发挥企业自检自测功能，使其了解自身对环境风险应负的责任，提高其环境风险防范意识。落实环境保护部门的责任，强化网络化监管，真正实现信息共享，并为将来物联网在环境领域更广泛的应用打好基础。

（6）保障监控系统的监控质量

与常规环境浓度监测不同，环境风险源监控不仅对人员、实验室质量控制等有要求，对数据采集频次、传输时间等过程的质量保证都应有所规定。通过对数据采集频次的优化、传输时间的标准化等质量管理，使风险源监控真正做到全过程质量控制。

4.5.2 技术规范主要内容

《环境风险源监控系统技术规范》（建议稿）的部分内容设置与我国颁布的其他监测技术规范相似，主要包括前言、规范适用范围、规范性引用文件、术语和定义、监控系统构成、监控子站、质量控制与系统维护实验室及监控中心设计要求、监控参数选取及仪器设备技术要求、布点原则、监控数据采集、传输、处理和储存技术要求、监控平台功能设计、监控质量保证与质量控制，以及监控系统维护与管理等。其中监控系统构成、监控参数选取、布点原则、传输技术要求和监控平台功能设计与现存大气或水监测技术规范存在很大不同，体现了风险源监控的特点。

4.5.3 适用范围

该技术规范主要适用于通过《重大环境风险源识别导则》（建议稿）确定的存在重大气态或液态环境风险源的企事业单位、国家级和省级（自治区、直辖市）控制断面（或垂线）以及重要大气或水环境敏感目标的参数监控；不适用于存在生物安全事故和辐射安全事故风险的单位，不适用于地下水体的监控。所制定的技术规范可用于国家和地方各级环境保护部门以及其他相关单位指导本区域内环境风险源监控管理服务，提高环境污染事件的预防能力，有效减小环境污染事件造成的社会、环境和经济损失，防范风险。

4.5.4 监控系统的构成

建立先进的环境风险源监控体系要做到监控数据准确、参数代表性强、数据传输及时，做到全面反映风险源及周边环境敏感受体的状况和变化趋势，准确预警和及时响应各类环境突发事件，满足环境风险管理需要。如果仅仅采取现场简单的仪表监测，或现存的常规污染参数监测，或以人工督查的方式，从效率、响应速度和长期工作可靠性上都不能满足监控预警的功能需求。本监控系统涉及安全和环境参数，目前安全监控方面已经出现了基于工控机、PLC 和 FCS（总线控制系统）等不同结构监控系统，规范应兼容这些系统。因此，《环境风险源监控技术规范》（建议稿）的编制不是针对现场监控仪器和设备，而是综合考虑系统功能需求，以及各种硬件结构的共性（詹宏昌和陈国华，2003），按照“数据采集—传输—处理—应用”的信息处理思路，结合“前端传感器—数据采集传输—分析处理—集成应用平台”这一体系架构特点，设计出基本系统结构。

一般地，监控系统由前端监控设备、基础硬件、监控软件、数据库、集成应用模块等多个部分构成，如图 4-16 所示。前端监控设备是进行风险源动态监控的硬件设备，主要包括环境参数和安全参数的传感器、移动定位设备、射频标签和数据采集等硬件设备。基础硬件主要包括通信服务链路以及监控中心配置的各种服务器以及网络设备，其中数据的网络传输可以采用有线专网或者无线 3G 网络。监控软件是系统体系的基础平台，包括操作系统、数据服务平台软件、地理信息系统平台软件以及其他的中间件服务等。在软件平台的基础上，构建数据库，包括基础地理信息数据、监控数据、风险源数据等内容。应用

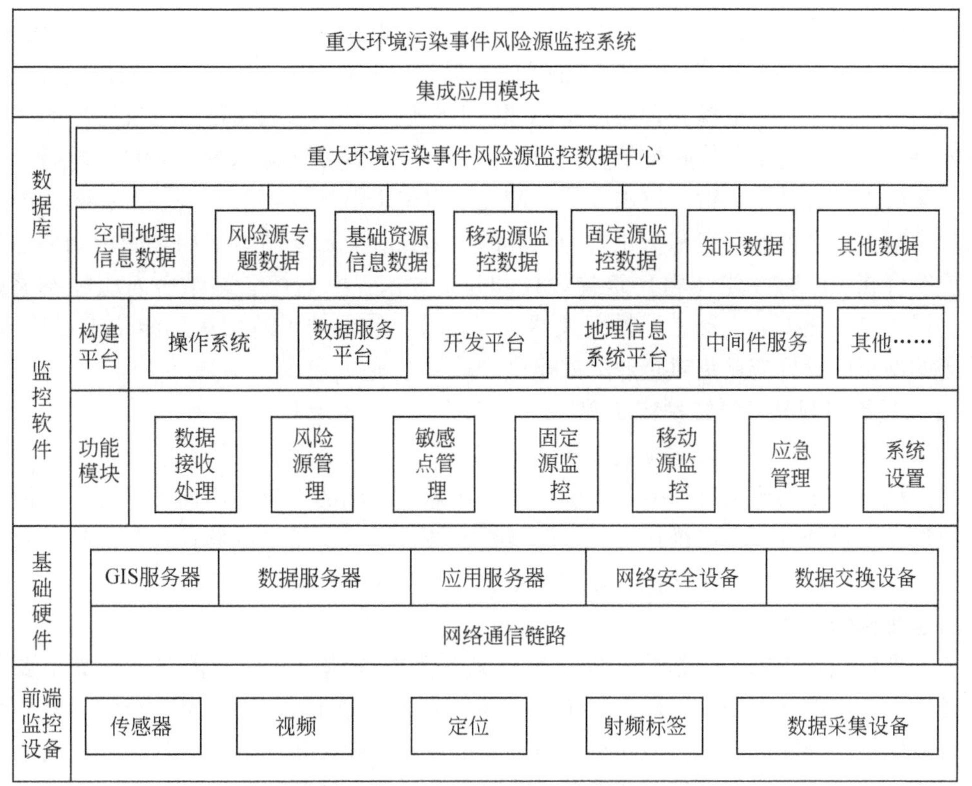

图 4-16　环境风险源监控系统结构

系统模块是为环境保护监管部门提供服务的具体应用，包括数据管理、监控预警等各个模块。监控系统的顶层是集成应用模块，通过系统的集成门户提供风险源监控管理能力的服务。但是，规范并不限定每个监控系统都要包括所有的部分。如果采用有信息采集传输功能的监控传感器，系统中可以不配置专门的数据采集设备。规范也不限定采用何种硬件类型或网络传输形式，主要满足系统要求即可。

在硬件上，环境风险源监控系统由监控子站、质量控制与系统维护实验室、监控中心三大部分组成。

(1) 监控子站

监控子站直接与前端的传感器相连，主要是对重大环境风险源及其环境敏感受体的监控数据进行采集，通过有线或无线通信设备，定期或按指令向监控中心传输监控数据和监控设备运转状况的信息。

为了保证前端传感器、监控子站的功能能够有效发挥，在设计和构建时需要满足如下要求：①新建监控子站站房面积应以保证操作人员方便地操作和维修监控设备为原则，不小于 10 m^2，监测站房应尽量靠近采样点，与采样点的距离不宜大于 50 m；②站房应密闭，安装空调，保证室内清洁，环境温度、相对湿度和大气压等应符合《工业过程测量和控制装置工作条件第一部分：气候条件》（GB/T 17214.1—1998）（国家技术监督局，1998）的要求；③站房供电系统建议采用三相供电、分相使用，监控设备供电线路应独立走线，应配有电源过压、过载和漏电保护装置，应配有稳压电源，电源电压波动不超过（220±10%）V。供电系统应能提供足够的电力负荷，不小于 5 kW，有条件时，配备不间断电源（UPS）；④站房应有防雷电和防电磁波干扰的措施，站房应有良好的接地线路，接地电阻<4 Ω；⑤各种电缆和管路应加保护管铺于地下或空中架设，空中架设电缆应附着在牢固的桥架上，并在电缆和管路以及两端作上明显标志，电缆线路的验收还应按《电气装置安装工程电缆施工及验收规范》（GB 50168–92）（国家能源部等，1993）执行；⑥监控子站站房内应有合格的给、排水设施，应使用自来水清洗仪器及有关装置；⑦监控子站站房应有完善、规范的防盗和防止人为破坏的设施；⑧监控子站站房如采用彩钢夹芯板搭建，应符合相关临时性建（构）筑物设计和建造要求；⑨监控子站站房内应配备灭火器箱、手提式二氧化碳灭火器、干粉灭火器或沙桶等；⑩监控子站站房不能位于通信盲区，监控子站站房的设置应避免对企业的安全生产造成影响。

（2）质量控制与系统维护实验室

质量保证是确保环境风险源监控系统监控结果正确可靠的必要措施。性能质量再好的仪器，如没有严格的质量管理措施也不会产生可靠、准确的数据。因此，环境风险源监控系统要设立质量控制与系统维护实验室，定期或按指令对各子站的监控设备进行标定、校准和主要技术指标的运行考核；对监控设备进行日常保养和维护；按指令对发生故障的监控设备进行检修和更换。

为了保证质量控制与系统维护实验室有效地发挥作用，其构建需要满足如下要求：①实验室大小应能保证操作人员正常工作，使用面积一般不小于 30 m^2。②实验室应配置一定数量的工作台和储存柜，工作台应有充足的采光。建议每个分析人员在实验台的工作范围不少于 2 m。③实验室内应安装温湿度控制设备和通风装置，使实验室温度能控制在(25±5)℃，相对湿度控制在 80% 以下。④实验室应配有电源过压、过载和漏电保护装置。应配有稳压电源，电源电压波动不超过（220±10%）V，实验室应有良好的接地线路，接地电阻<4 Ω。⑤应设置用于清洗器皿和物品的清洗池，清洗池安装位置应远离干燥操作的工作台。⑥精密天平应放置在独立的天平间中。天平间应有恒温、恒湿和防震措施。

上述是针对硬件建设提出的要求，在具体监控质量保证和质量控制方面还需要做好如下工作：①操作人员按国家相关规定，经培训考核合格，持证上岗；②在线监测仪器应通过检定或校验，在有效使用期内，应具备运行过程中定期自动标定和人工标定功能，以保证在线监测系统监测结果的可靠性和准确性；③建议采用有证的标准样品，若考虑到运行成本采用自配标样，应用有证的标准样品对自配标样进行验证，验证结果应在标准值要求范围内；④每周用国家认可的质控样对监控仪器进行一次标样核查，结果应满足性能指标要求，若不符合，应重新绘制校准曲线，并记录结果；⑤每季至少进行一次重复性试验、零点漂移和量程漂移试验，结果应满足性能指标要求，若不满足，应立即重新进行第二次校验，连续三次结果不符合要求，应采用备用仪器监控；⑥数据有效性，分为几种情况进行相应的处理，包括：当采样流量为零时，所得的监测值为无效数据，应予以剔除；监控值为负值无任何物理意义，可视为无效数据，予以剔除；在自动监控仪校零、校标和质控样试验期间的数据作无效数据处理，不参加统计，但对该时段数据作标记，作为监测仪器检查和校准的依据予以保留；自动分析仪、数据采集传输仪及上位机接收到的数据误差大于1%时，上位机接收到的数据为无效数据；监控值如出现急剧升高、急剧下降或连续不变时，该数据进行统计时不能随意剔除，需要通过现场检查、质控等手段来识别，再做处理；具备自动校准功能的自动监测仪在校零和校标期间，发现仪器零点漂移或量程漂移超出规定范围，应从上次零点漂移和量程漂移合格到本次零点漂移和量程漂移不合格期间的监测数据作为无效数据处理；从上次比对试验或校验合格到此次比对试验或校验不合格期间的在线监测数据作为无效数据。

（3）监控中心

监控中心的职责是判断监控数据的有效性及监控设备的运转状况；环境污染事件报警和设备故障报警；对监控数据进行统计分析处理；对所有子站的有效监控数据和统计分析数据进行集中储存和备份。监控中心是监控系统中最重要的功能展示处理中心，其设计构建需要满足如下要求：①监控中心的大小应能保证操作人员正常工作，使用面积一般不小于30 m^2。②监控中心应采用密封窗结构。有条件时，门与机房间可设有缓冲间，防止灰尘和泥土带入机房。③监控中心内应安装温湿度控制设备，使机房温度能控制在（25±5）℃，相对湿度控制在80%以下。④监控中心供电系统应配有电源过压、过载和漏电保护装置，电源电压波动不能超过（220±10%）V。监控中心要有良好的接地线路，接地电阻<4 Ω。有条件时，配备UPS电源。⑤监控中心应配备专用通信线路，有条件的地方建议至少配备两条以上的程控电话线路。

4.5.5 监控参数的选取

监控参数的选取是监控系统构建的基础。监控参数主要指一系列能敏感清晰地反映重大环境风险源及周边环境敏感受体基本特征及环境风险变化趋势的并相互印证的项目，根据所监控各指标的动态数值来测定风险源的风险高低，确定预警区间，发出预警信号，对风险源状况提出预警，从而达到防范事故的目的。规范研究过程中，根据对重大环境污染事件的统计分析，根据环境风险源分类分级研究结果，确定监控参数主要分为源状态参数、环境参数、特征风险物质浓度参数、水质综合参数和生物综合毒性参数，以及视频、音频信号参数等。

1）源状态参数，主要有温度、压力、液位、视频、位置和流量等最基本的安全监控参数。

2）环境参数，主要有气温、气压、风向、风速、湿度、太阳辐射等大气物理参数，与风险源的传播、扩散有密切关系，既应监测源环境参数，也应监测源周边环境敏感受体的情况。

3）特征风险物质浓度参数，分为气态特征风险物质和液态特征风险物质，主要检测容器、装置或排放口等风险源泄漏的情况。气态特征风险物质主要包括SO_2、NO_x、CO、CS_2、F_2、Cl_2、$COCl_2$、NH_3、PH_3、HCN、HF、HCl、H_2S、砷、镉、铬、汞、铅、脂肪烃、环氧烃、苯系物、取代苯、卤代脂肪烃、醛、酮、醚、醇、酸、酯、腈类等；液态特征风险物质主要包括氰化物、氟化物、硝酸盐、亚硝酸盐、铜、锌、硒、砷、镉、铬、汞、铅、脂肪烃、卤代脂肪烃、醛、酮、醚、醇、酸、酯、腈类、苯系物、取代苯、萘等。

4）水质综合参数和生物综合毒性参数，主要是针对风险源化学物质种类繁多、无条件全部定性、定量监测而确定的监控参数，可通过UV 254、UV-VIS（紫外可见分光光度计）、TOC、石油类、挥发酚，或水生细菌发光强度、大型蚤的游动状态和鱼类呼吸来判断风险情况，以此达到监控预警的目的。

5）视频、音频信号参数，有颜色的气体和风险物质装卸区用视频监控，在风险源区域接音频信号，对异常声音报警。

规范给出类别和范围，并不限定监控系统必须涵盖所有的参数，具体情况具体分析。其中，特征风险物质的筛选需根据危险化学品相关行业风险源所涉及化学物质的理化性质，参考大气环境和水环境污染物黑名单和环境有害化学品的手册名录来进行。

4.5.6 监控布点原则的确定

监控布点涉及监控数据的有效性和监控系统构建的经济性等，在整个监控系统构建过程中都极其重要。规范的编制不需要确定具体的监控点位和数量，但是应结合监控指标，充分考虑环境风险源监控系统运行的经济性、尽量降低运行费用，按照因地制宜、分类指导的方针提出监控点布设原则，要针对风险源及受体采取分级分类布点，主要有如下几个方面。

1）对于风险源，如果风险物质浓度高，风险大，布点数量相对多；

2）对于周边环境敏感受体，由于风险物质浓度低，且多属于未知风险物质，布点数量相对较少；

3）对于重大和较大环境风险源，布点不仅在风险源所占区域，还要对周边敏感受体进行布点；

4）对于一般环境风险源，只针对环境风险源所在区域进行布点。

4.5.7 监控系统传输层技术要求

监控系统传输层主要功能是数据的采集、传输和处理，在建设时要充分考虑经济成本和传输的稳定性、可靠性。经调查研究发现，无线（GPRS、CDMA）方式和以太网方式是目前最经济、最可靠的通信方式，也是目前采用最多的通信方式，因此，《环境风险源监控技术规范》（建议稿）要求构建环境风险源监控系统时必须支持其中一种。除此之外，技术规范还需要确定其基本功能和技术要求。

（1）传输层基本功能要求

传输层需满足的基本功能要求包括：① 能实时采集监控仪器及辅助设备的输出数据；② 能对采集的数据进行处理、存储和显示，适合模拟信号、数字信号等多种信号输入方式，兼容多种水质在线监测仪器的通信协议；③ 能对所存储数据进行分析、统计和检索，并以图表的方式表示出来；④应能够设置三级系统登录密码及相应的操作权限；⑤应具有数据处理参数远程设置功能，如可以通过上位机设定或修改采样数据的量程，监测参数报警值的上、下限等；⑥应具有数据打包和远程通信功能；⑦ 应具有多种远程通信方式，如定时通信方式、随机通信方式、实时通信方式、直接通信方式等；⑧ 低功耗和交直流两用；⑨应具有自检和故障自动恢复功能；⑩ 上位机可通过数据采集传输仪进行远程遥控，启动现场在线监测仪器按照要求进行工作；⑪能运行相应程序，控制在线监测仪器及辅助设备按预定要求进行工作；⑫在恶劣的工作环境条件下，如当监测站房内有腐蚀性气体存在、房内气温较高时等，数据采集传输仪仍可稳定运行；⑬具有断电数据保护功能；

⑭实时监视在线监测仪器工作状况，当其出现故障时，重启该仪器，重启失败时即时报告故障信息。

(2) 传输层数据采集传输仪性能指标及技术要求

监控系统传输层的性能优劣直接影响监控系统的运行效果。传输层中，数据采集仪是最基础的硬件，但是目前数据采集仪生产厂家较多，在性能指标方面没有统一尺度，使用户难于比较、难于选择；其中通信协议、模拟量输入、数字量输入、通信串行接口、人机界面和平均无故障连续运行时间是数据采集仪最主要的性能指标，技术规范有必要对其性能和技术特点提出要求，见表4-11。

表4-11 数据采集传输仪性能指标及技术要求

性能指标	技术要求
通信协议	应符合《污染源在线自动监控（监测）系统数据传输标准》（HJ/T 212—2005）（国家环境保护总局，2006）规定的要求
工作温度和湿度	0～50℃，0～95%相对湿度（不结露）
模拟量输入	电流输入：4 ～20 mA，光电隔离，输入阻抗≤250 Ω；电压输入：0～10 V，光电隔离，输入阻抗>10 MΩ；通道数应为8路及以上，A/D转换分辨率应至少为12 bit或以上
数字量输入	通道数应为8路及以上，光电隔离
继电器输出	通道数应为4路及以上，触点容量为AC 250V、1A。上述输入、输出端口应各有不少于2路冗余作为备用端口
通信串行接口	1路RS-485和2路及以上RS-232，并有1路RS-485和2路RS-232备用
内部时钟	应有独立电池供电，走时误差优于± 0.5 s/24h
通信波特率	300/600/1 200/2 400/4 800/9 600/19 200 bps，可用软件调节设置
人机界面	10in① 及以上TFT液晶显示器，具有键盘输入功能（当使用触摸屏时，可省去）
平均无故障连续运行时间	>17 000 h

① 1in=2.54cm。

(3) 传输层的数据储存

1）采集数据的存储格式应为常用的格式，如TXT文件、CSV文件或数据库等格式，如果使用加密文件的专用格式，应公开其格式并提供读取数据的方法和软件；

2）在存储监控数据时，应包括该数据的采集时间和对应的样品采集时间，同时存储该数据的标记、标注信息（如电源故障、校准、设备维护、仪器故障、正常等），并向上位机发送上述3类数据；

3）数据储存容量大小应满足：当所有的数据输入端口全部使用时保存不少于12个月（按每分钟记录一组数据计算）的历史数据（包括监测数据和报警等信息）。数据采集传输仪存储的数据可以在需要时方便地提取，并可以在通用的计算机中读出。

4.5.8 监控软件平台功能设计

规范在明确监控系统基本结构的基础上，进一步设计监控平台的功能，如图4-17所

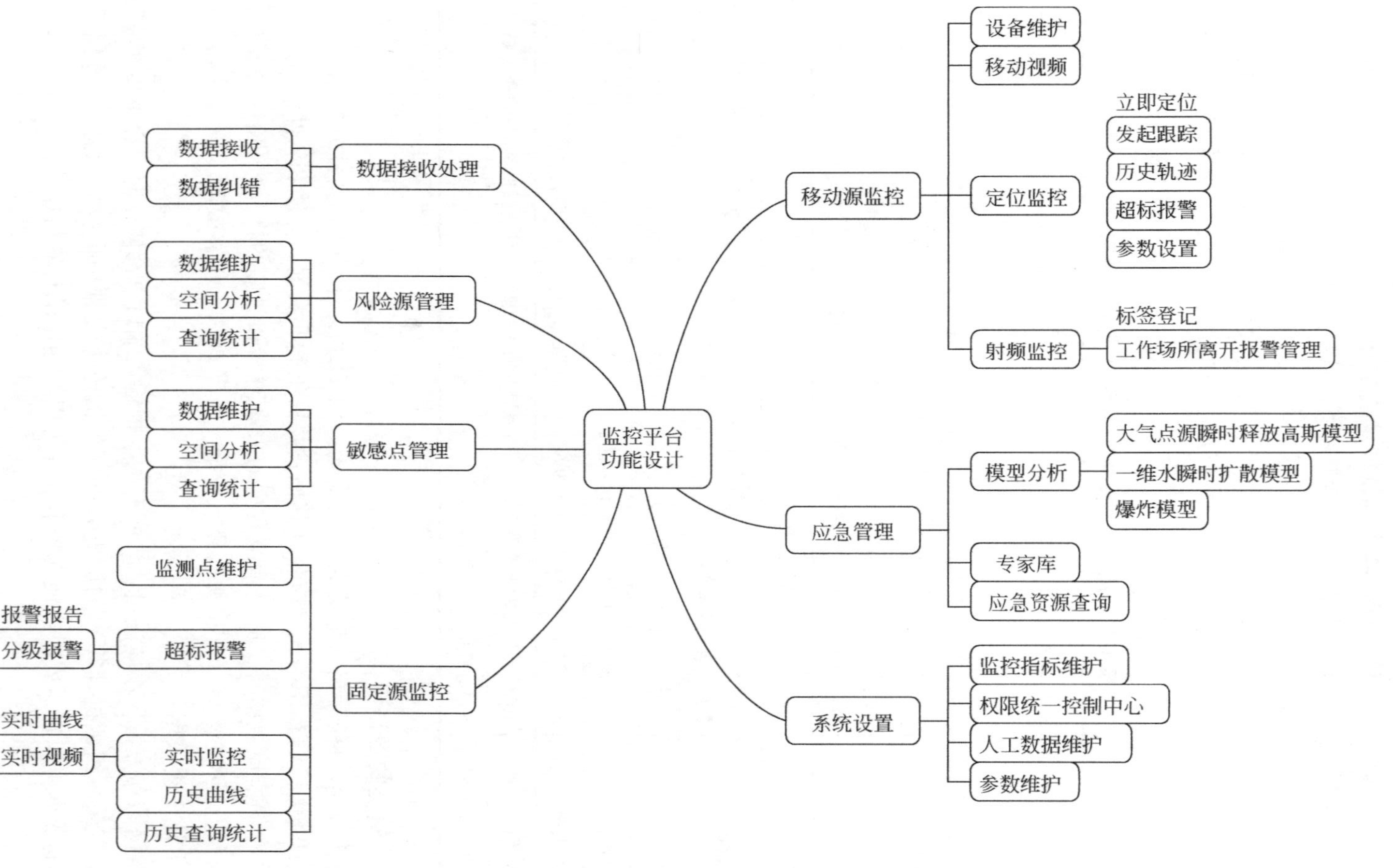

图 4-17　环境风险源监控系统平台功能设计

示。监控平台是监控软件为源所属区域管理委员会及环境保护监管部门提供服务的具体应用，由数据接收处理、风险源管理、敏感点管理、固定源（包括气态源和液态源）监控、移动源监控、应急管理和系统设置等模块组成。其中数据接收处理包括对各种前端监控的模拟量、视频信号和音频信号等进行接收、分析，对异常情况进行报警等。规范应明确监控数据采集频率可调整，数据处理带有时间信息，信息显示应多样化、可视化，包括摘要性的数值、列表、图形或图像等。风险源及敏感点管理模块具有属性数据增删查改和空间缓冲分析功能，固定源及移动源监控模块可实现 GIS 交互实时视频和参数监控、污染事件报警和监控历史曲线查询功能，应急管理模块具有模型分析（大气二维模型、水质一维模型、爆炸模型）、应急专家和应急资源查询功能，系统设置模块的功能是对监控系统的用户信息、角色信息、日志信息、权限信息和数据信息等进行管理。

规范不限定监控系统软件开发的平台和语言，但是建议选择通用开放、成熟可靠的技术，使系统的界面友好、结构清晰、流程合理、功能一目了然，菜单操作充分满足用户的视觉流程、使用习惯，并且易于维护。监控平台应在 GIS 上标注监控点的位置，可以显示实时监控数据与视频图像等。点击具体的监控设备或传感器等，可以显示简要基本信息和监控数据，并具有详细信息选择菜单。其中监控数据显示内容主要包括实时数据、最大值、最小值、平均值及相关信息、报警级别及报警限值等，图形显示内容主要是监控数据的实时曲线、历史曲线等。规范对坐标、图示和显示信息的位置、形式等给出统一的要求。

4.5.9 其他

现有的环境在线监测管理系统中，信息的有效利用率低，部门内部以及部门之间信息与业务流程衔接不紧密，各类信息系统相对独立，信息汇总与实时处理能力弱，“信息孤岛”问题突出。网络的互通互联是实现系统各部分集成的前提和基础，为了使环境风险源监控系统将来能有效地融合在大环境领域物联网内，需要对网络集成进行统一规范，采用标准协议实施建设，采用适用的交换技术实现数据的交换和共享。

此外，技术规范对设备及系统的工作稳定性做出规定，传感器类仪器的连续在线监测稳定性试验时间不小于 30d，监控系统集成后工作稳定性通电试验时间不小于 7d。试验期间，传感器类仪器和系统性能应符合标准以及各自企业产品标准的规定。规范还需要对系统维护和管理等做出相关的规定，保证环境风险源监控系统的稳定有效运行。

4.6 重点环境风险源监控技术库

4.6.1 监控技术库总体设计

根据环境风险源特征污染物以及常规参数监控指标体以及监控技术方法的特点，完成环境风险源监控技术库的总体设计。通过环境风险源监控技术库的国内外调研，结合国家规定的标准方法或国际上公认的标准分析方法的要求，共收集整理了 120 余种监控仪器设备信息，建立了源状态参数、气象参数、气体浓度、水质常规五参数、液体浓度、水质综合数据、水生物毒性数据以及移动源等几个方面的环境风险源监控技术库。

1）源状态参数数据库主要为仪器基本信息，主要包括仪器名称、生产厂家、联系方式、监测参数、测量范围、测定精度、电力供应、价格范围以及数据传输等信息。

2）气象参数数据库主要包括仪器名称、生产商、联系方式、监测参数、数据传输、电力供应、价格范围、适用范围、空气温度、空气湿度、光照强度、风速、风向、大气压力、雨量等信息。

3）气体浓度数据库主要包括仪器名称、生产商、联系方式、检测原理、检测物质范围、检测浓度范围、检测下限、测量周期（响应时间）、灵敏度、精确度、准确度、零点漂移、跨度漂移、干扰因子、采样流量、软件平台、数据传输、数据存储量、前处理、校准、耗材、维护、尺寸、重量、电力供应、操作温度、是否具有故障自动报警功能、长期运行性能、价格范围、应用案例、综合评估、方法、是否自动、部件、试剂、周期等信息。

4）水质常规五参数数据库主要包括仪器名称、生产商、联系方式、监测参数、数据传输、价格范围、其他特点、水温、pH、溶解氧、电导率、浊度等信息。

5）液体浓度数据库主要包括检测浓度范围、检测下限、测量周期（响应时间）、灵敏度、精确度、准确度、零点漂移、跨度漂移、干扰因子、采样流量、软件平台、数据传输、数据存储量、前处理、校准、耗材、维护、尺寸、重量、电力供应、操作温度、是否具有故障自动报警功能、长期运行性能、价格范围、应用案例、综合评估、仪器产地和厂家、方法、是否自动、周期、部件、试剂等主要信息项目。

6）水质综合数据库主要包括检测浓度范围、检测下限、测量周期（响应时间）、灵敏度、精确度、准确度、零点漂移、跨度漂移、干扰因子、采样流量、软件平台、数据传输、数据存储量、前处理、校准、耗材、维护、尺寸、重量、电力供应、操作温度、是否具有故障自动报警功能、长期运行性能、价格范围、应用案例、综合评估、仪器产地和厂家、方法、是否自动、部件、试剂、周期等信息项目。

7）水生物毒性数据库主要包括检测浓度范围、检测下限、测量周期（响应时间）、灵敏度、精确度、准确度、零点漂移、跨度漂移、干扰因子、采样流量、软件平台、数据传输、数据存储量、前处理、校准、耗材、维护、尺寸、重量、电力供应、操作温度、是否具有故障自动报警功能、长期运行性能、价格范围、应用案例、综合评估、仪器产地和厂家、方法、是否自动、周期、部件、试剂等基本信息。

8）移动源数据库主要包括监控方式、公司名称、型号、尺寸、重量、电源要求、镜头焦距、日夜模式、工作温度、通信协议和应用情况等基本信息。

环境风险源监控技术库工具包可实现的功能：根据各业务模块，综合查询各种环境风险源的监控仪器设备信息。根据需要查询的特征污染物类型，点击对象，可查询到仪器的监测项目、检测原理、检测范围、灵敏度、精确度、准确度等信息，可根据用户的实际需求，选择最佳监控仪器设备，该监控技术库为环境风险防范管理时环境保护监测部门的仪器选择提供依据。

4.6.2　监控技术方法优选

根据监控技术库开发需要，结合实际风险源监控监测需求，明确入库特征污染物以及综合指标等，并搜集相关监控技术方法进行筛选。固定环境风险源监控技术方法是从常规参数、无机物、有机物、水体综合毒性等方面进行考虑，对具体监控指标分析时所采用的技术方法进行推荐，并比较每个在线监控方法的优缺点。移动环境风险源监控设备的研究主要从移动视频终端选型及测试、定位系统选型及测试、射频标签设备选型及测试以及数据采集设备的确定方面开展。

下面围绕常规参数、无机气体、无机离子、有机气体水中有机物和水体综合毒性6个方面优选监控技术方法。

(1) 常规参数

常规参数包括：①水温。铂电阻法、热敏电阻法。②浊度：光透射法、光散射法。③pH、电导率、溶解氧（DO）、氧化还原电位（ORP）：电极法。

(2) 无机气体

无机气体包括：①氨气。电化学传感器（ECS）、分光光度法。排放源推荐用ECS，环境受体推荐用分光光度法。②氯化氢、硫酸：ECS、分光光度法、离子色谱法（IC）。酸雾多形成于排放源附近，推荐用ECS。③氮氧化物：ECS、分光光度法。排放源推荐用ECS，环境受体推荐用分光光度法（中国、日本、美国三国广泛应用的自动监测方法）。

(3) 无机离子

无机离子包括：①六价铬。分光光度法、阳极溶出伏安法（ASV），排放源推荐用分光光度法，环境受体推荐用ASV。②氰化物、氟化物、硝酸盐：离子选择电极法（ISE）、分光光度法、IC。排放源推荐用ISE，环境受体推荐用IC。无机离子在线监测方法比较见表4-12。

表4-12　无机离子在线监测方法比较

在线监测方法	优点	缺点
电化学法［ECD（电子捕获检测器）、ISE］	体积小、价格低、量程大（适合监测高浓度样品）	需定期校准、更换电极
分光光度法	多为国标方法，灵敏度较高	试剂繁多，测量周期长
阳极溶出伏安法（ASV）	较成熟，可靠性高	占地大，需定期更换药品
离子色谱法（IC）	可同时测多种离子，灵敏度高	价格较高

(4) 有机气体

催化燃烧检测器（CCD）、非分散红外（NDIR）传感器、金属氧化物半导体（MOS）传感器、电化学传感器（ECS）、火焰离子化检测器（FID）、光离子化检测器（PID）、表面声波（SAW）传感器、石英晶体微天平（QCM）传感器（韩璐等，2014）。CCD和NDIR缺乏足够的灵敏度，MOS易受温湿度影响、容易“中毒”且不易清洗，FID体积和重量大、需配氢气瓶，SAW和QCM技术较新、稳定性差、依赖算法。由表4-13可知，相比而言，ECS和PID在实际应用方面更适合于环境风险源。

表 4-13　有机气体在线监测方法比较

在线监测方法	优点	缺点
CCD、NDIR	体积小、可靠性高、价格低	灵敏度不够，只能反映爆炸性、不能反映毒性
MOS	体积小、价格低	易受温湿度影响，容易“中毒”且不易清洗
ECS	体积小、灵敏度较高、价格较低	电极寿命不长
FID	线性好、灵敏度很高	体积和重量大、需配氢气瓶
PID	体积小、灵敏度高、应用面广	不具物质识别功能
SAW、QCM	体积很小	稳定性差、依赖算法

（5）水中有机物

1）UV 254、UV-VIS 200～750：紫外、可见光吸收光谱法。（UV254：水中一些有机物在 254mm 波长紫外光下的吸光度；UV-VZS：紫外可见吸收光谱。）

2）总有机碳（TOC）：①国家标准方法，催化燃烧氧化-NDIR（推荐）；②欧美方法，UV 催化-过硫酸盐氧化-非分散红外光度法、UV-过硫酸盐氧化-离子选择电极法、加热-过硫酸盐氧化-非分散红外光度法；③日本方法，UV-TOC 分析计法。

3）石油类：红外法、NDIR、紫外法、荧光法。紫外法和荧光法只针对芳香族和含共轭双键的化合物，NDIR 只针对烷烃，红外法则都考虑到了。推荐用红外法（国家标准方法）。此外，还有一种光发散技术，可用于 mg/L 级浓度的测量。

4）挥发酚：分光光度法、顶空气相色谱（HS-GC-FID）（马兴华等，2010）、吹扫捕集气相色谱（PT-GC-FID）。排放源推荐用分光光度法，环境受体推荐用色相光谱（GC）。

5）挥发性卤代烃：顶空气相色谱（HS-GC-ECD）、吹扫捕集气相色谱（PT-GC-ECD）、膜进样飞行时间质谱（MI-VUV-TOF-MS）。

6）苯系物：紫外吸收光谱、拉曼光谱（Raman）、激光诱导荧光光谱（LIF）、气相色谱（GC-FID）、膜进样飞行时间质谱（MI-VUV-TOF-MS）（俞博凡等，2010b，2011）。Raman 需要结合信号增强技术，LIF 定性定量技术尚不成熟，GC 前处理步骤复杂。比较而言（表 4-14），紫外吸收光谱法设备成本低、应用范围广、适合分析芳香烃总量，飞行时间质谱（TOF-MS）分析速度快、自动化程度较高、可同时定性定量，故推荐用此二法。

表 4-14　苯系物在线监测方法比较

在线监测方法	优点	缺点
红外吸收光谱	可精确分析未知分子的结构	对水分子敏感，水样需要经过溶剂萃取
紫外吸收光谱	较成熟，可靠性高，价格低	只能确定具有特定结构物质的总量
激光诱导荧光光谱	可遥测（非浸入式）	只能确定具有特定结构物质的总量，价格较高
拉曼光谱	可遥测（非浸入式），不受浊度影响	灵敏度低，需要结合表面增强技术（SERS）
气相色谱	成熟，定量精确	消耗载气，前处理复杂、耗时
飞行时间质谱	分析速度快，灵敏度较高，可测分子量无上限	价格较高，进样膜有待改进
微生物电极	体积小、价格低	可靠性低（微生物培养、存活问题）

(6) 水体综合毒性

对水环境受体来讲，风险物质种类繁多，采用敏感水生生物对水体综合毒性进行在线监测，可起到水环境污染事件预警的作用。监测生物主要有（表4-15）发光细菌、微生物燃料电池、水蚤、蚌类、鱼类，它们对化学战剂、氰化物、重金属、农药等急性毒性物质较为敏感。微生物燃料电池应用较少，发光细菌毒性监测仪较成熟、标准化程度高，鱼类毒性监测仪较廉价、但其行为与污染物的作用关系有待进一步研究，推荐使用发光细菌毒性监测仪。

表4-15 综合毒性在线监测方法比较

在线监测方法	优点	缺点
发光细菌	很成熟，标准化程度高，为各国所承认	耗材（细菌干粉和培养基）价格高
微生物燃料电池	微生物培养成本低	应用较少
水蚤	可选择的生物种类较多	行为与污染物的作用关系有待进一步研究
蚌类	对污染物较敏感，可通过贝壳开关	需要模拟底栖环境
鱼类	设备与耗材（鱼苗）价格低	行为与污染物的作用关系有待进一步研究

4.6.3 监控技术库构建

环境风险源监控技术库中的监控技术主要包括固定源（包括气态源和液态源）与移动源监控技术，总体监控技术体系如图4-18所示。

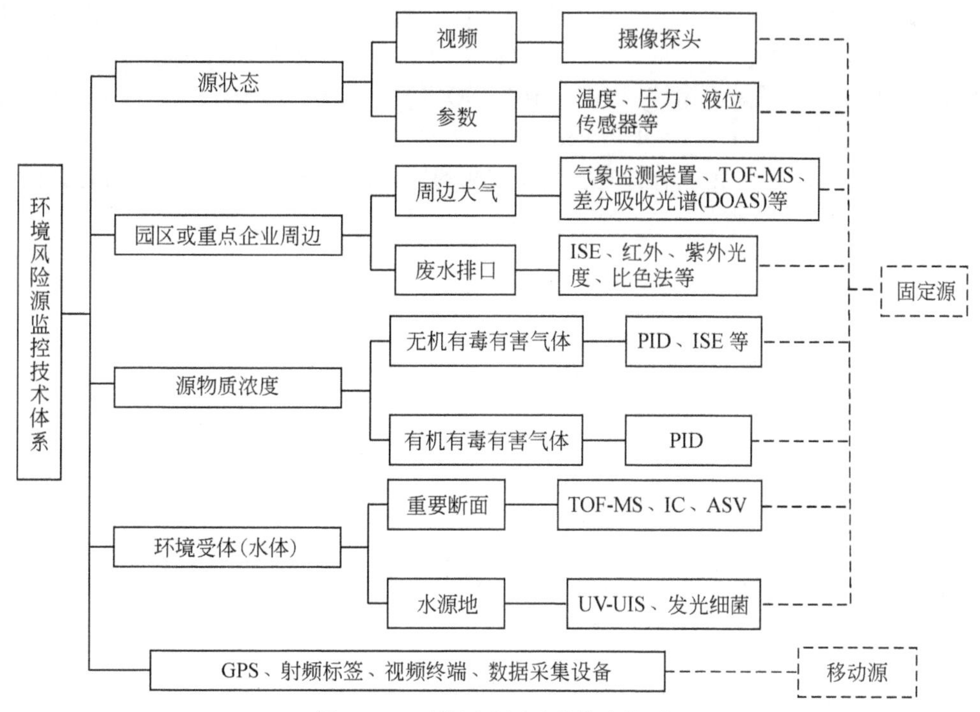

图4-18 环境风险源监控技术体系

对于重大气态环境风险源，针对环境敏感受体采用区域式监测技术，针对气象条件、源状态和源物质浓度指标采用点式监测技术。对于重大液态环境风险源，针对环境敏感受体主要采用综合毒性监控技术，针对环境风险源的源状态、源物质浓度和综合指标采用点式监测技术。

特征风险物质浓度和综合指标的监控技术主要是采用点式法，方法主要有爆炸下限（lower explosion limited，LEL）检测器法、电化学检测器法、FID 检测器法、PID 检测器法、红外吸收仪法、离子迁移普法、基于 VUV 的飞行时间质谱仪法等。

1. LEL 检测器

一般，LEL 检测器测量的是爆炸性而不是毒性，其工作原理为：可燃性气体与预热的 Pt-Pd 催化剂相接触，可在爆炸下限以下燃烧反应，从而产生热量，铂丝线圈随着温度的上升，其电阻值也上升，则铂丝电阻的变化即为可燃性气体浓度的变化。

由于很多挥发性有机化合物（VOC）即使在其浓度远远低于 LEL 检测器灵敏度时就已经具有了很大的毒性，因此重大气态环境风险源物质浓度的监测分析不适合采用 LEL 检测器。

2. 电化学检测器

电化学检测器是利用有毒有害气体同电解液反应产生电势差的方式来对常见的有毒有害气体进行检测的元件，其工作原理为：被测气体由进气孔扩散到工作电极表面，在工作电极、电解液、电极之间进行氧化还原反应。其反应的性质依工作电极的电极电位和被分析气体的化学性质而定。常见的电化学传感器可以检测 CO、H_2S、NO、NO_2、SO_2、Cl_2、NH_3、HCN 等多种无机有毒有害气体。被分析气体为 SO_2、CO、H_2S、NO 等时发生氧化反应，被分析气体为 NO_2、Cl_2等时发生还原反应。可测定的气体种类和测量范围如下：0 ~ 1000 ppm（AsH_3、乙硼烷、锗烷、HCN、HF、NO_2、SO_2、硅烷）、0 ~ 50 ppm（H_2S）、0 ~ 100 ppm（NH_3、CO、NO）、0 ~ 4%（H_2）、0 ~ 25%（O_2）。

电化学检测器应用于无机有毒有害气体监测的较多，一般使用 2 年后，需要更换新的传感器。

3. FID 检测器

FID 检测器，不具备选择性，线性非常好。但是需要配置一个氢气瓶，具有不安全因素，不适合重大气态环境风险源点式监测分析。

4. PID 检测器

PID 检测器，可检测极低浓度（0 ~ 2000 ppm）的 VOC 和其他有毒气体。可连续测量、宽范围检测。PID 检测器可以看成是带一个分离柱的气相色谱仪，应用范围很广。

PID 不是一种具有选择性的检测器，它区分不同化合物的能力较差，一般是作为单因素监测仪。

5. 红外吸收仪

红外吸收仪主要是基于不同气体对红外光的选择性吸收来测定气体浓度。红外吸收仪内的旋转滤光轮可以提供精良的选择性，光源发出的红外光定向地通过旋转滤光轮，滤光轮上有密封的气室，气室内分别密封有参照气体和惰性气体。红外光照射到透镜上以后形成平行光，然后通过选择特定区域光的滤波器和含有被测气体的气室。最后再通过透镜被聚焦到一个固态检测器上。检测器收到的脉冲信号将随着光程上密封气室的不同而产生不同的振幅。通过比较这些脉冲信号，就可以得到气体浓度的精确测量值。红外吸收仪可以同时测量多种气体浓度，但是在使用过程中需要使用样气。

6. 离子迁移普

同时在线监测多种有机污染物、体积小、结构简单、适合半定量。

7. 基于 VUV 的飞行时间质谱仪

飞行时间质谱对物质的定性原理是：动能相同而质荷比（m/z）不同的离子在恒定电场中运动，经过恒定距离所需时间不同。其可同时在线监测多种有机污染物，具有选择性，线性范围宽。

8. 水中挥发性有机污染物在线监控设备

水中挥发性有机污染物在线监控系统是基于气相色谱技术的，可连续采样、净化处理、浓缩富集、检测分析的实时在线设备（宋永会等，2013）。

在对上述监控技术调研分析之后，重点对飞行时间质谱、水中挥发性有机污染物监控设备应用于环境风险源监控系统的可行性进行了试验研究，结果发现基于“PDMS 膜进样/VUV 灯电离/TOF-MS”的飞行时间质谱仪和挥发性有机污染物在线监测仪，能够应用于地表水源水典型 VOCs 环境污染事件的预警和连续在线监测。

9. 生物毒性监测仪

对于特征风险物质的监控，除了上述理化监控技术及仪器，在环境风险源监控系统中还有一类很重要的监控仪器，即为生物毒性监测仪。

由于液态特征风险物质种类多，且毒性作用日益复杂，但是已有的在线监测仪器不能满足浓度监测预警的要求。生物毒性在线监测技术的发展解决了这一问题（谢佳胤等，2011）。它利用活体生物在水质变化或污染时的行为生态学改变，反映水质毒性变化。特征风险物质进入环境后，在生态系统各级生物学水平产生不良影响，包括生物分子、细胞器、细胞、组织、器官、器官系统、个体、种群、群落生态系统等，引起生态系统固有结构和功能的变化。目前已有应用的生物毒性在线监测仪器主要有鱼类在线监测仪、水蚤在线监测仪、细菌类在线监测仪等。

（1）鱼类在线监测仪

鱼类对水环境变化十分敏感，水体中有毒物质达到一定浓度便会引起其一系列中毒反应，如浮头、鳃呼吸运动加快且无规律、反应迟钝、眼口周围出血、位移行为发生变化等，可根据毒理反应判断毒性大小。将鱼类在水中的异常生理反应作为信号与处理器相连，经放大、处理、分析、预警、报警、记录等，得到分析数据和可靠的毒性报警资料。

（2）水蚤在线监测仪

一般认为，大型无脊椎动物对污染物的敏感性比鱼强，而且它们在多种水体，尤其在流水中广泛分布，采集方便，同时生活周期足以记录环境质量。群落异质性强，总是存在对污染物发生反应的生物类群，因而较多研究集中在开发无脊椎动物预警系统（李志良等，2007），水蚤是体形较小的浮游动物，以藻类、真菌、碎屑物及溶解性有机物为食，分布广泛，繁殖能力强，对多种有毒物质敏感。当水体受到污染时，有毒物质会影响水蚤生长，干扰其生殖和发育，导致个体死亡，可用水蚤死亡率、繁殖能力或生理行为变化作为毒性测试指标。

（3）细菌类在线监测仪

细菌类在线监测以生物毒性监测为代表，以发光细菌、硝化细菌和氧化亚铁硫杆菌监测仪为主（性能见表4-16），尤其发光细菌毒性监测仪应用较为广泛。

表 4-16　细菌类在线监测仪

细菌		性能
发光细菌	试验菌种	明亮发光杆菌、费氏弧菌、基因工程菌
	观测指标	发光强度
	敏感毒性	有机污染物、重金属类
	应用	美国 Microtox、荷兰 TOX control、韩国多通道毒性连续监测系统
硝化菌	试验菌种	亚硝化菌、硝化菌
	观测指标	呼吸速率、氨氮氧化速率
	敏感毒性	干扰硝化过程的毒性物质
	应用	英国 PPM 公司的 AMTOX、日本固定化菌膜传感器
氧化亚铁硫杆菌	试验菌种	氧化亚铁硫杆菌及其改良基因工程菌
	观测指标	细菌呼吸作用的抑制量、耗氧量
	敏感毒性	KCN、Na_2S、NaN_3
	应用	日本氧化亚铁硫杆菌固定化菌膜传感器

a. 发光细菌毒性监测仪

很多细菌具有发光能力，化学物质对细菌发光强度有抑制作用，受污染物胁迫后，发光细菌的发光强度下降是一种普遍现象。用于生物在线监测的发光细菌主要有明亮发光杆菌、费氏弧菌、基因工程菌等，其监测的原理是，在一定实验条件下细菌发光强度恒定，与外来受试物接触后发光强度有所改变，且与受试物浓度呈一定关系。可利用发光菌这一独特生理特性与现代光电检测手段相耦合用于污染事件预警监测。

b. 硝化菌毒性监测仪

硝化菌属于自养型细菌，对污染物毒性十分敏感，污染物通过抑制细胞酶类（如氨单加氧酶、羟氨氧化酶、亚硝酸氧化酶）干扰硝化过程。因此，可以利用细菌的硝化作用进行河流污染预警监测。在有污染物存在的情况下，硝化作用受抑制，则系统出水的氨含量升高，但此系统一直未能投入实际运行。主要困难在于形成适当的细菌群落需要时间，而且维修难度大。

c. 氧化亚铁硫杆菌毒性监测仪

氧化亚铁硫杆菌是一种以 CO_2 为碳源、铵盐为氮源的化能自养好氧型细菌，通过在细胞质膜上的氧化磷酸化作用，可以从 Fe^{2+} 和还原态 S 获得电子，将 Fe^{2+} 和还原态 S 氧化成

Fe^{3+}和SO_4^{2-}，并且在体内特定酶催化作用下，氧化Fe^{2+}的速度比同样条件下空气中氧的纯化学速度快 200 000 倍，氧化硫化物的速度快100～1000 倍（Hernando et al.，2005）。

表 4-17 描述了各种类型生物传感器及其所依托的监测方法的特点，并同时对各种类型仪器的开发成熟度、实现自动化的难易程度等方面进行了初步对比（谢佳胤等，2010）。

表 4-17　生物监测仪对比

传感器类型		反应参数	监测方法	开发成熟度	自动化程度
细菌类		活动规律	CO_2电极	低	低
		生物发光特性	光电倍增管	高	中等
		硝化作用	DO/NH_3电极	高	中等
		呼吸作用	DO 电极	中等	中等
藻类		荧光反应	光电倍增管	中等	中等
		光合作用	安培电极	中等	中等
无脊椎动物类	浮游动物	活动规律	红外摄像	中等	低
	水生昆虫	活动规律	非接触式电极	中等	低
		呼吸作用	DO 电极	中等	中等
	水蚤	移动规律	摄像/光电池	中等	低
		呼吸作用	DO 电极	低	低
	双壳贝类	贝壳开启位置	电磁线圈	高	高
鱼类		放电规律	电极	低	低
		移动规律	摄像/光电池	中等	低
		优先避让行为	摄像	中等	中等
		趋流性	光电池	高	高
		呼吸情况	非接触式电极	高	高

生物毒性监测仪克服了理化监测的局限性和连续取样的繁琐性，可以达到早期预警的目的。因此，在环境风险源监控系统中，生物综合毒性是非常重要的指标。

4.6.4　监控仪器选择原则及性能要求

在调研的基础上，依据监控方法选择的原则，并对环境风险源监控系统的监控仪器提出基本性能要求，建立了监控技术库，对不同监控对象、不同监控层次，采用综合评估法对监控技术进行优选。

（1）监控方法选择原则

在选择具体监控分析方法前，要根据现有条件结合实际情况，对不同监控对象、不同监控层次，采用不同的监控方法。对于具体监控方法的选择应遵循如下原则：①监控仪器采用的是国家规定的标准方法或国际上公认的标准分析方法，操作简便、易于维护，具有易实施性和可操作性；②监控仪器分析结果直观、易判断；③监控仪器分析方法的灵敏度、准确度和再现性要好，检测范围宽，具有普适性；④监控分析仪器具有数据采集、存储和传输功能；⑤有害物质和杂质对监控仪器分析的干扰小，能适应类似化工园区的恶劣环境；⑥监控仪器对样品的前处理要求低；⑦监控仪器能够长期安全稳定运行、故障率低。

(2) 监控仪器基本功能要求

监控仪器基本功能要求应具有：①时间设定、校对、显示功能；②自动零点、量程校正功能；③测试数据显示、存储和输出功能；④意外断电且再度上电时，能自动排出系统内残存的试样、试剂等，并自动清洗，自动复位到重新开始测定状态的功能；⑤故障报警、显示和诊断功能，并具有自动保护功能，并且能够将故障报警信号输出到远程控制网；⑥限值报警和报警信号输出功能；⑦接收远程控制网的外部触发命令、启动分析等操作的功能。

环境风险源和环境敏感受体的不同属性（表4-18）决定了监控技术的不同，应根据环境风险源的特征选择仪器设备。

表4-18 环境风险源和环境敏感受体的属性比较

属性	物质种类	物质浓度	布点数量	环境条件
环境风险源	单一、已知	高	多	恶劣
环境敏感受体	复杂、未知	低	少	良好

由此可以得出，对于环境风险源的监控，一般选择能够进行高浓度粗略定量、可靠性高、价格低廉、小型化的传感器；对于环境敏感受体，一般选择检测限低、检测范围广、能够对风险区内众多物质定性的大型在线分析仪器。

4.6.5 监控设备配置方案

风险源监控设备的配置水平综合考虑风险企业和风险区的分级。风险企业的分级是企业中各风险源分级的综合体现，结合风险企业分级结果；对于数据缺失，一些风险企业未分级的，则设备配置水平仅参考风险区分级指标。

环境受体监控设备的配置水平以监测站点为单位，考虑受体易损性和风险区的分级；敏感受体指《地表水环境质量标准》（GB 3838—2002）中规定的具有Ⅰ、Ⅱ、Ⅲ类水域功能的保护目标，一般受体指其他地表水域。

设备配置水平：低档配置小于10万元；中档配置10万~50万元；高档配置大于50万元。设备配置水平划分见表4-19。

表4-19 设备配置水平划分

风险区域	一、二级风险企业	三级风险企业	未分级风险企业	敏感受体	一般受体
高、中风险区	高配置	中配置	高配置	高配置	中配置
较低、低风险区	中配置	低配置	低配置	中配置	低配置

4.6.6 监控技术库工具包

基于我国环境风险管理，防范风险发生的需求，在环境风险源常规参数监测的基础上，针对易引发环境污染事件的特征污染物，经过基本信息筛选，进一步整理、分析、评估国内外监控监测技术和分析方法的特点与适用性，形成具有决策支持功能的重大环境污染事件环境风险源监控技术库工具包。该监控技术库总体框架，共分为气象参数、气体浓度、水质常规五参数、液体浓度、水质综合指标、水生物毒性、移动源 7 个基础数据库，实现基础数据的录入、保存、编辑修改、查询和删除管理等功能。

气象参数数据库基本信息见表 4-20。

气体浓度数据库基本信息见表 4-21。

水质常规五参数数据库基本信息见表 4-22。

液体浓度数据库基本信息见表 4-23。

水质综合指标数据库基本信息见表 4-24。

水生物毒性数据库基本信息见表 4-25。

移动源数据库基本信息见表 4-26。

表 4-20　监控技术库中数据表清单——气象参数

仪器名称	生产商	监测参数							数据传输	电力供应	适用范围
		空气温度	空气湿度	光照强度	风速	风向	大气压力	雨量			
JL-3 小型气象站	邯郸市清胜电子科技有限公司	-30～70℃	0～100%	0～200klux	0～60m/s	16 方位	50～110kPa	0～50mm/h	软件功能强大,可以将采集器中的数据导入计算机中,并可以存储为 Excel 表格文件,通信方式灵活多样,包括 USB 通信、485 通信、GPRS 远程通信,可根据需求配置不同参数	电池供电(另可选:太阳能蓄电池加电池组合供电、220V AC 供电)	应用于气象、农业、地质、环境等方面气象研究。并适合于野外科研试验应用
ZZ11 型环境气象监测仪	上海气象仪器厂有限公司	测量范围: -35～50℃ 精确度: ±0.5℃	无	无	风速(包括2min 平均) 测量范围:0～60m/s 精确度:±(0.5+0.05V)m/s v:标准风速值	风向(包括2min 平均) 测量范围: 0°～360° 精确度:±5°	测量范围: 810～1100hPa	无	风向风速传感器采用螺旋桨结构,风速采用光电脉冲输出,风向采用 72 方位格雷码输出,温度用铂电阻,湿度采用进口,气压用进口。主机上数字显示各气象要素值,还有标准接口 RS232C 输出	供电电源: AC 220V 50Hz	适用于气象、环境等方面研究
SQ6- ZZ11 型环境气象监测仪/气象站	北京中西化玻仪器有限公司	测量范围: -35～50℃ 精确度: ±0.5℃	测量范围: 30%～100% RH 精确度: ±5% RH	无	风速(包括2min 平均) 测量范围:0～60m/s 精确度:±(0.5+0.05V)m/s v:标准风速值	风向(包括2min 平均) 测量范围: 0°～360° 精确度:±5°	测量范围: 810～1100hPa	无	有标准接口输出,风向风速传感器采用螺旋桨结构,风速采用光电脉冲输出,风向采用 72 方位格雷码输出,温度用铂电阻,湿度采用进口,气压用进口。主机上数字显示各气象要素值,还有标准接口 RS232C 输出	供电电源: AC 220V 50Hz	适用于气象、环境等方面研究
SW54HQ11 型环境气象监测仪/气象站	北京中西远大科技有限公司	测量范围: -40～60℃ 准确度: ±0.3℃(20℃) 分辨率:0.1℃	测量范围:0～100% RH 准确度(0～80% RH)±5% RH;(80%～100% RH)±8% RH(20℃) 分辨率: 0.1% RH	无	测量范围:0～40m/s、准确度:±(0.5+0.03V)m/s v:实际风速值 分辨率:0.1 m/s 启动风速:≤0.5 m/s	测量范围: 0°～360° 准确度:5° 分辨率:5° 启动风速: ≤0.5 m/s	无	无	输出信号 电流:4～20mA 电压:0～5V	输入电源:DC.7～32V	适用于气象、环境等方面研究

表 4-21 监控技术库中数据表清单——气体浓度

仪器名称	生产商	检测原理	检测物质范围	检测浓度范围	检测下限	测量周期（响应时间）	灵敏度	……
X-am7000 便携气体检测仪	德国德尔格（Draeger）公司	电化学传感器（3 个）	能测>100 种物质（>25 种传感器）		ppm 级	10～20s		……
Polytron7000 本安型有毒气体监测仪	德国德尔格（Draeger）公司	每个表头配一个电化学传感器	能测>200 种物质（>30 种传感器）	0～100ppm，线性<5%测量值	ppm 级	30～90s	<5%测量值	……
Polytron Pulsar 开路式碳氢化合物气体监测仪	德国德尔格（Draeger）公司	双波长红外光吸收（2.1μm 参比、2.3μm 测量）；氙灯光源；光程 60m、120m、200m	C1-C6 烷烃、乙烯、丙烯、甲醇、乙醇	0～8LEL	%级	2s		……
ChemLogic1 单点连续气体监测仪	美国 DOD Technologies 公司	比色法	氢化物、无机酸、乙酸、光气、二异氰酸酯	硫化氢 0～20ppm、氰化氢 0～10ppm、氯化氢 0～15ppm、光气 0～4ppm、氯气 0～5ppm、氨气 0～150ppm、二异氰酸酯 0～100ppb①、乙酸 0～50ppb				……
MIRAN SapphIRe 便携式红外光谱气体分析仪	赛默飞世尔科技公司	单光束红外光谱（光径 0.5m 和 12.5m）	苯、苯乙烯、二硫化碳、丙烯腈、甲醛、苯胺、溴甲烷、光气、一氧化碳、甲苯、二甲苯等 156 种物质		ppm 级	最少 20s（单波长分析）；最多 165s（光谱扫描）		……
TVA-1000B 便携式有毒挥发气体分析仪	赛默飞世尔科技公司		涵盖几乎所有有机和无机的挥发性气体（测总量）	PID 0～2 000ppm、FID 0～50 000ppm，线性范围 PID 0～500ppm、FID 0～10 000ppm	PID 100ppb（苯）FID 300ppb（正己烷）	3.5s		……
Dx4020 便携式气体分析仪	芬兰 Gasmet 公司	傅立叶交换红外光谱	50 种物质的出厂标定光谱库、光谱库搜索		<1ppm（多次反射光程 9.8m）	<120s		……
MS-200 型便携式飞行时间质谱仪	英国 KORE 公司	飞行时间质量分析器，可以同时检测所有进入质谱仪的分子碎片，分析快速且灵敏度极高	有机物（1～1 000μ）	分析范围：1～1000ama 动态范围：6 个数量级	苯系物 ppb 级、卤代烷 10ppb 级（数据采集时间 10s）	<1min		……

续表

仪器名称	生产商	检测原理	检测物质范围	检测浓度范围	检测下限	测量周期（响应时间）	灵敏度	……
Airsense 离子分子反应质谱仪	奥地利 V&F 公司	汞、氪、氙气体离子源（软电离）、离子分子反应（IMR）、八极杆将不同离子分开	苯、甲苯、二甲苯、甲烷、丙烯、丁二烯、异戊二烯、萘、葵烷、甲醇、乙醇、甲醛、丙醛、苯甲醛、甲基叔丁基醚、氨气、一氧化氮、二氧化氮、一氧化二氮、氰苯、硝基甲烷、二氧化硫、二硫化碳、硫化氢、甲硫醇等（3～519u、分辨率 1u）	线性范围 4～5 个数量级	>4ppt②（苯）	1～20ms		……
便携式离子迁移谱	德国 G. A. S 公司	大气压下的质谱、氚电离源	胺、醛、酮、醇、卤化物、磷化物、硫化物	1～3 个数量级（半定量）	ppt～ppb 级	数秒		……
Jerome 651 在线式硫化氢分析仪	美国 Arizona 公司	惠斯通电桥	硫化氢	3ppb～50ppm				……
Jerome 451 在线式汞蒸汽分析仪	美国 Arizona 公司	惠斯通电桥	汞	$3\mu g/m^3$～$1mg/m^3$				……
有毒及可燃性气体探测仪	美国 USI 公司	金属氧化物半导体	氯气、硫化氢、氨气、一氧化碳、二氧化硫、氧化乙烯、氢气、碳氢化合物、氟利昂、乙炔、乙烯	氯气 0～20ppm、氨气 0～250ppm、硫化氢 0～50ppm	ppm 级	<30s	硫化氢 5% 满量程、氨气 2% 满量程	……
ORION3100 痕量 NH_3 监测系统	意大利 ETG 公司	CRDS（光腔衰荡激光光谱）	氨气、氮氧化物	0～500ppb	0. 2ppb（5min 平均模式）	5s～30min		……
UV Sentinel 紫外大气环境监测仪	意大利 ETG 公司	DUV-DOAS（光程最长 1000m）	>50 种（BTX、二氧化硫等）		ppb～ppm 级	30s、1min、5min		……
TDL100 原位法可调谐激光气体分析仪	意大利 ETG 公司	TDLAS（调谐二极管激光吸收光谱）、开路式或开路探头式	氯化氢、氟化氢、氨气、硫化氢、氰化氢等	线性 1% 读数	HCl 100ppb、HF 50ppb、NH_3 200ppb、H_2S 15ppm、HCN 250ppb	<2s		……

续表

仪器名称	生产商	检测原理	检测物质范围	检测浓度范围	检测下限	测量周期（响应时间）	灵敏度	……
SANOA 长光程环境空气监测系统	法国 ESI 公司	DOAS（200～375nm、分辨率 0.34nm、光程 100～500m）	二氧化硫、一氧化氮、二氧化氮、臭氧、苯系物、萘、甲醛等	3～500 μg/m³（苯），线性<1%满量程		>3min		……
Xact 625 环境空气重金属监测仪	美国 CES 公司	X 射线荧光（XRF）测颗粒物中重金属	锑、砷、钡、溴、镉、钙、铬、钴、铜、铁、铅、汞、锰、镍、硒、银、锡、钛、铊、钒、锌等	0～10 mg/m³，线性相关系数 0.98	ng/m³（采样时间 1h）	15～240min		……
SDI-TOF-MS 在线式飞行时间质谱仪	北京凯尔科技发展有限公司	毛细管进样、膜进样	毛细管进样测一氧化碳、二氧化碳、一氧化氮、氮氧化物、二氧化氮、氙、氪、二氧化硫、氧气，膜进样测 BTEX、三氯乙烯、四氯乙烯、甲烷、乙烯、甲醛、苯乙烯	膜进样 ppt-ppb 级，线性<5%	毛细管进样测氙 90ppb，膜进样测苯<1ppb	毛细管进样<1s，膜进样<1min		……
Guard PID 探测器	美国华瑞（RAE）集团	PID（10.6eV）	VOC	0～20ppm、0～100ppm、0～1000ppm	10ppb（异丁烯）	40s（异丁烯）		……
FGM-13XX 固定式有毒气体检测器	美国华瑞（RAE）集团	每个表头配一个电化学传感器	一氧化碳、硫化氢、二氧化硫、一氧化氮、二氧化氮、氯气、二氧化氯、氰化氢、氨气、磷化氢、环氧乙烷等		3%量程	几十秒		……
μ-VOC-CAM 检测仪	意大利 ETG 公司	GC-FID	2-丁酮、三甲基-硅烷醇、丙酮、乙醇、异丙醇、环己烷、乳酸乙酯、正己烷、乙醛、丁醇、丁基醋酸盐、苯、甲苯、二甲苯、苯乙烯、六甲基二硅胺烷、丙二醇单甲基醚酯	0～200ppb	ppb 级			……
VOCs 在线监测仪	中国聚光（FPI）科技股份有限公司	GC-FID、GC-TCD、GC-ECD、GC-PID，二维色谱柱系统（预分离柱和分析柱）	甲烷/非甲烷总烃、有机硫化物、苯系物、臭氧前驱体等 VOC			30min 内分析几十种化合物		……
VOC71M 分析仪	法国 ESA 公司	GC-FID/PID	BTEX、丁二烯等 8 种化合物	0～1000μg/m³	0.5μg/m³（15 min 检测）	15～30min		……

续表

仪器名称	生产商	检测原理	检测物质范围	检测浓度范围	检测下限	测量周期(响应时间)	灵敏度	……
8610C 车载式气相色谱仪	美国 SRI 公司	GC 检测器 16 种可选(可同时配置 4、5 或 6 种检测器),进样方式 12 种可选(可同时配置 5 种进样方式)	高磷类农药、鼠药、杀虫剂、有毒的卤代化合物、苯系物、VOC、SVOC		FID1ppm、ECD10ppb、PID10ppb、TID50ppb			……
300 系列快速气相色谱	德国 ACS/CSI 公司	GC-FID	C8-C40			柴油样品 150s		……
GC955 系列 VOC 分析仪	荷兰 SYNSPEC 公司	GC-FID、GC-PID、GC-ECD、GC-TCD	BTEX、氢氧化物、有机硫化物、臭氧前驱体			30min(40 多种化合物)		……
在线气相色谱仪	科马特泰克色谱技术(Chromatotec)集团	GC-FID、GC-PID	BTEX、硫化氢、氯气、氨气、有机硫化物、乙烯、丁二烯、环氧乙烷、卤代烃等		1ppm(氯气)	6min		……

① $1ppb=1\times10^{-9}$。
② $1ppt=1\times10^{-12}$。

表 4-22　监控技术库中数据表清单——水质常规五参数

仪器名称	生产商	监测参数					……
		水温	pH	溶解氧	电导率	浊度	
常规五参数水质监测仪	厦门隆力德环境技术有限公司/德国	测定范围:0.0~60.0℃ 响应时间:≤0.5min	测定范围:0.00~14.00 响应时间:≤0.5min 温度补偿:0~50℃自动温度补偿	测定范围:0.00~20.00mg/L 分辨率:0.1mg/L 反应时间(25℃) T90:30s;T99:90s 温度补偿:0~60℃自动温度补偿	测定范围:10 μS/cm~500mS/cm 测试方式:4 极式电极法 电极常数:$K=0.917cm^{-1}$,±1.5% 反应时间(25℃) T90:30s;T99:90s 温度补偿:内置地表水非线性温度补偿	测定范围:0.0~1000FNU 方法原理:90°散射比浊法内置超声波发生器清洁镜片 测试镜片:蓝宝石镜片 测量精度:测量值的±3%	……

续表

仪器名称	生产商	监测参数					……
		水温	pH	溶解氧	电导率	浊度	
IQ Sensor Net 水质自动监测仪	苏州莱顿科学仪器有限公司	测定范围:0.0～60.0℃ 响应时间:≤0.5min	测定范围:0.00～14.00 响应时间:≤0.5min 温度补偿:0～50℃ 自动温度补偿	测定范围:0.00～20.00mg/L 分辨率:0.1mg/L 反应时间:(25℃)T90:30s T99:90s 温度补偿:0～60℃ 自动温度补偿	测定范围:10μS/cm～500mS/cm 测试方式:4 极式电极法 电极常数:$K=0.917\text{cm}^{-1}$,±1.5% 反应时间(25℃) T90:30s;T99:90s 温度补偿:内置地表水非线性温度补偿	测定范围:0.0～1000FNU 方法原理:90°散射比浊法 内置超声波发生器清洁镜片 测试镜片:蓝宝石镜片 测量精度:测量值的±3%	……
FP-90 型常规五参数自动监测仪	上海益伦环境科技有限公司	测定范围:0.0～80.0℃ 分辨率:±0.05℃	测定范围:2.00～12.00 准确度:±0.08 温度补偿:在0～40℃可自动补偿	测定范围:0～20.00mg/L 准确度:±0.04mg/L 温度补偿:在0～40℃可自动补偿	测定范围:0～200ms/m 准确度:±1% FS 温度补偿:在0～40℃可自动补偿	测定范围:0～250NTU 准确度:±10%	……
YSI 6600EDS 型多参数水质监测仪	美国维赛仪器(YSI)公司	测量范围:-5～50℃ 分辨率:0.01℃	测量范围:0～14 分辨率:0.01	测量范围:0～500% 分辨率:0.1%	测量范围:0～100mS/cm 分辨率 :0.001～0.1mS/cm(视量程而定)	测量范围:0～1000NTU 分辨率:0.1NTU	……
HI98127 防水 pH 测试笔/笔式 pH 计	上海优浦科学仪器有限公司		监测周期:即时检测				……
CN60M/CJ3GDYS201M 多参数水质分析仪	北京中西远大科技有限公司		监测周期:5～30min				……
水质理化检验箱 BJZW-88W	北京中西远大科技有限公司					监测周期:即时检测	……
在线浊度计 FLQ6200 型中文在线浊度计	大连弗朗电子科技发展有限公司					监测周期:60s	……
多参数水质分析仪 CN60M/CJ3GDYS201M	哈尔滨仪器仪表					监测周期:5～30min	……
分光光度计 DR2800 型	美国哈希公司			监测周期:即时检测			……

表 4-23　监控技术库中数据表清单——液体浓度

仪器名称	生产商	检测原理	检测物质范围	检测浓度范围	检测下限	测量周期（响应时间）	……
OVA5000 在线重金属测定仪	北京格维恩科技有限公司	ASV（阳极溶出伏安法）	铅、镉、铬、汞、砷、铜、锌、铊、镍	0.1～10ppm、8～100ppm	0.5～1ppb	10～60min	……
pION 特殊离子浓度计	美国 ECD 公司	ISE	溴、钾、钠、钙、氟、银、硫、氯、氰、铜	银 10ppb～107 900ppm	氟 20ppb、银 10ppb		……
Orion2109XP 在线氟表	美国 Thermo 公司	ISE	氟离子	10ppb～200ppm	10ppb	<2min（50% 稳定时间）	……
CA-6 水质分析仪	美国能源转换器件（ECO）公司	比色法	六价铬、铜、联氨、氟、铁、镍、锰、锌、铅（最多 6 通道）	氟 0.3～1000ppm；联氨 0～500ppb；酮 0～30ppm；六价铬 0～10ppm	联氨 5ppb、酮 300ppb、铬 100ppb	30～60min	……
SIA-2000-CR、SIA-2000-TCR 在线分析仪	中国聚光（FPI）科技股份有限公司	二苯碳酰二肼分光光度法	六价铬、总铬	0～0.5mg/L、0～2mg/L、0～5mg/L		30min	……
SIA-2000-CN 在线分析仪	中国聚光（FPI）科技股份有限公司	异烟酸－吡唑啉酮分光光度法	氰化物、总氰	0～0.5mg/L、0～2mg/L、0～10mg/L		<20min	……
SIA-2000-Cu 在线分析仪	中国聚光（FPI）科技股份有限公司	盐酸羟胺分光光度法	铜	0～2mg/L、0～5mg/L、0～10mg/L		25min	……
HMA 重金属在线分析仪	中国聚光（FPI）科技股份有限公司	ASV	铅、镉、汞、砷	0～50ppb、0～100ppb、0～1ppm，线性 5%	铅 0.1ppb、镉 0.5ppb	几分钟到几十分钟	……
GC5890F 水中挥发有机物分析专用气相色谱仪	南京科捷分析仪器应用研究所	GC-双 FID	含氯化合物和芳烃化合物				……
SC-6000-DK 自动顶空分析气相色谱仪	北京绿源旺业科技有限公司	GC-FID	VOC		8×10～8×12	<20min	……
GC-9860 自动顶空进样气相色谱仪	山东鲁创分析仪器有限公司	GC-FID、GC-TCD、GC-ECD、GC-NPD、GC-FPD	VOC				……
PARAM GC-7800 气相色谱仪	济南兰光机电技术有限公司	GC-FID、GC-TCD、GC-ECD、GC-NPD、GC-FPD			FID 10～11g/s（苯）		……

表 4-24　监控技术库中数据表清单——水质综合指标

仪器名称	生产商	检测原理	检测物质范围	检测浓度范围	检测下限	测量周期（响应时间）	灵敏度	精确度	……
PetroSense CMS-4000 连续监测系统	美国石油传感技术公司	FOCS(光纤化学传感器)	C6 或者更高分子量石油烃	0 ~ 2000ppm(总石油烃)	二甲苯 0.1ppm	<5min		10%	……
spectro :: lyser 连续光谱在线水质分析仪	奥地利是能公司	220 ~ 390nm 紫外、220 ~ 720nm 紫外可见光，双光束自动补偿	TSS、浊度、NO_3-N、NO_2-NCOD、BOD、TOC、DOC、UV254、颜色、BTX、油类、O_3、H_2S、AOC、指纹图和光谱报警、温度和压力	亚硝氮 0.1 ~ 100mg/L、BTX0.01 ~ 100mg/L	油类 0.1ppm	30s		亚硝氮<0.3mg/L、BTX<1mg/L	……
UVT-150 型 UV 自动在线监测仪	北京中环大地环境科技有限公司	两光路两波长紫外吸收	COD	吸光度 0 ~ 1 或 0 ~ 2，线性 5%		<1s			……
TOC-620C 总有机碳在线监测仪	日本东丽（TORAY）公司	催化燃烧——非分散红外	TOC	0 ~ 100mg/L 或 0 ~ 1000mg/L，线性 3%		6min			……
SWA-2000 水质在线分析仪	中国聚光（FPI）科技股份有限公司	紫外全谱扫描、长寿命氙灯光源	COD、芳烃、苯系物	0 ~ 100mg/L、0 ~ 400mg/L、0 ~ 1000mg/L		1 ~ 2s		10μg/L	……
SIA-2000-VPC 在线分析仪	中国聚光（FPI）科技股份有限公司	4-氨基安替比林分光光度法，顺序注射分析（SIA）、10 流路切换	挥发酚、总酚	0.2mg/L、0.5mg/L、1mg/L、2mg/L、5mg/L、10mg/L		<20min		<1mg/L	……
TOC-2000 在线分析仪	中国聚光（FPI）科技股份有限公司	催化燃烧——非分散红外	TOC	0 ~ 50mg/L、0 ~ 1000mg/L、0 ~ 20000mg/L，线性 3%		最快 6min			……
FO-2000 水中油分析仪	中国聚光（FPI）科技股份有限公司	紫外荧光	芳烃	0 ~ 2mg/L、0 ~ 10mg/L、0 ~ 100mg/L、0 ~ 1000mg/L	0.1ppb	3min			……

表 4-25　监控技术库中数据表清单——水生物毒性

仪器名称	生产商	检测原理	检测物质范围	检测 浓度范围	测量周期 （响应时间）	……
HATOX-2000 水质污染生物预警在线监测系统	韩国生物工程系统公司（Korbi）	微生物燃料电池	镉、砷、汞、铅、六价铬、铁、氰化物、多氯化联二苯、苯酚、有机磷、十二烷基硫酸钠、有机物、农药、挥发性有机物、藻类十五大类物质		10min	……
WEMS 水质生物毒性在线监测系统	韩国生物工程系统公司（Korbi）	毒性物质对埃伦新月藻叶绿素荧光的影响	广谱、对除草剂和重金属敏感		最短 10s	……
BEWs 水质在线生物安全预警系统	中国科学院生态环境研究中心	游动、呼吸产生不同频率电信号的强度	农药、重金属等		10min	……
MOSSELMONITOR 贝类毒性仪	荷兰 Mosse lmomitor 公司	250kHz 多元高频传感器检测贝壳开合（8 只）	广谱	镉 0.15mg/L、铅 0.25mg/L、氰化物 0.4mg/L、甲苯 6mg/L、苯酚 14mg/L、氯仿 43mg/L、阿特拉津 0.5mg/L、林丹 0.11mg/L	10s ~ 10min	……
TOXcontrol 发光细菌毒性仪	荷兰 microLAN 公司	发光强度	广谱（超过 5000 种物质）		45min	……
ToxProtect64 鱼毒性仪	荷兰 microLAN 公司	游动强度	广谱		15min	……
bbe 藻毒性仪	德国 bbe 公司	荧光强度	广谱、对除草剂敏感		10 ~ 30min	……
bbe 蚤毒性仪	德国 bbe 公司	游动状态	农药、神经毒物		1 ~ 30min	……
bbe 鱼毒性仪	德国 bbe 公司	摄像机判断游动状态	广谱		几分钟	……
TOX-2000 生物毒性在线分析仪	中国聚光（FPI）科技股份有限公司	费希尔弧菌发光强度，顺序注射分析（SIA）	农药、除草剂、PCB、PAH、重金属、生物毒物、石油污染物、蛋白抑制剂、呼吸系统抑制剂等超过 5000 种毒性物质		培养时间 15 ~ 30min，检测周期 30 ~ 60min	……

表 4-26　监控技术库中数据表清单——移动源

监控方式	公司名称	型号	尺寸	重量	电源要求	镜头变倍	日夜模式	工作温度	通信协议	应用
射频标签	北京烽火联拓科技有限公司	定位标签 TG230	33mm×8mm						433MHz 有源 RFID ISO/ISC18000-7 空中接口协议 433MHz 军用射频识别空中接口协议(草案)	重要物品出入管理、货场管理、企业库房、资产管理、大型物流仓储管理、宅配运输及车队管理、制造业生产流程自动化等
	北京烽火联拓科技有限公司	定位读写器 FR300	120mm×60mm(不包括天线)	约 630g				零下 20 ~ 60℃	RTLS 实时定位技术标准 ISO/IEC 24730-3(草案)	资产监控、人员定位与监控等
监控视频	广州美电贝尔电业科技有限公司	BL-536PCB	55. 3mm(W)×57. 5mm(H)×88. 5mm(D)	3. 590kg(净重),6. 590kg(毛重)	AC24V/3. 5A	432 倍(36 倍光变焦,12 倍电子变焦)	自动/彩色/黑白	零下 10 ~ 50℃	通信波特率 1200/2400/4800/9600	日夜监控
	广州美电贝尔电业科技有限公司	BL-600CB	62mm(W)×58mm(H)×130(D)mm	52. 5g(毛重),339g(净重)	DC12V /1A		彩转黑	零下 10 ~ 50℃	视频输出 1Vpp composite output 75 ohm	日夜监控
	广州美电贝尔电业科技有限公司	BL-DVR604E	2U19 寸标准工业机箱可上机架 441mm(L)× 430mm(W)×89mm(H)	不加硬盘 10kg(净重 6. 84kg)	220V+25% 50+2% Hz/110V60 Hz			零下 10 ~ 55℃	视频输入 4 路 BNC 视频输出 2 路 BNC,1 路 VGA 输出 音频输入 4 路 RCA 音频输入,1 路 RCA 语音对讲输入 音频输出 1 路 RCA 报警输入 4 路报警输入(低电平有效) 报警输出 3 路继电器输出	储存
	广州美电贝尔电业科技有限公司	BL-CM17 ACC	机身尺寸 384. 2mm(W)×66. 3mm(D)×330. 6 mm(H) 带挂架尺寸 384. 2mm(W)×85. 1mm(D)×330. 6mm(H)	5. 3kg	AC110 ~ 240V,50/60Hz			0 ~ 50℃	VGA 支持模式 1280 × 1024 (60Hz)向下兼容 DVI 支持模式 1920 × 1080 (60Hz)向下兼容 HDMI 支持模式 null	显示
定位器	武汉依迅电子信息技术有限公司	GPRS/GSM	64mm × 46mm × 17mm(1. 8″×2. 5″×0. 65″)	150g	12 ~ 24V input,5V output			零下 20 ~ 55℃	网络频段 850/1800/1900MHz or 900/1800/1900MHz 芯片 SIRF3 chip GSM/GPS 模块 Siemens MC55 or Siemens MC56 GPRS 灵敏度-159dBm	定位

第5章

突发性环境风险源综合管理体系研究

环境风险管理体系包括环境风险管理的法律体系、行政体系、技术标准体系、咨询评估体系、风险防范工程技术体系等。环境风险管理体系的构建关键是环境风险管理的体制、机制和法制框架的构建，可以说体制为环境风险管理体系的“骨架”，机制为其“血肉”，而法制为其“经络”。环境风险源管理技术体系是环境风险源申报技术、分类识别技术、监控技术、环境风险分区技术等技术的综合集成，为环境风险源管理提供了必要的技术支撑，是实现环境风险源管理的必要条件。这里对环境风险管理主要从以下几方面来考虑（许伟宁等，2014）。

（1）现有环境风险管理法律

法律、法规体系是环境风险管理最基本的管理基础，是环境风险管理的依据。环境风险管理法制建设，就是依法开展环境风险管理工作，使环境风险管理走向规范化、制度化和法制化轨道，明确政府和公民在环境风险管理中的权利、义务，使政府得到高度授权，维护国家利益和公共利益，使公民基本权益得到最大限度的保护。因此，必须理清现有法律对环境风险管理的规定，根据实际需要研究、补充和完善现行的法律体系，构建环境风险管理法律体系。

（2）环境风险管理体制建设

环境风险管理体制体系主要是指环境风险管理行政机构、环境事故调查研究机构、环境风险咨询机构、环境污染事件处置队伍、各机构的职责划分制度等组成部分。环境风险管理涉及多个部门，是一个复杂的体系，因此必须研究众多机构的职责划分、运行机制等问题，使环境风险管理机构能够高效的运转。

（3）环境风险管理机制建设

环境风险管理机制是环境风险行政管理组织体系在管理环境风险的过程中有效运转的机理性制度。本书认为，我国已经初步建立或者还应进一步发展的环境风险管理机制主要有：环境风险管理部门间合作机制、环境风险源申报机制、环境风险源分级管理机制、区域环境风险评估和考核机制、环境风险源监控预警机制、统一的环境风险物质管理机制、环境应急预案动态管理机制、环境风险事故保险机制、环境污染事故赔偿处罚机制、企业环境安全报告机制等。

（4）环境风险防范技术体系框架构建

环境风险是环境风险事件发生及造成损失的可能性或不确定性，是风险源（可能的风险因子）的数量、控制机制的状态、受体的价值和脆弱性以及人类社会的防御能力等主要因素综合作用的结果。环境风险源的环境风险因子是发生环境污染的内因，是本质因素；而控制机制的好坏决定着环境风险因子是否会被释放出来；环境受体的脆弱性决定了释放出的环境风险因子的危害程度。因此本章从这3个方面开展研究，构建环境风险防范技术体系框架。

5.1 环境风险管理原则

环境风险管理应当遵循的原则包括如下几点。

(1) 以人为本，保障安全

《突发事件应对法》在其立法宗旨中充分确立并体现了以人为本的工作理念。环境污染事件的不可抗性和一般公众在危机面前的脆弱性，迫切需要政府在环境应急管理中，切实履行政府的社会管理和公共服务职能，将公众利益作为一切决策和措施的出发点，把保障公众生命财产及环境安全作为首要任务，最大限度地减少突发环境事件造成的人员伤亡和其他危害。

环境风险管理活动中坚持以人为本，要求将人民群众的生命健康、财产安全以及环境权益作为一切工作的出发点和落脚点，并充分肯定人在环境风险管理活动中的主体地位和作用。

要将保障人的生命健康、财产安全以及环境权益作为环境风险管理工作的最高目标，将其落实到突发环境事件事前预防、应急准备、应急响应及事后管理各个环节，最大限度地减少或避免突发环境事件及其造成的人员伤亡、财产损失以及环境危害。

(2) 综合防控，预防为主

环境污染事件处置工作主要是突发事件发生后的应对和处置，是在无准备或准备不足状态下的仓促抵御，具有很大的被动性，处理成本高，灾害损失大。现代应急管理则强调管理重心前移，预防为主、预防与应急相结合，强调做好环境风险管理的基础性工作。

预防为主原则有两层含义：一是通过环境风险管理、预测预警等措施防止环境污染事件发生；二是通过应急准备措施，使无法防止的环境污染事件带来的损失降低到最低程度。

首先，政府要高度重视环境污染事件事前预防，增强忧患意识，建立健全风险防控、监测监控、预测预警系统，建立统一、高效的环境应急信息平台，及早发现引发突发环境事件的线索和诱因，预测出将要出现的问题，采取有效措施，力求将突发环境事件遏制在萌芽状态。

其次，要健全环境应急预案体系，建设精干实用的环境应急处置队伍，构建环境应急物资储备网络，为应对环境污染事件做好组织、人员、物资等各项应急准备，在环境污染事件发生后，力求能够及时、快速、有效地控制或减缓突发环境事件的发展，最大限度地减轻事件造成的影响及危害。

(3) 公共事务，全民参与

环境风险企业管理的目的是最大限度地避免和减小突发环境事件对公众造成的生命健康和财产损失，维护公共利益和公共安全。这种公共性特点决定了环境风险企业管理涉及政府部门、企事业单位、社会团体、公民等多个参与主体，这些主体在参与环境风险企业管理过程中所形成的多重利益关系需要协调和理顺。环境风险企业管理是一项复杂的社会系统工程，客观上要求政府从全局的高度实行综合协调，统筹各方利益，整合各种资源，协同各种要素，形成管理合力。

(4) 部门联动，全防全控

环境风险源管理是环境综合管理的重要组成部分，环境风险源管理制度分散于环境综合管理的各个环节。无论是环境规划管理、环境影响评估管理，还是污染防控、环境监测和执法监督等，都要始终贯彻防范环境风险的理念，反映环境风险企业管理的要求，健全环境综合管理机制，将环境风险企业管理具体职责渗透到环境综合管理的全过程，将应急与项目审批、污控、总量、监察、监测等相关部门有机串联起来，围绕环境风险管理工作互通信息、协调联动、综合应对、形成合力，架构全防全控的防范体系。

(5) 常态为主，应急为辅

环境风险源管理的重点在于预防和避免环境污染事件的发生，在污染事件发生后，应及时采取措施把危害限制在最小的范围内。环境风险源的管理应做到常态管理和非常态管理相结合。常态管理做好了可以最大限度地减少突发环境事件的发生，减轻应急管理的压力。

常态管理就是要通过环境风险源的申报、识别等过程掌握环境风险源的数量、分布、特点等情况，各级政府对不同级别的环境风险源开展监测预警，各环境风险源或具有环境风险的企业采取措施降低自身环境风险，最终达到降低区域环境风险的目的。

5.2 环境风险管理体系的体制、机制与法制框架构建

环境风险管理体系是一项系统工程，它是由控制、降低区域环境风险的一切机构、组织、法律、制度、风险防范工程等要素所构成的复杂体系。环境风险管理体系由环境风险管理的法律制度、行政机构、调查研究组织、咨询评估组织、风险防范工程技术体系等部分所组成。

环境风险管理体系构建的关键是环境风险管理的体制、机制和法制框架的构建。在政府领导下，以法律为准绳，全面整合各种资源，制定科学规范的管理机制，建立以政府为核心、全社会共同参与的组织网络，管理和监控环境风险源，预防和应对各类环境污染事件，保障公众生命财产和环境安全，保证社会秩序正常运转的工作系统。

5.2.1 我国现有环境风险管理的不足之处

我国环境风险管理存在的主要问题有：①环境风险管理法律不健全，没有形成系统的环境风险法律法规体系；②没有形成对环境风险管理权责分明、行之有效的行政体系，环境保护、安全监管、水利、渔业、海洋等多部门共同行使环境风险管理职责，在发生环境污染事件时，往往出现主管部门不明确，互相推诿责任的现象；③目前环境风险管理还是以应急管理为主，离全面实现环境风险全过程管理还有一定距离；④政府的环境风险管理部门任务过多，不仅要完成环境风险法律法规建设和环境风险管理的监管，而且还要把大量的精力用在环境应急调查等事务型的工作上；⑤没有从经济手段控制环境风险，造成企业污染事故赔偿过低，使企业不重视自身环境风险评估和防范工作；⑥没有充分调动公民社会的监督和促进作用，没有在全社会形成环境风险防范意识。

5.2.2 我国环境风险源管理的体制框架

我国环境风险管理体制按照“统一领导、综合协调、分级管理、属地管理为主”的原则建立。从机构和制度建设看，建议从中央到地方设立环境风险管理小组，由主管副总理（副省长、副市长、副县长）担任组长，相关单位负责人担任副组长，负责协调涉及环境风险管理的环境保护、安全监管、水利、地质等部门的关系，并建立一系列的环境风险管理制度。以此来解决环境风险管理各职能部门条块分割和环境风险管理是复杂的综合管理体系之间的矛盾。

在职能配置方面，环境风险管理小组应在法律意义上明确在常态下建立环境风险源的申报、分级、监测、预警等制度，编制规划和预案，统筹推进区域环境风险防范建设，协调环境风险管理所需的物资和人力资源的配置，组织开展演习等职能。此外，它还应规定各部门的权限和责任，实现环境风险管理机构分工与合作的统一。在人员配备方面，环境风险管理小组不但要有从中央到地方负责环境风险日常管理的各级行政人员，还要有从事环境污染事故应急和环境风险管理的咨询机构的专家、学者，如图 5-1 所示。

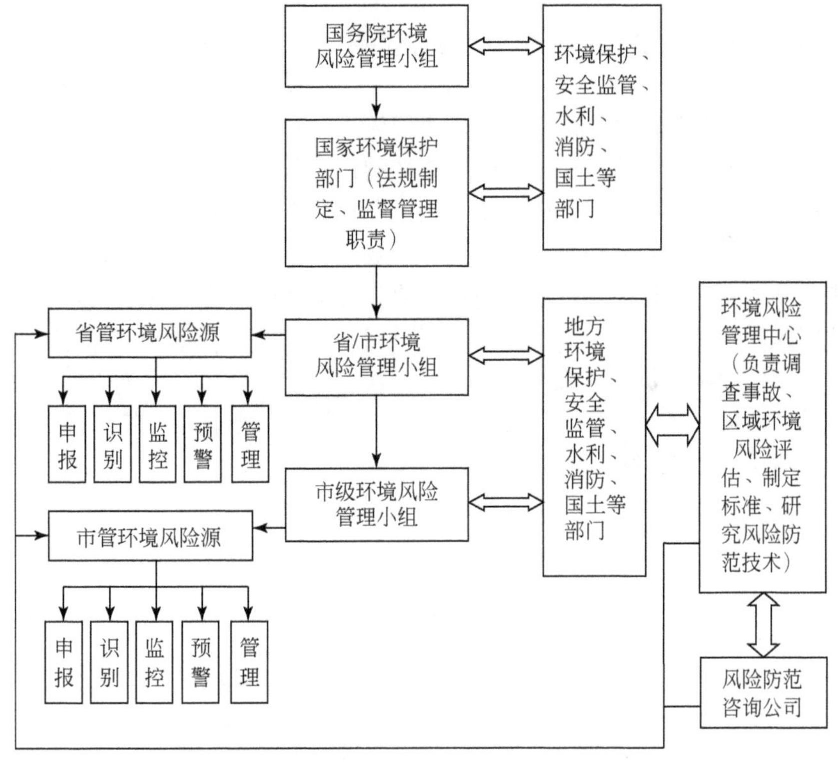

图 5-1 我国环境风险管理组织体系框架

（1）行政管理体系

建立适合我国的行政管理体系，明确环境风险管理责任主体，做到权责分明。例如，明确环境保护部门和安全生产管理部门在环境风险管理中的责任与权利，协调二者的关系，做到既有合作又有分工。

调整行政管理部门的工作内容，把主要精力集中在环境风险管理法制法规建设和环境风险管理监督检查上来；成立人员构成广泛的专门的环境风险事故调查研究机构，总结经验教训，发展环境风险防范技术。

(2) 加强第三方调查机构和咨询机构建设

在发达国家，第三方调查机构在环境污染事件的收集和调查中起重要的作用，它们通过对典型事故的调查研究，总结分析事故教训，作出进一步的法制和技术的改进措施。我国在第三方调查机构和咨询机构建设方面还很薄弱。因此，建议在环境风险比较高的省市成立环境风险管理委员会，成员由重大环境风险源企业环境安全管理负责人、环境风险管理专家、环境风险管理公益组织、公民社会代表等组成。该委员会主要负责讨论本区域内区域环境事故应急预案的制定、环境污染事故的调查等工作。应该对区域内影响较大的典型环境污染事件成立调查小组，开展调查，总结经验教训，提出进一步的防范措施和风险防范技术的改进方法。

针对企业环境风险防范专业技术能力较弱的问题，应该加强环境风险管理专业咨询公司的发展，鼓励咨询公司为企业提供降低安全生产和环境污染事件发生风险的技术和建议，促进环境风险防范咨询体系的建立。

5.2.3 我国环境风险管理的机制框架

环境风险管理机制是环境风险行政管理组织体系在管理环境风险的过程中有效运转的机理性制度。环境风险管理机制是为积极发挥体制作用服务的，同时又与体制有着相辅相成的关系，所以应建立“职责分明、全面统筹、部门协调、运转高效”的环境风险管理机制。它既可以促进环境风险管理体制的健全和有效运转，也可以弥补体制存在的不足。我国已经初步建立或者还应进一步发展的环境风险管理机制主要有：环境风险管理部门间合作机制、环境风险源申报机制、环境风险源分级管理机制、区域环境风险评估和考核机制、环境风险源监控预警机制、统一的环境风险物质管理机制、环境应急预案动态管理机制、环境风险事故保险机制、环境污染事件赔偿处罚机制、企业环境安全报告机制等。

(1) 环境风险管理部门间合作机制

从中央到地方设立环境风险管理小组，由主管副总理（副省长、副市长、副县长）担任组长，负责统筹政府负责环境风险管理的各部门，建立环境管理部门与安全生产监督管理部门、公安消防、交通海事、卫生、海洋等部门的应急联动机制。

(2) 环境风险源申报机制

拥有环境风险物质的企业，应向其主管环境保护局报告环境风险物质信息（包括：储量、状态、毒性、允许暴露限值、腐蚀性、化学稳定性等）；企业设施发生的所有涉及环境风险物质泄漏的事故必须向主管环境保护部门报告，经汇总后向国家环境保护部门报告。

(3) 环境风险源分级管理机制

对环境风险源进行评价和识别，对其的监控和管理按照区域行政级别实行分级管理。根据环境风险源的级别，统合各级人民政府环境风险管理的力量，实现环境风险源的有序管理。

(4) 区域环境风险评估和考核机制

建立区域环境风险评估机制，作为判断环境风险管理行政体系有效性的依据；划定区域环境风险控制红线。把降低区域环境风险作为地方行政领导的主要职责，将区域环境风险控制情况作为考核地方各级官员政绩的重要指标。

(5) 环境风险源监控预警机制

加强国内外突发环境事件信息收集整理、研究，按照“早发现、早报告、早处置”的原则，开展对国内（外）环境信息、自然灾害预警信息、常规环境监测数据、辐射环境监测数据的综合分析、风险评估工作。开展环境安全风险隐患排查监管工作，加强环境风险隐患动态管理。加强日常环境监测，及时掌握重点流域、敏感地区的环境变化，根据地区、季节特点有针对性地开展环境事件防范工作。

(6) 统一的环境风险物质管理机制

建立统一的环境风险物质管理机构，保障化学品的生产、贸易和使用安全；我国应建立类似于欧盟REACH（化学品注册、评估、许可和限制）法规（European Parliament and Council，2006）的化学品管理制度。REACH法规主要涉及化学品的生产、贸易和使用安全。欧盟委员会建立了专门的化学品监控管理体系，力求实现化学品的统一管理。该体系将欧盟市场上约3万种化工产品及下游的纺织、轻工、制药等产品分别纳入注册、评估、许可3个管理系统。未能按期纳入该管理系统的产品不能在欧盟市场上销售。同时，该法规还规定了严格的检测标准。

(7) 环境应急预案动态管理机制

进一步完善突发环境事件应急预案体系，指导社区、企业层面全面开展突发环境事件应急预案的编制工作，提高预案的实效性、针对性和可操作性，制定分行业、分类的环境应急预案编制指南，规范预案编制、内容、修订、评估、备案和演习等。

(8) 环境风险事故保险机制

保险也是风险分担的一种方式。保险公司可以集中大量同质同类的风险，通过向所有投保人收取保险费来补偿少数成员遭受的事故损失。投保人是以缴付少量的保险费为代价，在事故发生后能获得全部或部分损失补偿，充分体现了保险的经济保障作用。作为国际上普遍采用的险种，环境污染责任保险在发达国家由来已久，是一种行之有效的防治污染的手段，有利于强化企业的风险管理，保护受害者的利益。

建立环境污染责任保险要处理好几个关系，环境污染者责任分担要与环境风险分担相结合；市场手段要与政府监管相结合；强制保险要与自愿投保相结合；统一环境责任制度、法规要与实行不同环境风险等级、制定差别流动费率相结合；企业负担要与政策扶持相结合；自愿试点要与政策引导相结合。

(9) 环境污染事件赔偿处罚机制

我国环境污染事件的善后处理机制并不完善，经常有“企业违法污染获利，环境损害大家埋单”的情况发生企业应承担的赔偿和恢复环境原状的责任往往得不到落实，污染受害人也不能及时获得补偿，这引发了许多的社会矛盾。应建立起环境风险赔偿制度，加大环境污染事件赔偿力度，一方面保障广大人民的身体健康和合法权益；另一方面加大环境污染企业的违法成本，从经济上督促企业重视环境风险管理，提高企业加强环境风险管理的积极性。

(10) 企业环境安全报告机制

重大环境风险源必须向省级环境保护部门提供环境安全报告，并且在5年内，或者生产工艺和设备有重大改变时，或者环境风险物质有变化时，必须进行更新。企业环境安全报告应该包括的内容如下。

1）环境风险物质造成的可预见发生的事故及其危害与影响，环境污染事件的预防措施和应急处理技术；

2）企业的环境风险管理系统，并对其常态化管理和事故应急管理能力作出评估；

3）说明所有生产、运输、储存环节存在环境风险物质的设备、设施、仓库等的情况，并对其安全状况进行评估；

4）企业内部的紧急预案执行情况，并且要求提供制定外部紧急预案的必要信息；

5）企业拥有的环境风险物质目录。一般环境风险企业要求向市级环境保护主管部门报告企业拥有的环境风险物质信息（包括：储量、状态、毒性、允许暴露限值、腐蚀性、化学稳定性等）；此外还应报告使用和储存环境风险物质的设备、仓库和设施的情况，以及对相关设备所采取的降低安全事故风险的必要措施。

5.2.4 我国环境风险源管理的法律框架

法律手段是环境风险管理最基本的管理基础，是环境风险管理的依据。环境风险管理法制建设，就是依法开展环境风险管理工作，使环境风险管理走向规范化、制度化和法制化轨道，明确政府和公民在环境风险管理中的权利、义务，使政府得到高度授权，维护国家利益和公共利益，使公民基本权益得到最大限度的保护。

当前我国虽然也已经制定了宪法引领下的不少环境法律，这些环境法律在降低国家环境风险上也起到了一定的作用。但是，并没有建立一套针对重大环境污染事件，降低环境风险的、可操作性强的法律体系。

1. 现有环境风险管理法律体系

(1) 宪法对环境风险管理的支撑

在生态环境和自然资源的国家保护方面，宪法第9条第2款规定："国家保障自然资源的合理利用，保护珍贵的动物和植物。禁止任何组织或者个人用任何手段侵占或者破坏自然资源。"第26条规定："国家保护和改善生活环境和生态环境，防治污染和其他公害。国家组织和鼓励植树造林，保护林木。"虽然，我国宪法对国家环境保护任务的规定采取了最具普遍适用意义的措辞，并没有明确地使用"环境风险"、"环境污染事件"等具有特殊适用意义的词语。但是，在法律没有特别规定的情况下，具有普遍适用意义的"保障"、"保护"、"改善"、"防治"等措辞应适用于环境风险管理。

(2) 对环境风险管理原则的规定

现行法律没有对环境风险管理的具体原则做出规定，但是在《突发事件应对法》中规定了突发事件应对工作应遵循"预防为主、预防与应急相结合的原则"。《水污染防治法》规定了"水污染防治应当坚持预防为主、防治结合、综合治理的原则，优先保护饮用水源，严格控制工业污染、城镇生活污染，防治农业面源污染，积极推进生态治理工程建设，预防、控制和减少水环境污染和生态破坏”。

(3) 对环境风险管理主管机构的规定

现行法律没有对环境风险管理机构做出明确的规定，《突发事件应对法》规定“县级人民政府应对本行政区域内的突发事件负责；涉及两个以上行政区域的，由有关行政区域共同的上级人民政府负责，或者由两个行政区域的上一级人民政府共同负责”。对于国务院的职责该法规定“国务院在总理领导下研究、决定和部署特别重大突发事件的应对工作；根据实际需要，设立国家突发事件应急指挥机构，负责突发事件应对工作；必要时，国务院可以派出工作组指导有关工作”。对于县级以上人民政府的职责，该法规定“县级以上地方各级人民在政府设立由本级人民政府主要负责人、相关部门负责人、驻当地中国人民解放军和中国人民武装警察部队有关负责人组成的突发事件应对工作；根据实际需要，设立相关类别突发事件应急指挥机构，组织、协调、指挥下级人民政府及相应部门做好有关突发事件的应对工作”。

(4) 环境风险源申报评估的法律依据

在现行法律体系内并没有规定环境风险源有申报和评估的义务，但是《突发事件应对法》规定“县级（县级以上）人民政府应当对本行政区域内容易引发自然灾害、事故灾难和公共卫生事件的危险源、危险区域进行调查、登记、风险评估，定期进行检查、监控，并责令有关单位采取安全防范措施”。《水污染防治法》对污染水体的污染物的排放规定了申报义务，第二十一条规定“直接或间接向水体排放污染物的企业事业单位和个体工商户，应当按照国务院环境保护主管部门的规定，向县级以上人民政府环境保护主管部门申报拥有的水污染排放设施、处理设施和正常作业条件下排放水污染物的种类、数量和浓度，并提供防治水污染方面的有关技术资料。”《水污染防治法》还规定“企业事业单位和个体工商户排放水污染物的种类、数量和浓度有重大改变的，应当及时申报登记；其水污染物处理设施应当保持正常使用；拆除或者闲置水污染物处理设施的，应当事先报县级以上地方人民政府环境保护主管部门批准。”《固体废物污染防治法》对固体废弃物申报做出了规定：“国家实行工业固体废物申报登记制度。产生工业固体废物的单位必须按照国务院环境保护行政主管部门的规定，向所在地县级以上地方环境保护行政主管部门提供工业固体废弃物的种类、产生量、流向、贮存、处置等有关资料。前款规定的申报事项有重大改变时，应当及时申报。”《大气污染防治法》规定了向大气排放污染物的单位的申报责任，“向大气排放污染物的单位，必须按照国务院环境保护行政主管部门的规定向所在地的环境保护行政主管部门申报拥有的污染物排放设施、处理设施和正常作业条件下排放污染物的种类、数量、浓度，并提供防治大气污染方面的有关技术资料。前款规定的排污单位排放大气污染物的种类、数量、浓度有重大变化时，应当及时申报；其大气污染物处理设施必须保持正常使用，拆除或者闲置大气污染物处理设施的，必须事先报经所在地的县级以上地方人民政府环境保护行政主管部门批准”。

(5) 环境风险源监测预警法律依据

《突发事件应对法》规定“国家建立健全突发事件监测制度。县级以上人民政府及其有关部门应当根据自然灾害、事故灾难和公共卫生事件的种类和特点，建立健全基础信息数据库，完善监测网络，划分监测区域，确定监测点，明确监测项目，提供必要的设备、设施，配备专职或者兼职人员，对可能发生的突发事件进行监测。”《突发事件应对法》

还规定“国家建立健全突发事件预警制度。”《水污染防治法》规定“重点排污单位应当安装水污染物排放自动检测设备，与环境保护主管部门的监控设备联网，并保证监控设备正常运行。排放工业废水的企业，应当对其所排放的工业废水进行监测，并保存原始检测记录。具体办法由国务院环境保护主管部门规定。应当安装水污染物排放自动检测设备的重点排污单位名录，由设区的市级以上地方人民政府环境保护主管部门根据本行政区域的环境容量、重点水污染物排放总量控制指标的要求以及排污单位排放水污染物的种类、数量和浓度等因素，商同级有关部门确定。”《固体废物污染防治法》规定“国务院环境保护行政主管部门建立固体废物污染环境监测制度，制定统一的监测规范，并会同有关部门组织监测网络”。

2. 我国应建立的环境风险管理法律体系

我国应加强环境风险立法，建立独立的、完善的环境风险管理法律体系，为环境风险的管理提供法律依据，把环境风险管理部门间合作机制、环境风险源申报机制、环境风险源分级管理机制、区域环境风险评估和考核机制、环境风险源监控预警机制、统一的环境风险物质管理机制、环境应急预案动态管理机制、环境风险事故保险机制、环境污染事件赔偿处罚机制、企业环境安全报告机制等制度和机制形成法律文件，保证其顺利实施。应该建立如下法律。

1）《环境安全法》：具体规定有发生环境污染事件可能的企业的管理，如环境风险物质的申报制度、环境安全报告制度等；

2）建立《环境风险设施管理法》，规定对环境风险设施的管理，并在大量调查研究的基础上，对可能发生环境污染事件的设施提出应该实行的控制污染的措施。

5.3 环境风险源分类分级管理与防范

环境风险是环境风险事件发生及造成损失的可能性或不确定性，是风险源（可能的风险因子）的数量、控制机制的状态、受体的价值和脆弱性以及人类社会的防御能力等主要因素综合作用的结果。环境风险源的环境风险因子是发生环境污染的内因，是本质因素；而控制机制的好坏决定着环境风险因子是否会被释放出来；环境受体的脆弱性决定了释放出的环境风险因子的危害程度。因此环境风险的管理主要从这3个方面进行。

5.3.1 加强环境风险源管理，降低环境风险因子数量

根据我国现有的行政体制和各级政府环境保护主管部门的实际情况，对环境风险源的管理应实行分级管理机制，其中省级环境保护主管部门负责重大环境风险源的管理，市级环境保护主管部门负责一般环境风险源的管理。

对环境风险源的管理要力求减少环境风险源数量，优化布局，具体应该做到以下几点。

1）调整产业的结构，鼓励发展低环境风险的产业，限制或淘汰高风险产业，减轻结构性风险。鼓励企业减少环境风险物质的使用。

2）提高设备工艺的安全性能：改进危险物质的工艺设备水平和储存条件，鼓励设备

落后、老化企业进行更新换代，引进高科技的技术设备，定期检查设备状态和定期保养维护。要求运输、储存设备必须符合安全标准，严格按照不同危险性质选用合适的储存、运输装备。

3）使用最优环境风险控制技术，消除生产、储存、运输过程中产生的风险隐患。

4）生产原料、产品涉及危险化学品的建设项目，应该符合国家和省、市有关环境保护规定。涉及有毒有害和易燃易爆物质的生产、使用、储存等的新建、改扩建和技术改造项目，均应进行环境风险评价。因此，应对进区项目存在的环境风险进行排查，根据各企业的实际情况，制定完善的事故风险防范措施和事故应急预案，将事故风险减小到最低程度。

5）避免不利的风险源布局：一是避免在地震、洪水、泥石流、滑坡等能量型灾害易发区域布设环境风险源或运输危险物质，以减少诱发突发环境污染事件的危险；二是集中布局，但应保持风险源之间的安全距离，降低源群聚导致的链发效应和群发效应；三是避免在商住区、学校、医院等人群密集的区域、水源地等生态敏感区（点）附近以及上风向、水体上游的区域布设环境风险源或运输危险物质。对于已布设的危险源，应设法搬迁或关闭，减轻布局性风险。

5.3.2　提高环境风险因子控制水平

过程控制侧重危险物质释放后但未与风险受体接触前所采取的控制措施准备，包括区域的风险防范措施和应急准备。

（1）提高环境风险监控能力

应对重大环境风险源进行监控，综合考虑经济、人力和可操作性等因素，依据科学性、整体性和典型性等原则，确定重大环境风险源的监控指标，监控点位的选取体现监控信息的典型性、有效性和经济性。

（2）建立统一的环境风险信息平台

政府要高度重视突发环境事件事前预防，增强忧患意识，建立健全风险防控、监测监控、预测预警系统，建立统一、高效的环境风险信息平台，实现安全环境预警预测智能化，可以依据企业环境信息变化趋势，及早发现引发突发环境事件的线索和诱因，预测出将要出现的问题，采取有效措施，力求避免突发环境污染事件的发生。

5.3.3　增强区域对环境污染事件的防御能力

增强区域对环境污染事件的防御能力不仅需要加强区域应急能力建设，而且应该最大限度地阻断事故后风险因子与环境受体的接触。

1. 提高区域应急能力建设

（1）提高应急救援能力

建立环境管理部门与安全生产监督管理部门、公安消防、交通海事、卫生、海洋等部门间的应急联动机制。高环境风险区域应配备专业的突发环境风险事件应急队伍。区域环境保护主管部门应配备环境应急指挥车、通信设备、定位装置等必要设备，配备环境应急监测必需的仪器和设施，并提供技术培训。加强地方医院救护能力建设，包括增加专业医疗人员数量，提高医疗手段，改进医疗设备。

（2）建立应急物资储备系统

建立区域环境应急物资储备信息系统与应急救援物资储备制度。环境保护主管部门应督促环境风险企业储备所需的环境应急物资，及时、准确地掌握环境应急物资储备信息，加强对环境应急物资储备和监督管理，保障环境应急所需物资的及时调拨和配送。

（3）制定环境事故应急预案

制定区域应急预案，设置防范与预警、应急响应、信息报告与发布以及后期处置等环节的具体方案，明确分级预警、分级应急。根据相关应急预案，组织专业性或综合性的应急演练，做好跨部门的协调配合及通信联络，确保紧急状态下的有效沟通和统一指挥。重大环境风险企业必须建立内部的环境事故应急预案，报环境保护主管部门备案，并且应向外部预案制定部门提出外部应急预案编制所需的信息。

完善的环境事故应急预案可以确保在事故发生时有序地处理事故、减少人员伤亡和财产损失。事故应急预案应包括：应急的组织及职责；应急设施、设备与器材；应急通信联络；事故后果评价；应急监测；应急安全、保卫；应急医学救援；应急撤离措施；应急报告；应急演习等。政府部门应给予监督和一定的物资支持。应急预案主要内容可参照表5-1制定并细化。

表5-1　重大环境风险源企业应急预案内容一览表

序号	项目	内容及要求
1	应急计划区	重大环境风险源企业周边的村庄
2	应急组织机构和人员	园区：设立园区指挥部，负责园区和附近地区的全面指挥，包括救援和疏散 企业：①专业救援队伍，负责园区救援工作；②设立厂指挥部，负责全厂指挥；③专业救援队伍，负责事故控制、救援和善后处理
3	应急预案分级响应	根据事故的严重程度制定相应级别（区域、企业、车间）的应急预案，以及适合相应情况的处理措施
4	应急救援保障	①各储罐区采取防火、防爆、防静电、防雷等措施，并设置有效的消防器材； ②在有易燃、易爆的危险区域，设有可燃气体检测报警仪
5	报警、通信	采取有线、无线和计算机网络的方式，确保通信畅通；企业救援信号主要采用电话报警联系
6	应急环境监测、抢险、救援及控制措施	组织专业队伍负责对事故现场进行侦察监测，对事故性质、参数与后果进行评估，专为指挥部门提供决策依据；工业区指挥部负责全厂指挥，工业区专业救援队伍负责抢险、救援，为地区救援队伍提供支援
7	应急防护设施、清除泄漏措施和器材	防火、防爆应急设施，如消防器材、紧急切断设施、防火堤及围堰等；防止毒物扩散的喷淋设备等；处理后，企业内安全环境保护处对事故现场水质进行布点监测，做好清理工作
8	紧急撤离、疏散及区域应急联动	一旦发生火灾、爆炸和泄漏事故，需要报所在市县公安消防部门组织人员紧急撤离、疏散

续表

序号	项目	内容及要求
9	事故应急救援关闭程序与恢复措施	整个现场处于可控状态，无易燃易爆有毒有害物质排放，即可终止应急救援程序，由企业自行开展事故现场善后处理，恢复措施。周边环境解除事故警戒后，及时开展区域民众的安抚工作及相应的伤害损失赔偿工作
10	应急培训计划	应急计划制定后，企业应定期组织演练，明确各部门的分工和职责，掌握应急救援处理方法
11	公众教育和信息	企业定期组织专业人员对厂区员工和邻近区域开展公众教育、培训，使公众对重特大环境事故的起因、影响及危害有较为明确的认识，并懂得在事故状态下如何应急，开展自救与自我保护工作，如何以有效、及时的方式在应急指挥部的领导下撤离至安全区域

（4）提高民众的风险防范意识和应急水平

要提高全社会的环境风险意识、事件应对能力以及环境风险企业管理参与程度。广泛开展环境风险意识教育和科普宣传，深入宣传各类突发环境事件应急预案，全面普及预防、避险、自救、互救、减灾等知识和技能。完善环境风险源管理的公众参与机制，提高环境风险源管理的社会参与度。

加强企业职工和领导层的职业与环境安全培训工作，树立员工的环境安全意识。产业聚集区应进一步开展和完善公众参与制度，对涉及人民群众环境风险防范的重大事宜，保证公开、公平和公正向各界人士提供真实的信息。

2. 阻断事故后风险因子与环境受体的接触

环境风险受体是环境风险因子可能危害的人群、动植物、敏感的环境要素以及社会财富，如居住区、学校、医院等人群聚集区，水源保护地、自然保护区等生态系统，水、土壤和大气等环境要素。风险受体与释放的风险因子接触才能导致风险发生，形成突发性污染危害。阻断风险因子与环境受体的接触，能避免突发性环境污染事件的发生。

1）调整城市整体规划，把居民区迁出重大环境风险源较为集中的区域，避免在化工园区周围建设居民区。对于高危行业的产业布局要坚持园区化、集聚式发展思路。把高危行业企业布局与城市未来发展空间结合起来，避免出现建在偏远地段企业，几年后又面临着与城区相容共处的局面。

2）搬迁或隔离受体。把遭受集中环境风险源威胁可能性大的居住区、学校、医院等搬离危险暴露区；尽量减少可能暴露的受体数量、规模；对暴露程度低或无法搬迁的受体，采取设置防护隔离带等暴露防护措施，减少暴露的程度和可能性。

3）严格执行卫生防护距离要求。为减轻建设项目对周围环境的影响，部分建设项目环境影响评价若提出了卫生防护距离要求，必须严格执行评价中项目选址的卫生防护距离要求，在卫生防护距离范围内，不得建设学校、医院、居民点等环境敏感建筑物。

4）应急疏散撤离准备。从区域层面制定人群疏散撤离方案，开展宣传教育与疏散演练，增强应急疏散撤离能力和应急的暴露防护能力，确保紧急状态下迅速有效脱离突发环境污染暴露区并减少暴露程度。

第6章 环境风险源识别与监控技术应用示范

为了使开发的技术成果更能理论联系实际，作者积极与相关环境管理部门交流沟通，了解环境管理部门技术需求，及时为相关部门工作提供了技术支撑。对相关技术方法从重点城市、化工园区、特定功能区等不同区域开展了示范应用。成功的示范应用证明了所开发的技术方法的有效性，通过示范应用也对相关的技术方法进行了优化改进。

6.1 典型沿江化工园区环境风险源识别与监控技术示范

某化工园区地处长江沿岸，位置敏感，是典型的沿江化工园区，具有以下特点。

首先，园区内有60余家企业，以石油化工为主，重点发展石油与天然气化工、基本有机化工原料、精细化工、高分子材料、生命医药、新型化工材料六大领域的系列产品。化工园区内企业包括中国石化集团、中国化工集团、巴斯夫股份公司（BASF）、英国石油公司（BP）、塞拉尼斯公司等一批国内外知名化工企业在园区投资落户，累计投资超过50亿美元。随着园区的发展，使用、储存和运输有毒有害化学品的量逐渐增多。

其次，化工园区紧邻长江主干道，长江水质常年保持为Ⅲ类和Ⅳ类水质。在园区上游有4个市级及区域水源地，在下游15 km内有一个区级备用水源地，在下游还有某区域中心城市的水源地。化工园区雨水经支流河及泵站提升可直接进入长江。此外，厂区工业废水经处理后直接排入长江，也具有一定的污染风险。

再次，化工园区内重大环境风险源数量众多，易导致突发性污染事件，对人类健康和周边环境造成巨大风险，因而其安全管理一直都是化工园区管理的重要内容，如何将重大风险事故遏制在孕育期，是化工园区安全管理中的重要目标。为了有效预防重大事故的发生，将事故风险遏制在孕育期，必须对化工园区重点风险源进行实时监控和预警，对园区的重点风险源监测数据进行分析和判断，规范化管理园区重点风险源，降低事故发生的频率，减少事故带来的伤害。

最后，化工园区所在地区人口密集、资源丰富、经济基础雄厚。但园区内部化工企业布局存在着不尽合理的地方，一旦发生突发性环境污染事件必将对化工园区本身及其长江流域沿岸社会经济、人群健康及生态环境等带来巨大的影响。

因此，选取该化工园区开展环境风险源识别、监控综合示范。以期提高园区风险的防范、预知及其应急处理能力，为安全环境保护部门提供化工园区重点风险源的监控手段，以及为安全环境管理提供技术保障。

6.1.1 典型化工园区风险源识别与分级

将重大环境风险源识别技术应用于该典型化工业园区，调研收集园区内60家企业的基础风险信息，以部分企业为例排查企业内的环境风险源，分别对大气环境风险源和水环境风险源进行识别。

1. 大气环境风险源的识别

在初步排查该化工园区大气环境风险源的基础上，预测大气环境风险源的危害范围和危害后果，最终对大气环境风险源风险等级进行划分。

（1）大气环境风险源的初步排查

通过 2008 ~ 2011 年多次企业现场调研，获取该化工园区 60 余家企业的环境风险基础信息。依托基于危害范围的环境风险源识别方法对该化工园区内的企业进行环境风险源识别。

对该化工园区 60 家企业中的风险物质进行初步排查，确定含有气态环境风险物质的企业，并参照危险物质临界值表初步筛选出属于大气环境风险源的物质，企业的排查结果部分见表 6-1。

表 6-1　大气环境风险源初步排查表　　（单位：t）

序号	企业名称	风险物质名称	最大储量	一般区域临界值	敏感区域临界值	是否属于风险源
1	企业 N1	盐酸	5	20	8	否
		三氯氢硅	10.8	10	4	是
2	企业 N2	甲基丙烯酸甲酯	0.5	8	3.2	否
3	企业 N3	1,3-丁二烯	2000	12.5	5	是
		连二亚硫酸钠	10	125	50	否
4	企业 N4	环氧乙烷	50	25	10	是
5	企业 N5	液氯	4	8	3.2	是
		盐酸	20	20	8	是
6	企业 N6	正丙醇	1	8	3.2	否
		乙酸正丙酯	1	8	3.2	否
7	企业 N7	甲醛	1	25	10	否
		正丁醛	2	50	20	否
		二乙烯三胺	5	50	20	否
8	企业 N8	环氧乙烷	200	25	10	是
9	企业 N9	乙酸仲丁酯	774	50	20	是
10	企业 N10	液氯	2	8	3.2	否

表 6-1 数据显示，10 家企业中含有不同储量的气态环境风险化学物质共 17 种，分别调研了各企业的风险物质最大储量，与风险物质临界值表中的一般区域临界量和敏感区域临界量做了比较，凡是最大储量大于临界量的物质均属于大气环境风险源。经过初步排查，上述企业中有 4 家企业风险物质最大储量小于其临界值，确定这 4 家企业中的气态风险物质不属于大气环境风险源。对剩余 6 家企业中的环境风险源进行进一步的识别。

(2) 大气环境风险源的危害范围预测

评估气态环境风险物质泄漏的源强，计算过程见表 6-2。

表 6-2　企业大气环境风险源源强计算表

序号	企业名称	风险物名称	最大储量/t	源强/（g/s）
1	企业 N1	三氯氢硅	10.8	36 000
3	企业 N3	1,3-丁二烯	2 000	3 333 333
4	企业 N4	环氧乙烷	50	166 666.7
5	企业 N5	液氯	4	13 333.33
		盐酸	20	66 666.67
8	企业 N8	环氧乙烷	200	666 666.7
10	企业 N10	乙酸仲丁酯	774	2 580 000

对于气象参数的选取综合考虑了该化工园区的年季平均大气状况，大气稳定度取 C 级，则 $\alpha_1=0.924\,279$；$\gamma_1=0.177\,154$；$\alpha_2=0.917\,595$；$\gamma_2=0.106\,803$。园区内的平均风速为 3m/s。

关于气体危害范围的边界浓度采用半致死浓度 LC_{50} 来确定风险源对人身健康的危害范围，即半致死范围和临时性撤离范围。危害范围计算结果见表 6-3。

表 6-3　企业大气环境风险源危害范围计算表

序号	企业名称	风险物名称	源强/（g/s）	边界浓度 LC_{50}/（g/m^3）	半致死范围/m	临时性撤离范围/m
1	企业 N1	三氯氢硅	36 000	1.5	1 253.48	4 652.79
3	企业 N3	1,3-丁二烯	3 333 333	2.631 6	832.34	3 089.57
4	企业 N4	环氧乙烷	166 666.7	1.39	83.93	311.54
5	企业 N5	液氯	13 333.33	2.631 6	35.29	130.98
		盐酸	66 666.67	5.3	22.92	85.09
8	企业 N8	环氧乙烷	666 666.7	0.85	184.86	686.20
10	企业 N10	乙酸仲丁酯	2 580 000	8.354	673.40	2 499.61

(3) 大气环境污染危害后果预测

根据预测的危害范围，分别评估危害范围内的人口聚集区，尤其是学校、医院、居民区等敏感点；依据该化工园区 GIS 地图，综合考虑其周边环境，统计得到半致死范围内和临时性撤离范围内人数，见表 6-4。

表 6-4　企业大气环境风险源风险评估　　（单位：人）

序号	企业名称	风险物质名称	半致死范围内人数	临时性撤离范围内人数
1	企业 N1	三氯氢硅	3 800	17 000
3	企业 N3	1,3-丁二烯	1 000	11 200

续表

序号	企业名称	风险物质名称	半致死范围内人数	临时性撤离范围内人数
4	企业 N4	环氧乙烷	50 ~ 200	1 500
5	企业 N5	液氯	50 ~ 200	500 ~ 1 000
		盐酸	50 ~ 200	500 ~ 1 000
8	企业 N8	环氧乙烷	200	1 700
10	企业 N10	乙酸仲丁酯	1 700	5 400

(4) 大气环境风险源风险等级划分

根据环境风险源的风险指数，划分环境风险源的风险等级，见表 6-5。

表 6-5　大气环境风险源风险等级表

序号	企业名称	风险物质名称	半致死范围风险指数	临时性撤离范围风险指数	风险等级
1	企业 N1	三氯氢硅	10	10	较大
3	企业 N3	1,3-丁二烯	4	10	较大
4	企业 N4	环氧乙烷	0.5	1	非风险源
5	企业 N5	液氯	0.5	0.5	一般
		盐酸	0.5	0.5	
8	企业 N8	环氧乙烷	0.5	1	非风险源
10	企业 N10	乙酸仲丁酯	10	4	较大

2. 某典型化工园区水环境风险源的识别过程

在对园区内企业 Y10 内的水环境风险源的危害后果及分级进行评估后，初步筛选出该化工园区水环境风险源，预测园区内的水环境风险源危害范围，最终确定该化工园区水环境风险源风险指数及风险等级。

(1) 水环境风险源的危害后果及分级

根据预测的水环境风险源的危害范围，主要评估危害范围内的水源地情况、跨界影响、生态影响和天然河流的水质情况，排查范围内的环境敏感点，确定风险指数，划分环境风险源的风险等级。企业 Y10 内的水环境风险源等级的划分结果见表 6-6。

表 6-6　水环境风险源风险等级

风险源名称	水源地	跨界	保护区	天然河流	风险等级
乙醇	4	0	0	2	一般
甲醇	30	0	10	2	重大
环氧丙烷	30	0	10	2	重大

根据调研资料显示，企业 Y10 的受纳水体水质为 IV 类，故天然河流的风险指数赋值为 2；乙醇危害范围内有一个农村饮用水取水口，风险指数为 4；甲醇和环氧丙烷的危害范围内包括重要城市主要水源地和种质资源保护区，故风险指数分别为 30 和 10。划分风

险源的风险等级，乙醇属于一般环境风险源，甲醇和环氧丙烷均属于重大环境风险源。

（2）化工园区水环境风险源的初步筛选

通过对该化工园区的60多家企业中的风险物质进行初步排查，确定含有液态环境风险物质的企业，并参照风险物质临界值表排查出属于水环境风险源的物质，部分企业的排查过程见表6-7。

表6-7　水环境风险源初步排查表　（单位：t）

序号	企业名称	风险物质名称	生产区储量	贮存区储量	是否属于风险源
1	企业Y1	重油	30	0	是
		正丁醇	20	0	是
2	企业Y2	乙二醇	0	15	是
		丙二醇	0	40	是
		正丁醇	0	25	是
		1,2-环氧丙烷	0	200	是
3	企业Y3	二甲苯	0	30	否
		甲基苯	0	30	否
4	企业Y4	硝酸	0	0.5	否
		N,*N*-二甲基甲酰胺	0	1.2	否
		甲苯	0	0.6	否
		甲醇	0	1	否
		苯	0	0.3	否
		溴素	0	1	否
		盐酸	0	1	否
		环己烷	0	1	否
		乙酸乙酯	0	1	否
5	企业Y5	乙酸酐	170	0	是
6	企业Y6	丙醛	0	2.5	否
		丙酸	0	80	是
		丙酸残液	80	0	是
		浓硫酸	1	0	否
		甲醇	2	0	否
		溶剂油	2	0	否
		苯乙烯	3	0	否
		环氧丙烷	0.18	0	否
7	Y7有限公司	甲醇	10.6	0	否
		硫酸	0	9.8	是
		乙酸	0	23	否
		亚硝酸钠	0	6.3	否
		硫酸	10.6	0	是

续表

序号	企业名称	风险物质名称	生产区储量	贮存区储量	是否属于风险源
8	Y8 总公司	苯乙烯	0	0.6	否
		甲基丙烯酸丁酯	0	0.3	否
		异丁醛	0	3	否
		甲醇	0	0.3	否
		桐油	1	9	否
9	Y9 有限公司	邻二甲苯	0	300	是
		对二甲苯	1300	260	是
		苯	0	50	是
		丁二烯	0	140	是
10	Y10 有限公司	醋酸	1	5	否
		甲醇	0	40	是
		环氧丙烷	0	30	是
		甲苯	0	10	否
11	Y11 有限公司	甲醇	0.16	6	否
		盐酸	0.15	5	否
		丙酮	0.15	4	否
12	Y12 有限公司	乙醇	0	1.44	否
		甲苯	0	4.248	否
13	Y13 有限公司	乙酸	2	0	否
14	Y14 有限公司	氯丙烯	0	2	否
		三氯氢硅	0	6.5	否
		甲醇	0	4.5	否
		氯丙烯	0	2	否
		氯丙烯	0	2	否
		三氯硅烷	0	6.5	否
		甲基丙烯酸甲酯	0	5	否
15	Y15 有限公司	苯乙烯	0	3	否
		丙烯酸丁酯	0	4	否
		过硫酸铵	0	2	否
		甲基丙烯酸	30	0	是

以上 15 家企业中含有多种液态环境风险物质，本研究分别调研了他们的生产场所和贮存场所的风险物质储量，与风险化学物质临界值表中的一般区域临界量和敏感区域临界量做了比较，凡是储量大于临界量的物质均属于水环境风险源。经过初步排查，上述企业中有 7 家企业生产场所和贮存场所中所储存的物质的量小于其临界值，确定这 7 家企业中的液态环境风险物质不属于水环境风险源。

（3）化工园区水环境风险源危害范围预测

由于该化工园区中企业的位置距离受纳水体有一定的距离，并且园区内多为水泥路面，一旦发生液体泄漏事故，泄漏液体全部进入水体的可能性较小，加上园区内企业管理措施相对完善，因此入河率 k 取 0.3。水环境风险源危害范围见表 6-8。

表 6-8　水环境风险源危害范围

序号	风险物质名称	生产区储量/t	贮存区储量/t	泄漏率	标准限值/(g/m^3)	生产区危害范围/m	贮存区危害范围/m
1	重油	30	0	0.04	0.05	42 805.29	0
	正丁醇	20	0	0.04	0.1	4 756.14	0
2	乙二醇	0	15	0.04	0.1	0	2 675.33
	丙二醇	0	40	0.04	0.1	0	19 024.57
	正丁醇	0	25	0.04	0.1	0	7 431.47
	1,2-环氧丙烷	0	200	0.04	0.1	0	475 614.30
5	乙酸酐	170	0	0.04	0.9	4 242.36	0
6	丙酸	0	80	0.04	0.9	0	939.49
	丙酸残液	80	0	0.04	0.9	939.49	0
7	硫酸	0	9.8	0.04	0.9	0	14.10
	氢氧化钠	0	13	0.04	0.9	0	24.81
	硫酸	10.6	0	0.04	0.9	16.49	0
9	邻二甲苯	0	300	0.02	0.5	0	10 701.32
	对二甲苯	1 300	260	0.02	0.5	200 947.04	8 037.88
	苯	0	50	0.02	0.01	0	743 147.35
	丁二烯	0	140	0.04	0.1	0	233 051.01
10	乙醇	0	20	0.04	0.1	0	4 756.14
	甲醇	0	40	0.04	0.07	0	38 825.66
	环氧丙烷	0	30	0.04	0.07	0	21 839.43
15	氢氧化钠	40	0	0.04	0.9	234.87	0
	甲基丙烯酸	30	0	0.04	0.9	132.12	0

计算过程中，考虑该化工园区周围收纳水体的水文状况，河流的平均流速取 2.4 m/s，河宽取 300m，水深取 5m。污染物浓度标准参考《地表水环境质量标准》（GB 3838—2002）。

（4）该化工园区水环境风险源风险排序

由于该化工园区污水无法直接排入周边敏感水体，即使事故排放后经雨水排放也主要是进入化工园区周边的内河。园区内污水需由提升泵站提升后才能进入长江，这就有效削减了进入敏感水体中污染物的浓度，降低了事故概率。因而，研究中仅对该化工园区水环境风险进行了排序，提出了优先管理的企业排序。水环境风险源风险等级见表 6-9。

表 6-9 水环境风险源风险等级

企业名称	风险物质名称	水源地	跨界	保护区	天然河流	风险等级
企业 Y1	重油	30	10	10	2	6
	正丁醇	4	0	0	1	
企业 Y2	乙二醇	4	0	0	1	2
	丙二醇	30	0	0	2	
	正丁醇	10	0	0	1	
	1,2-环氧丙烷	30	0	10	2	
企业 Y5	乙酸酐	4	0	0	1	7
企业 Y6	丙酸	4	0	0	1	4
	丙酸残液	4	0	0	1	
企业 Y7	硫酸	0	0	0	1	5
	氢氧化钠	0	0	0	1	
	硫酸	0	0	0	1	
企业 Y9	邻二甲苯	30	0	0	2	1
	对二甲苯	30	4	10	2	
	苯	30	4	10	2	
	丁二烯	30	0	10	2	
企业 Y10	乙醇	4	0	0	2	3
	甲醇	30	0	10	2	
	环氧丙烷	30	0	10	2	
企业 Y15	氢氧化钠	4	0	0	1	8

3. 化工园区风险源识别结果

对化工园区中 10 家企业的气态风险物质进行排查。经过初步筛选，其中 4 家企业的气态风险物质小于临界量，不属于大气环境风险源。对剩余 6 家企业中的 7 种大气环境风险源进行了识别，其中，较大环境风险源有 3 个，一般环境风险源有 1 个，非环境风险源 3 个。对于不同级别的环境风险源要施行相应的风险管理办法，有效地预防环境污染事件的发生。

该化工园区内的液态环境风险物质较多，但是企业污水无法直接进入长江敏感水体。通过初步排查，确定了其中 8 家企业中的液态风险物质存储量超过临界值，建立了高风险企业的风险排序。

6.1.2 重点环境风险源监控方案

基于本研究对环境风险源监控技术及监控系统的设计，以及监控系统规范的构建，在该化工园区环境风险源调研的基础上，对识别分级出的环境风险源进行分析，针对筛选的重大环境风险源及其周边环境敏感受体情况，应用监控部分环境风险源监控指标体系的构建、监控布点方案、监控技术库、监控系统开发等共性技术方法，进行该化工园区环境风险源监控技术方案及监控系统的示范应用。

（1）环境风险源监控指标构建

根据该典型化工园区筛选出的环境风险源的类型、级别、区域的不同，在环境风险源资料调研、实地考察和分类分级研究的基础上，构建该典型化工园区环境风险源监控指标体系。

根据分区域监控的原则，该指标体系分为环境风险源本体和周边环境敏感受体 2 个区域，由于不同监控区域风险特点及引发环境污染事件的关注点不同，在选择监控指标时需要区别对待，该化工园区环境风险源监控指标框架见表 6-10。

表 6-10　监控指标框架

监控区域	监控指标
环境风险源本体 （储罐区、库区、生产场所、锅炉、装卸区、排放口等）	①特征风险物质（风险源涉及的有毒有害化学品等）； ②涉及安全的工艺参数（温度、压力、液位、流量、阀位等）； ③视频（装卸区、储罐区的动态，人员出入和操作情况等）； ④环境参数（气温、湿度、风速、风向等）
周边环境敏感受体 （居民区、学校、水源地、河流等）	①特征风险物质（园区可能排放的有毒有害化学品等）； ②综合指标（总挥发酚等）； ③生物毒性（发光细菌/水蚤/鱼等生物毒性）

对照监控指标框架，不同级别的环境风险源其监控的指标应有所区别，对于重大环境风险源，既监控其源物质浓度、安全状态参数、环境参数，也要对其进行视频监控，同时对其周边环境敏感受体进行监控，主要是气态风险物质的监控；对于较大和一般环境风险源，主要监控其特征风险物质的浓度和安全状态参数，对其周边也需进行大气环境监控，但是参数相对重大环境风险源较少。

（2）重点环境风险源监控点布设方案

根据环境风险源识别技术对风险源的识别、筛选、分类、分级等方面的研究成果，结合环境风险源监测监控指标体系研究提出的监测监控指标，提出重点环境风险源监测监控点设置的原则和要求，并在示范区提出重点环境风险源监控点布设方案。

（3）环境风险源监测监控技术及设备配置

由于在实地考察过程中发现，某典型化工园区筛选出的重大环境风险源其安全状态参数均已有监控。本着经济性原则，直接将其纳入；而环境参数中的气象参数监控技术已经非常成熟，应用很多，在此也不做技术优选和推荐。本研究主要针对的是特征风险物质和综合指标、生物毒性等监控进行技术推荐。

结合监控参数的选取，对某典型化工园区环境风险源的特征，对监控技术进行了优选，企业内部各种罐区主要采用电化学传感器、PID 传感器等点式监测仪器；对于风险受体的监控主要采用长光程环境空气监测系统等大型仪器及水质在线生物安全预警系统（biological early warning system，BEWs）监测水体中的生物综合毒性。

报警阈值根据在线监测仪器的测定下限和相关环境标准进行确定，测定下限和环境标准值相比较取数值高的作为报警阈值。环境标准参考我国《地表水环境质量标准》、《环境空气质量标准》、《大气污染物综合排放标准》、《污水综合排放标准》和《工作场所有害因素职业接触限值》。

某典型化工园区企业内部的监控技术方案和企业周边环境敏感受体监控技术方案分别见表6-11 和表6-12。

表6-11　某典型化工园区企业内部的监控技术方案

企业名称	风险源		报警阈值/ppm	监控技术	监控设备
	源	风险物质			
企业 Y23	丙烯、环氧丙烷罐区	丙烯、环氧丙烷	20	ISE	德国 Draeger OV1 电化学传感器
	液氯罐区	液氯	1	ISE	德国 Draeger Cl_2电化学传感器
企业 Y24	硝化棉产品库	硝化棉	10	ISE	德国 Draeger NO、NO_2电化学传感器
企业 Y25	原料罐区	甲醇、环氧乙烷	20	ISE	德国 Draeger OV1 电化学传感器
		间二甲苯	1	PID	美国 RAE Guard PID 有机气体检测仪
企业 Y26	原料罐区	氯甲烷、吡啶	1	PID	美国 RAE Guard PID 有机气体检测仪
		甲醛、乙醛	20	ISE	德国 Draeger OV1 电化学传感器
企业 Y12	环氧乙烷储罐	环氧乙烷	20	ISE	德国 Draeger OV1 电化学传感器
企业 Y10	原料罐区	甲醇	20	ISE	德国 Draeger OV1 电化学传感器
		硝基苯、硫酸二甲酯	1	PID	美国 RAE Guard PID 有机气体检测仪
企业 Y05	原料罐区	甲苯	1	PID	美国 RAEGuard PID
	剧毒品仓库	液氯	1	ISE	德国 Draeger Cl_2电化学传感器
企业 Y27	原料罐区、成品仓库	甲醇、环氧乙烷、环氧丙烷	20	ISE	德国 Draeger OV1 电化学传感器
企业 Y13	溶剂罐区	甲苯、二甲苯	1	PID	美国 RAE Guard PID
企业 Y28	环氧丙烷罐区	环氧丙烷	20	ISE	德国 Draeger OV1 电化学传感器
企业 Y21	环氧乙烷储罐	环氧乙烷	20	ISE	德国 Draeger OV1 电化学传感器
企业 Y29	甲醇成品罐区	甲醇	20	ISE	德国 Draeger OV1 电化学传感器

企业名称	风险源		报警阈值/ppm	监控技术	监控设备
	源	风险物质			
企业 Y30	环氧丙烷储罐	环氧丙烷	20	ISE	德国 Draeger OV1 电化学传感器
企业 Y31	罐区	甲醇、环氧丙烷	20	ISE	德国 Draeger OV1 电化学传感器

表 6-12　某典型化工园区企业周边环境敏感受体监控技术方案

风险受体	监控指标	报警阈值	监控技术	监控设备
化工园区管理委员会	>200 种	10 ppm	ISE	德国 Drager Polytron7000 毒气监测仪
某居民区	>50 种（BTX、SO_2等）	10 ppb	DOAS	意大利 ETG UV Sentinel 紫外大气环境监测仪
某街道办事处	氮氧化物、氨气、甲醛、苯系物、苯酚、苯乙烯	10 ppb	DOAS	法国 ESA SANOA 多气体长光程环境空气监测系统
某水务公司园区废水进水泵站	TOC	100 mg/L	催化燃烧氧化-NDIR	日本 Shimadzu TOC-4100 在线监测仪
某水务公司二沉池出水口	苯系物、卤代烃、取代苯类等	1 ppm	TOF-MS	膜进样-VUV 光电离-飞行时间质谱
	PAH	10 ppb	紫外荧光	中国聚光 FO-2000 水中油在线分析仪
某河流入江口断面	UV254nm	20 ~ 40Abs/m	紫外吸收光谱	奥地利 s :: can 分析仪 carbo :: lyser 测量仪
某水源保护区（备用水源）	VOC	100 ppb	DAI-GC-FID&ECD	日本 Shimadzu GC2010-Plus 气相色谱分析仪
	生物综合毒性	1 ~ 2 TU	鱼（日本青鳉）	水质在线生物安全预警系统（BEWs）

（4）监控系统网络布线与设计

在充分考虑某典型化工园区环境风险源监控布点分布和数量的基础上，网络综合布线统筹规划，合理设计。由监控布点统计，监控的重大环境风险源总计 14 个，敏感受体 7 个。其中离该化工园区管理委员会办公楼较近的点位主干网络选用光纤，水平线的传输介质符合超五类双绞线或超五类双绞线以上标准；其余的环境风险源则使用无线传输网络进行监测数据的发送。在综合布线时应考虑能满足未来 5 ~ 10 年内的应用和用户需求，避免短期内重复施工。

监控数据采集端出口为一台分交换机，与数据采集处理终端相连接，采集处理终端的数据通过超五类网线发送到分交换机处，并最终传到监控中心。化学工业园区动态监控信息采集端网络拓扑图如图 6-1 所示。

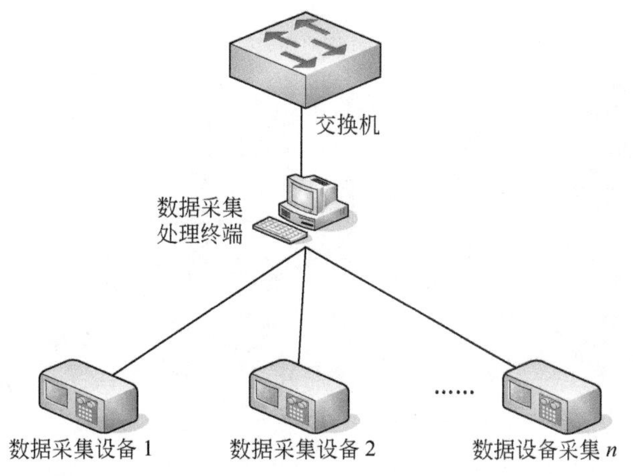

图 6-1　数据采集端网络拓扑图

各个风险源的出口都为分交换机，通过有线和无线传输两种方式将监测数据传送到核心交换机处。有线传输的方式根据传输距离的长短分别采用单模或者多模光纤作为传输介质。而无线传输则通过园区内架设的无线网络传送信息，其网络拓扑图如图 6-2 所示。

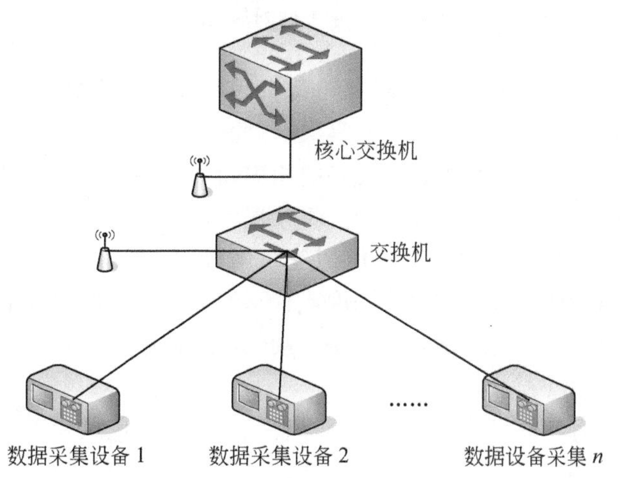

图 6-2　数据无线传输端网络拓扑图

监控系统存储设备放在园区的监控中心，主要为各类服务器，包括数据库服务器、视频服务器、备份存储等。这些设备全部通过核心交换机同外界进行数据交换。另外，采集端的数据处理设备还具有应急存储功能。一旦主干网络出现故障或者监控中心出现问题，它会将出现故障的这段时间内的所有监测数据进行安全存储，故障修复后再将数据发往各存储设备。化工园区动态监控数据存储端网络拓扑图如图 6-3 所示。

（5）监控系统数据传输

监控系统的数据传输包括信息的处理和分析，数据采集端所采集传输的信息一般都需要经过分析处理以后才能表达成用户需要的形式，前端应用程序的功能就是进行这种分析处理工作，接收相关仪器所采集的监测数据，并通过图表的形式实时展示出来，同时将数据存入数据库中。现在许多监测设备都是通过数据采集卡来采集监测数据，数据采集卡的

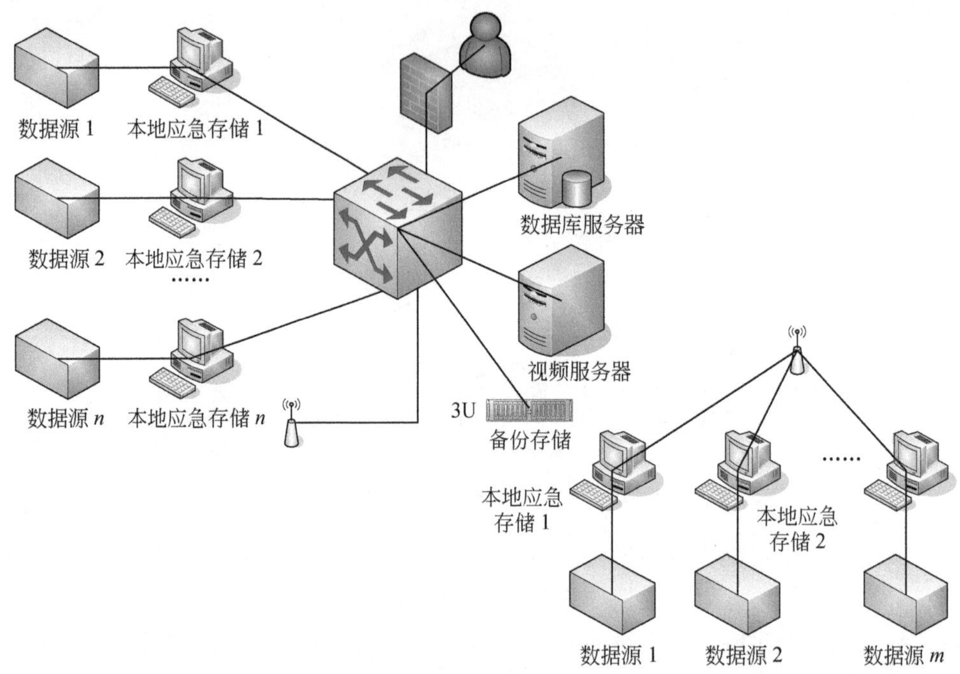

图 6-3　数据存储网络拓扑图

厂商在开发采集设备的同时都开发研制了相关应用程序，用来转化为计算机可以识别的数据。

在程序设计中，需要开放数据采集设备的相应软件程序代码，通过编写程序应用其有用的代码段，使数据采集设备响应此功能，将数据传输到前端应用程序中进行分析处理并存储到数据库中。其中数据转化程序的作用是利用数据采集卡应用程序开放的代码段分析、计算并转化为监控所需表现的物质浓度或状态参数数值。数据转化图如图 6-4 所示。

前端应用程序可以连接到数据转化程序，接收监测数据，并将数据实时保存到数据库系统中，如图 6-5 所示。

数据库系统是所有功能模块的基础，储存着化工园区环境风险源实时监控的所有信息数据和其他管理信息相关数据。数据库表包括实时监测数据表（Monitor_ Data）、风险源基本信息（Risk_ Source）、报警日志（Alert_ Log）、敏感点数据（Sensitive_ Point）、危险物质（Hazardous_ Material），见表 6-13。

表 6-13 环境风险源基本信息表

序号	字段	中文描述	类型	主键	允许空	备注
1	ID	序号	bigint	Y	N	标志
2	MAINID	关联 ID	bigint	N	N	关联的 ID
3	NAME	工作场所	varchar（50）	N	Y	—
4	XB	风险源编码	varchar（50）	N	Y	—
5	SFZ	风险源名称	varchar（50）	N	Y	—
6	DATATIME_CS	量值	int	N	Y	—

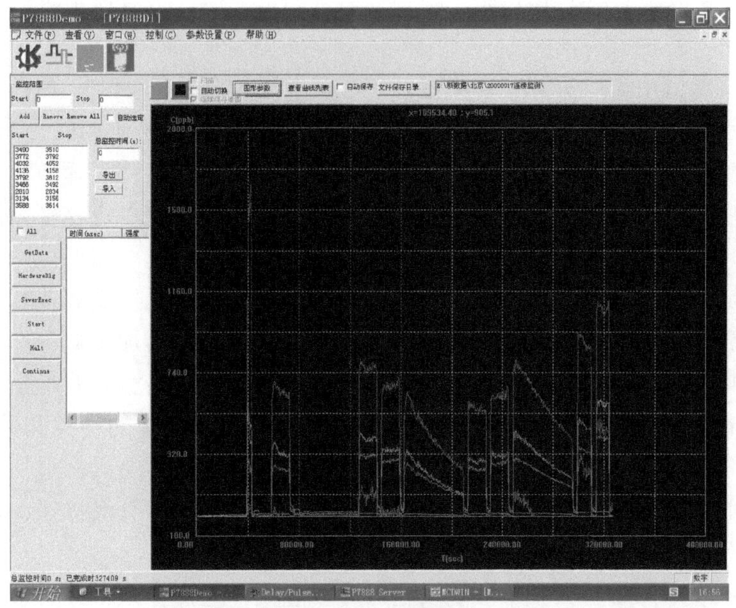

图 6-4　数据转化程序

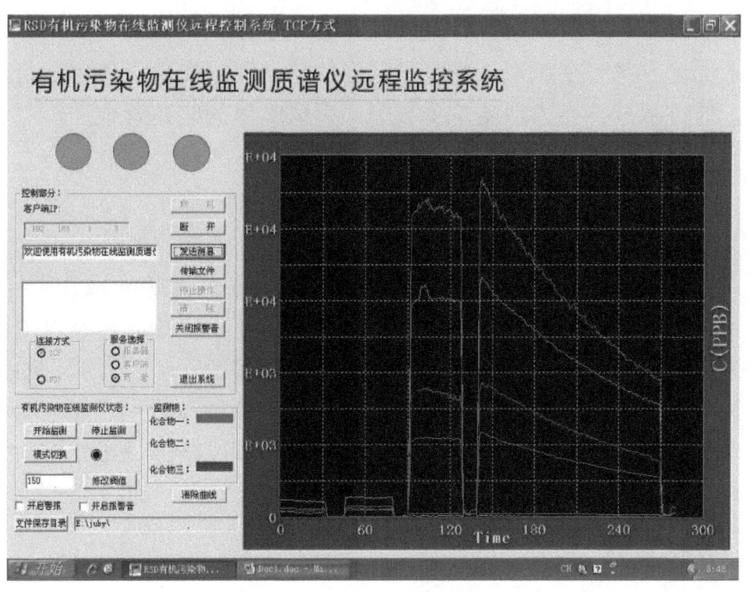

图 6-5　前端应用程序

6.2　重点城市环境风险源识别监控与管理技术示范

本研究案例城市位于特大城市上风上水位置，为大气环境质量监控重点城市，有以下特点。

首先，地理位置敏感，是区域的生态屏障、城市供水水源地、水源涵养区，担负着保护区域生态安全的重要任务。该市位于唯一地表水源地上游，拥有该水源地40%的水源涵养区。

其次，该重点城市矿产资源非常丰富。矿产资源类型多，储量大。现已发现的各类矿产有97种，探明储量的有32种。矿产资源不仅丰富，而且主要矿产的分布又相对集中，矿产资源开采规模较大。据统计，全市共有各类金属、非金属矿尾矿库500多座，主要特点是库容大、坝体高、堆筑速度快。这些尾矿库的长期存在，在一定程度上造成了资源破坏、环境污染、水土流失等严重后果，隐藏着较大的安全隐患。

再次，依据该市产业园区发展规划，该市中心城区以发展现代服务业和无污染的都市型工业为主，高新技术产业、能源重化工业、装备制造业、食品加工业等产业则逐渐转移至其周边产业集聚区，通过产业的技术改造，逐步形成具有较强实力的产业集群。

最后，随着该市采矿业和化工产业的不断发展，环境风险源的种类和数量不断增加，突发性环境污染事件时有发生。经济发展和环境保护之间的矛盾突出，迫切需要解决因为经济发展带来的环境风险升高的问题。所从应建立环境风险企业分级体系，对环境风险较大的企业加强管理，预防重大环境污染事件的发生。

因此，鉴于该市保障特大城市环境安全的重要意义，选择在该市开展了全面的环境风险源识别、监控和管理示范。利用开发的企业环境风险源识别技术，对该市重点行业环境风险企业和尾矿库环境风险源进行了识别；利用开发的环境风险源监控技术确定了该市需要监控的环境风险物质、监控对象、监控点位和监控指标，并为该市提供了环境受体监控方案和监控技术优选方案；在识别、分区和监控的基础上，提出了该市进行环境风险防范和管理的方案。通过示范，有力地支撑了该市环境风险源的监控管理。

6.2.1 某重点城市环境风险源识别与分级

依托环境保护部开展的“全国重点行业企业环境风险及化学品检查工作”，应用开发的企业环境风险分级方法对67家企业进行了风险等级划分，将企业分为“重大环境风险源”、“一般环境风险源”和“非环境风险源”。同时，参考安全监管部门的标准《尾矿库安全技术规程》(AQ 2006—2005)，依据尾矿库的库容和坝高对尾矿库进行的初步分级基础，根据尾矿库所在区域的环境敏感性，采用不同的环境风险源分级矩阵对某重点城市全市的尾矿库进行了风险源等级划分。

1. 企业型环境风险源识别与分级

2009～2011年，为了掌握了解重点行业企业环境风险，建立重点行业企业环境风险和化学品档案及数据库，加强环境应急管理平台建设，环境保护部组织开展了“全国重点行业企业环境风险及化学品检查工作”，检查共涉及该市企业67家，包括3家石油加工、炼焦企业，59家化学原料及化学制品制造业企业，5家医药制造业企业。检查企业中46家具有突发环境事件应急预案，占企业总数的69%，编制环境风险评价应急预案的企业数为38家，占企业总数的57%，企业周边5km范围内具有大气环境保护目标的企业有57家，占企业总数的85%，环境保护目标以居民区或居民点为主。

由环境风险基本情况表6-14可知，具有环境风险单元的企业共49家，占企业总数的

73%，共有风险单元数量137个，平均每家企业拥有风险单元2个，风险单元的防范措施情况不一，具有围堰的风险单元数为68个，约占单元总数的50%，见表6-15。

表6-14　某重点城市检查企业环境风险基本情况表　　（单位：个）

企业总数	编制突发环境事件应急预案	编制环境风险评价专章	有环境风险单元的企业	有事故应急池的企业	有清净下水排放切换阀门的企业	有清净下水排水缓冲池的企业	有水环境保护目标的企业	有大气环境保护目标的企业
67	46	38	49	36	20	17	10	57

表6-15　某重点城市风险单元及其防范措施情况表　　（单位：个）

具有风险单元的企业	风险单元数量	风险单元对应的风险防范措施情况							
		围堰	专用排水沟/管	做地面防渗	气/液体泄漏侦测报警系统	泄漏气体吸收装置	事故应急池	清净下水排放切换阀门	清净下水排放缓冲池
49	137	68	80	117	54	16	100	49	31

环境保护部开展的“全国重点行业企业环境风险及化学品检查工作”，共涉及该市企业67家，应用企业环境风险分级方法对67家企业进行风险等级划分。结果表明，具有重大环境风险源的企业有12家，占检查企业总数的18%，一般环境风险源的企业有17家，占检查企业总数的25%。企业风险源等级比例如图6-6所示。

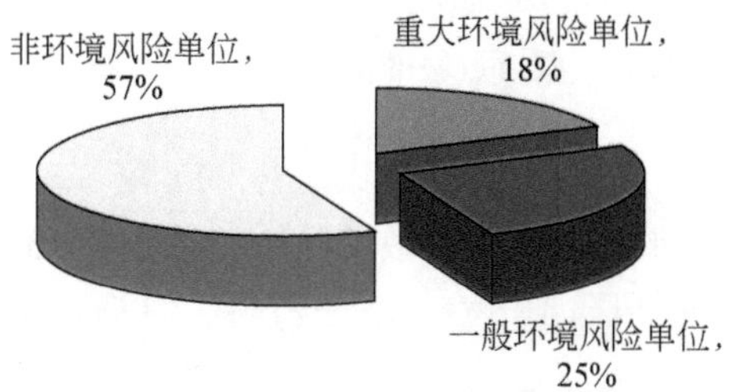

图6-6　某市企业风险源等级比例图

对该市企业环境风险物质风险值（Q）大于1的30家企业进行风险等级评估，企业的环境风险物质风险值（Q）与工艺风险与管理水平（M）情况分析如图6-7所示。

经计算与评估，该市重大环境风险源企业见表6-16。可以看出，12家重大环境风险企业工艺风险与管理水平（M）分值范围为6.5～8.0，为C类管理水平，体现整体风险管理水平处于中等位置，还有较大的提升空间，重大风险源企业环境风险物质风险值（Q）相对来说不是非常高，说明在该市环境风险物质的保有量不是很多。

表6-16　某市重大环境风险源表

序号	企业名称	风险物质风险值 Q	工艺风险与管理水平 M	环境受体情况 E
1	企业01	664	7.09	情景3
2	企业02	260	7.04	情景1
3	企业03	257	6.86	情景3
4	企业04	188	7.69	情景3

序号	企业名称	风险物质风险值 Q	工艺风险与管理水平 M	环境受体情况 E
5	企业 05	170	6.50	情景 3
6	企业 06	131	6.56	情景 2
7	企业 07	106	7.10	情景 1
8	企业 08	100	7.80	情景 3
9	企业 09	100	7.80	情景 3
10	企业 10	50	7.35	情景 2
11	企业 11	42	6.94	情景 2
12	企业 12	24	7.45	情景 1

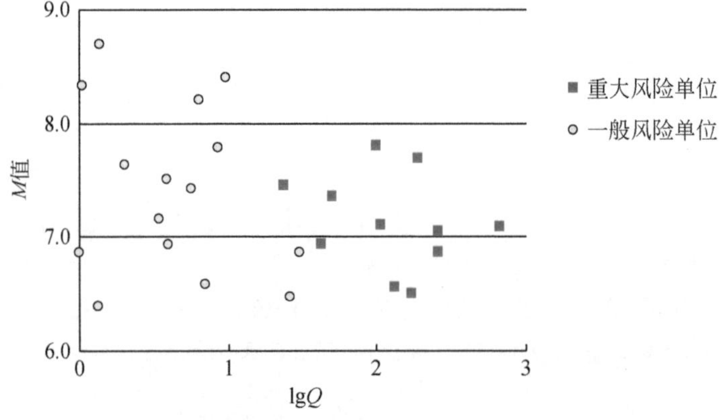

图 6-7　某重点城市企业风险单位分析图

该市一般环境风险源企业见表 6-17。可以看出，17 家一般环境风险源周边环境受体情况（E）为情景 3，说明处于环境受体不敏感区域，除企业 13、企业 14、企业 15、企业 16 四家企业外，普遍风险物质风险值（Q）不是很高。但是大部分的企业工艺与管理水平较低。

表 6-17　一般环境风险源单位表

序号	企业名称	风险物质风险值 Q	工艺风险与管理水平 M	环境受体情况 E
1	企业 13	30	5.73	情景 3
2	企业 14	30	6.86	情景 3
3	企业 15	29	5.65	情景 3
4	企业 16	26	6.47	情景 3
5	企业 17	10	8.40	情景 3
6	企业 18	9	7.79	情景 3
7	企业 19	7	6.59	情景 3
8	企业 20	6	8.21	情景 3
9	企业 21	5	7.42	情景 3
10	企业 22	4	6.93	情景 3
11	企业 23	4	7.51	情景 2
12	企业 24	3	7.16	情景 3

续表

序号	企业名称	风险物质风险值 Q	工艺风险与管理水平 M	环境受体情况 E
13	企业25	2	7.63	情景3
14	企业26	1	8.69	情景3
15	企业27	1	6.39	情景3
16	企业28	1	8.33	情景3
17	企业29	1	6.86	情景3

2. 尾矿库型环境风险源识别与分级

(1) 尾矿库型环境风险源识别与分级方法

尾矿库的环境风险源等级划分主要考虑两个因素，分别是：尾矿库的危险性和尾矿库所处区域的环境受体的敏感性。其中，尾矿库的危险性由尾矿库的库容和坝高，以及尾砂毒理性质所决定。

首先，依据尾矿库的库容和坝高，参考安全监管部门的标准《尾矿库安全技术规程》（AQ2006—2005），对尾矿库进行初步分级，分级标准见表6-18。

表6-18 尾矿库初步分级分类表

尾矿库等级	1级	2级	3级
库容/万 m^3	≥10 000	≥100 <10 000	<100
坝高/m	≥100	≥30 <100	<30

然后，根据尾矿库所含物质的毒性，评价尾矿库的危险性。按照《污水综合排放标准》（GB 8978—1996）污染物分类规定，将尾砂毒理性分为两类：含第一类污染物（含氰化物）尾砂和含第二类污染物尾砂。尾矿库环境风险源分级矩阵见表6-19。

表6-19 尾矿库环境风险源分级矩阵

尾矿库风险等级	1级	2级	3级
含第一类污染物		重大环境风险源	
含第二类污染物	重大环境风险源	一般环境风险源	非环境风险源

对于处于环境敏感区的尾矿库的环境风险源分级按照表6-20的矩阵来进行。依据《建设项目环境影响评价分类管理名录》的规定，环境敏感区是指依法设立的各类自然、文化保护地，以及对建设项目的某类污染因子或者生态影响因子特别敏感的区域，主要包括：①自然保护区、风景名胜区、文化和自然遗产区、饮用水源保护区；②基本农田保护区、基本草原、森林公园、地质公园、重要湿地、天然林、珍稀濒危野生动物植物天然集中分布区、重要水生生物自然产卵及索饵场、越冬场和洄游通道、渔场、富营养化水域；③以居住、医疗卫生、文化教育、科研、行政办公等为主要功能的区域，文物保护单位，具有特殊历史、文化、科学、民族意义的保护地。

表 6-20　环境敏感区域尾矿库环境风险源分级矩阵

尾矿库风险等级	1 级	2 级	3 级
含第一类污染物		重大环境风险源	
含第二类污染物	重大环境风险源		一般环境风险源

(2) 尾矿库环境风险源分级结果

根据上述尾矿库环境风险等级的划分方法，将该市尾矿库进行分级统计，全市共有重大环境风险源 32 座，一般环境风险源 78 座，非环境风险源 410 座。

6.2.2　重点环境风险源及环境受体监控方案

根据该市重点环境风险源的分布情况及尾矿库众多的实际状况，确定了该市环境风险监控所需要监控的风险物质、监控对象、监控点位和监控指标。在此基础上，优化选择了适合该市特点的环境受体监控方案和监控技术方案。

1. 环境风险源监控方案

在确定风险物质、监控对象、环境风险源监控点位和监控指标，以及风险受体监控点位和监控指标等基础上，建立某重点城市环境风险源及受体监控方案。

(1) 风险物质的确定

根据该市环境保护局提供的潜在环境风险源的名单，风险物质的确定按照以下原则：①监控物质的名单参考国家环境保护局公布水中优先控制的 68 种污染物黑名单和美国 EPA 公布的水中 129 种优先检测的污染物名单；②风险物质的泄漏能造成水环境污染的保留；③考虑风险物质处于液态排放口的保留；④监控物质的筛选与物质的储量有关，优选储量大的物质，依据《危险化学品重大危险源辨识》(GB 18218—2009) 中临界值的量。

(2) 监控对象的确定

根据从该市调研的资料，对环境风险相关的信息进行了详细的收集整理，包括风险源位置和性质、风险事故类型、风险应急处理办法和风险源周边环境等内容。

2011 年 7 ~ 8 月，"863 重大环境污染事件风险源识别与监控" 课题组根据该市环境保护局提供的 67 家企业的储存、生产、排放及周边环境信息，采用 "重大环境风险源分级评价模型"，对 67 家企业进行了风险源分级示范。

本方案优选风险源识别结果为 "重大风险源" 的企业。另外，结合该市环境保护局提供的重点尾矿库和化工企业的相关信息，优选库容大于 50 万 m^3 的拥有涉重尾矿库的企业。监控对象细化至企业中的不同功能区。

(3) 环境风险源监控点位和监控指标的确定

环境风险源本体监控即在具体源布点，这与实际的生产工艺、生产设备、物料特性和储罐结构等有关。可燃、有毒气体检测设备的安装位置应根据检测范围和检测点确定，尽量不影响正常生产秩序。罐区的布点方法可参考《危险化学品重大危险源 罐区 现场安全监控装备设置规范》(AQ 3036—2010)，排放区的布点方法可参考《固定污染源烟气排放连续监测技术规范 (试行)》(HJ/T 75—2007) 和《水污染源在线监测系统安装技术规范 (试行)》(HJ/T 353—2007)。

影响风险源安全状态的物理参数，如储罐和反应器的温度、压力和液位是安全部门的必测指标，废水的COD、pH是环境保护部门必测指标。因此本方案中风险源的监控指标既满足了国家污染源在线监控的指标，也包括了“特征风险物质”的浓度指标，对存放风险物质的储罐和库房监控挥发气体的浓度、显色气体、酸雾、粉尘、装卸区和尾矿库的情况用视频反映。

（4）风险受体监控点位和监控指标的确定

完备的环境污染事件风险源监控体系应该对风险的孕育、发生、释放进行全过程监控，不仅要对可能释放进入环境受体的风险源进行监控，还要对受体本身特别是敏感受体进行监控。大气环境污染事件所对应的环境受体通常是人口聚集区、文物保护区、农田等，医院、学校等作为大气敏感受体应该重点监控。水环境污染事件所对应的环境受体通常是河流、湖泊等地表水体，饮用水源地作为水环境敏感受体应该重点监控。

该市受季风气候影响，因此对大气环境受体监控布点时可采用扇形布点法。以风险源或风险聚集区的中心为顶点，在常年主导风向的下风向划出一个扇形地区作为布点范围，扇形角度一般为45°，也可取60°，但不超过90°，在扇形平面内距顶点不同位置划3条弧线，每条弧线上设立3~4个监控点位，相邻两监控点位之间的夹角一般取10°~20°。在实际布点时，可根据扇形区域内大气敏感受体的分布位置关系优化布点，实现以最少设备对最多关键区域的控制。

根据风险源监控方案中已经确定的监控对象的具体位置，通过情景分析确定液态源的释放途径和释放后进入的水体，然后进一步确定具体的水体监控断面。监控断面设置原则可参考《地表水和污水监测规范》（HJ/T 91—2002）。在已选择的断面设立环境自动监测站；已经设立监测站的，应根据风险源监控设备配置方案，对现有站点进行升级改造。

根据可造成监控点环境污染的化学物质种类和浓度信息，结合监控点所在地的社会经济条件、自然环境、特征风险物质本底值和常规污染物超标情况等因素，因地制宜地选择监控指标。

（5）环境风险源及受体监控方案

该市环境风险源及受体监控方案的建立如下。

1）企业01和企业19是该市主城区的两个生产规模较大、风险源众多的企业。企业02和企业11是该市某县的两个风险源众多的化工企业。因此需要在该市布设重要环境风险源监控点。

2）企业30、企业31等主要排放的污染物是化学需氧量、酸性硝染废水。企业32、企业33等主要排放的污染物是二氧化硫、氮氧化物、烟尘等。因此，需要监控国家污染源在线监控要求的指标。

3）企业13和企业34是该市规模较大的采矿企业，尾矿库库容都超过了1000万m^3。而且考虑到企业13在2009年发生过尾矿库泄漏事件，氰化物和重金属进入到附近河流，因此需要排查分析尾矿库周边的水系，在尾矿库的潜在泄漏入河断面实施氰化物和相关重金属指标的监控以及视频监控。

4）某排水公司污水处理厂是该市主城区污水处理厂，也是主城区唯一的一座污水处理厂，设计日处理能力10万t，负责处理市主城区65%的工业和生活污水。因此，在该污水处理厂进水泵站监控TOC和特征VOCs，以反映生活污水中有机物的突变情况、监控工业企业特征有机物造成的水环境污染事件。

综合环境风险源及环境风险受体部分研究成果，形成如下监控指标体系，以及布点方案，见表6-21和表6-22。

表 6-21 某重点城市环境风险源监控方案

企业名称	风险等级	风险源	物质	量	监控指标	报警阈值	监控技术	监控设备
企业 01	风险源/污染源	单体储罐区	氯乙烯	1850t	浓度	1 ppm	PID	美国 RAE RAEGuard PID 有机气体检测仪
		盐酸储罐区	盐酸	600 t	氯化氢浓度、视频	3 ppm	ISE	德国 Draeger AC 电化学传感器
		液氯储罐	液氯	200 t	浓度、视频	1 ppm	ISE	德国 Draeger Cl_2 电化学传感器
		生产废水排口	盐酸		pH	<6	电极法	污染源在线监测仪
			汞		浓度	0. 05 mg/L	ASV	中国聚光科技 HMA 水质重金属在线分析仪
		热电厂烟气排口	二氧化硫		折算浓度	960 mg/m^3	分光光度法	污染源在线监测仪
			氮氧化物		折算浓度	240 mg/m^3	分光光度法	污染源在线监测仪
			烟尘		折算浓度	120 mg/m^3	不透明度法	污染源在线监测仪
企业 19	风险源	提炼车间	硫酸	27 t	视频	—	摄像头	视频监控仪
		仓库	二氯甲烷	20 t	浓度	1 ppm	PID	美国 RAE RAEGuard PID 有机气体检测仪
		溶煤库	乙酸丁酯	100 t				
			丁醇	100 t				
		废水排放口	化学需氧量		浓度	300 mg/L	重铬酸钾法	污染源在线监测仪
企业 33	污染源	烟气排口	二氧化硫		折算浓度	960 mg/m^3	分光光度法	污染源在线监测仪
			氮氧化物		折算浓度	240 mg/m^3	分光光度法	污染源在线监测仪
			烟尘		折算浓度	120 mg/m^3	不透明度法	污染源在线监测仪

续表

企业名称	风险等级	风险源	物质	量	监控指标	报警阈值	监控技术	监控设备
企业 35	污染源	烟气排口	二氧化硫		折算浓度	960 mg/m^3	分光光度法	污染源在线监测仪
			氮氧化物		折算浓度	240 mg/m^3	分光光度法	污染源在线监测仪
			烟尘		折算浓度	120 mg/m^3	不透明度法	污染源在线监测仪
企业 32	污染源	360m^{2}烧结机	二氧化硫		折算浓度	960 mg/m^3	分光光度法	污染源在线监测仪
			烟尘		折算浓度	120 mg/m^3	不透明度法	污染源在线监测仪
企业 36	污染源	废水总排口	化学需氧量		浓度	150 mg/L	重铬酸钾法	污染源在线监测仪
企业 31	风险源/污染源	废水总排口	酸性硝染废水		pH	<6	电极法	污染源在线监测仪
企业 11	风险源	三氯吡氧乙酸车间	二甲基甲酰胺	3.5 t	浓度	1 ppm	PID	美国 RAE RAEGuard PID
			甲苯	8 t	浓度、视频	1 ppm 20 ppm	PID ISE	美国 RAE RAEGuard PID 德国 Draeger OV1 电化学传感
			甲醇	8 t				
		氨氯吡啶酸车间	乙二醇甲醚	3.2 t		1 ppm	PID	美国 RAE RAEGuard PID
			氨水	3.2 t		10 ppm	ISE	德国 Draeger NH_3电化学传感
		废水排放口	硫酸	8 t		—	摄像头	中科宇图环境应急箱
			化学需氧量		浓度	150 mg/L	重铬酸钾法	污染源在线监测仪

续表

企业名称	风险等级	风险源	物质	量	监控指标	报警阈值	监控技术	监控设备
企业 02	风险源	苯嗪草酮一车间	甲醇	20 t	浓度	20 ppm	ISE	德国 Draeger OV1 电化学传感
			二甲苯	7 t	浓度、视频	1 ppm	PID	美国 RAE RAEGuard PID
		苯嗪草酮三车间	甲醇	90 t		20 ppm	ISE	德国 Draeger OV1 电化学传感
			二甲苯	10 t		1 ppm	PID	美国 RAE RAEGuard PID
		氰化钠库	氰化钠	70 t		—	摄像头	中科宇图环境应急箱
		废水排放口	化学需氧量		浓度	150 mg/L	重铬酸钾法	污染源在线监测仪
	风险源	运输车辆	甲醇		车辆位置		GPS	监控软件模拟演示车辆行驶路线
企业 30	污染源	废水排放口	化学需氧量		浓度	150 mg/L	重铬酸钾法	污染源在线监测仪
企业 13	尾矿库	3 等尾矿库	磷矿采选尾矿	4200 万 m^3	视频	—	摄像头	视频监控仪
	风险源	硫酸储存区	硫酸	3000 t	视频	—	摄像头	视频监控仪
					浓度	900 mg/m^3	分光光度法	污染源在线监测仪
		硫酸厂烟气排口	二氧化硫					
		废水总排口	化学需氧量		浓度	150 mg/L	重铬酸钾法	污染源在线监测仪
企业 34	尾矿库	2 等尾矿库	金矿采选尾矿	1396.6 万 m^3	视频	—	摄像头	视频监控仪
	污染源	废水总排口	化学需氧量		浓度	150 mg/L	重铬酸钾法	污染源在线监测仪

注：罐区和库区物质的量为日最大储量；风险源报警阈值的设定主要考虑监控设备的检测范围和检测限。

表 6-22　某重点城市环境风险受体监控方案

风险受体监控点名称	风险受体类型	监控指标	报警阈值	监控技术	监控仪器
某排水公司进水口	水环境风险缓冲区	COD	120 mg/L	重铬酸钾法	污染源在线监测仪
		NH_3-N	25 mg/L	比色法	
		TOC	100 mg/L	催化燃烧氧化-NDIR	日本 Shimadzu TOC-4100 在线 TOC 分析仪
		苯系物、卤代烃、取代苯类等	1 ppm	TOF-MS	膜进样-飞行时间质谱仪
污水净化中心进水口	水环境风险缓冲区	COD	120 mg/L	重铬酸钾法	污染源在线监测仪
		NH_3-N	25 mg/L	比色法	
某排水公司进水口	水环境风险缓冲区	COD	120 mg/L	重铬酸钾法	污染源在线监测仪
		NH_3-N	25 mg/L	比色法	
河流 1 断面 1 和断面 2	水环境风险缓冲区	COD	120 mg/L	重铬酸钾法	污染源在线监测仪
		NH_3-N	25 mg/L	比色法	
		UV254 nm	20 ~ 40 Abs/m	紫外吸收光谱	奥地利 s :: can 分析仪 carbo :: lyser 测量仪
河流 2 下游防控断面	水环境风险缓冲区	COD	20 mg/L	重铬酸钾法	地表水在线监测仪（环境保护专线到省站）
		NH_3-N	1. 0 mg/L	比色法	
		氰化物	0. 2 mg/L	ISE	
		铅	0. 05 mg/L	ASV	英国 Cogent OVA5000 在线重金属测定仪

续表

风险受体监控点名称	风险受体类型	监控指标	报警阈值	监控技术	监控仪器
河流1国控断面	水环境风险缓冲区	COD	20 mg/L	重铬酸钾法	地表水在线监测仪
		NH_3-N	1.0 mg/L	比色法	
河流2断面	准水源保护区	UV-VIS（200～750 nm）	—	紫外—可见光吸收光谱	奥地利 s::can 分析仪 spectro::lyser 测量仪
河流1水库入口断面	重要备用水源保护区	VOC	100 μg/L	DAI-GC-FID&ECD	日本 Shimadzu GC2010Plus 气相色谱分析仪
		重金属（铅、镉、铬、汞、砷）	10 μg/L	ASV	英国 Cogent OVA5000 在线重金属测定仪
		生物综合毒性	1～2 TU	鱼（日本青鳉）	水质在线生物安全预警系统（BEWs）

注：所选点位都应该监测大气或水体的常规五参数（水温、pH、DO、浊度、ORP）；风险受体报警阈值的设定综合考虑环境标准中的浓度限值和监控设备的检测范围、检测限；TU 为有毒有害物质的毒性单位。

2. 监控技术优选方案

风险源和风险受体的不同属性决定了监控技术的选择，见表6-23。因此，对于风险源的监控，一般选择能够进行高浓度粗略定量，可靠性高，价格低廉，小型化，安装、操作、维护简单的传感器。对于风险受体，一般选择检测限低，检测范围广，能够对风险区内众多物质定性的大型在线分析设备。

表 6-23　源和受体的属性比较

监控区域	物质种类	物质浓度	布点数量	环境条件
风险源	单一、已知	高	多	恶劣
风险受体	复杂、未知	低	少	良好

风险源监控设备的配置水平综合考虑风险企业和风险区的分级。风险企业的分级是企业中各风险源分级的综合体现，对于由于数据缺失，一些风险企业未分级的情况，则设备配置水平仅参考风险区分级指标。

6.3　特大城市江河型饮用水源风险监控技术应用

该水源地位于某河流之上，为特大城市供水，是非常重要的特大城市江河型饮用水源，其特点如下。

首先，水源地属于开放型水源地，水源地及其支流上航行的船只及河流附近公路或者道路上运输车辆的油品和各种危险化学品事故泄漏对饮用水源的安全威胁很大。在城市最重要的饮用水取水口，日供水量500万t、提供城市市区70%的用水，位于化学工业区的上游约3 km，从水源保护的角度来看，开展饮用水源地的监控技术示范具有代表性。

其次，饮用水源地城市取水口下游3 km就是以化工为主导产业的工业区，也是该城市建设年代最久远的老工业基地之一，经过半个世纪的发展，其老工业基地所存在的诸多弊端逐渐凸现。产业、能源结构不尽合理，市政基础设施落后，生产设备陈旧、工艺老化等问题日益突出，各种环境风险隐患众多、各类环境事故频发，加上城市化进程造成了周围居民的集居，因此构成了该区域的高环境风险区域。

再次，饮用水源地下游的区域也是该城市重要的交通枢纽，拥有机场、铁路、港口、高速公路、轨道交通等便利发达的交通设施，良好的区位优势和发达的交通网络也提高了流动风险源发生事故的概率。据统计，该市2000～2005年有报告的突发环境事件共42起，其中工业区范围内发生4起，包括溢油事故2起，有毒有害气体（化学品）泄漏2起。特别是“溢油事故”，对泄漏扩散区域的水质及水生生态造成较大的影响，并对饮用水源地上游取水口的水质安全和全市饮水安全造成严重威胁。

最后，饮用水源地周边的化学工业区的重点环境风险源及敏感受体分布缺乏基于3S技术的数据库和展示平台；重点区域风险源监控技术和设备有待增强和完善，一些重点风险因子的在线监测和预警体系也有待建立；环境污染事件对敏感受体的特征污染因子的快速甄别技术和设备缺乏。

因此，选择该饮用水源地作为监控技术体系应用的研究对象，将环境风险源监控指标体系、环境风险源监控技术方案及风险受体监控方案、监控技术优选以及设备配置方案进行了应用示范。

6.3.1 饮用水源地监控指标体系的建立

饮用水源地监控指标体系的建立包括确立监控对象和确定监控指标。

（1）监控对象的确立

在调研区域内38家环境风险企业基本信息的基础上，采用“专家打分法”对38家企业中的风险源进行风险初步排序。对其中14家重点企业进行了风险源实地调研，对与企业环境风险相关的信息进行了详细的收集整理，包括风险源位置和性质、风险事故类型、风险应急处理办法和风险源周边环境等内容。针对当地特点和具体实践经验，修正环境风险指标体系。

（2）监控指标的确定

参考我国水环境污染物黑名单和环境有害化学品的手册、名录，根据风险源所涉及化学物质的理化性质，筛选环境风险物质，确定监控指标。储罐的温度、压力和液位是安全部门的必测指标，废水的COD、pH是环境保护部门必测指标。因此本方案中风险源的监控指标主要为所涉及的“特征风险物质”的浓度指标，对罐区和库区监控挥发出的气体的浓度，酸雾和装卸区用视频反映。饮用水源地环境风险源及风险受体监控指标体系如图6-8所示。

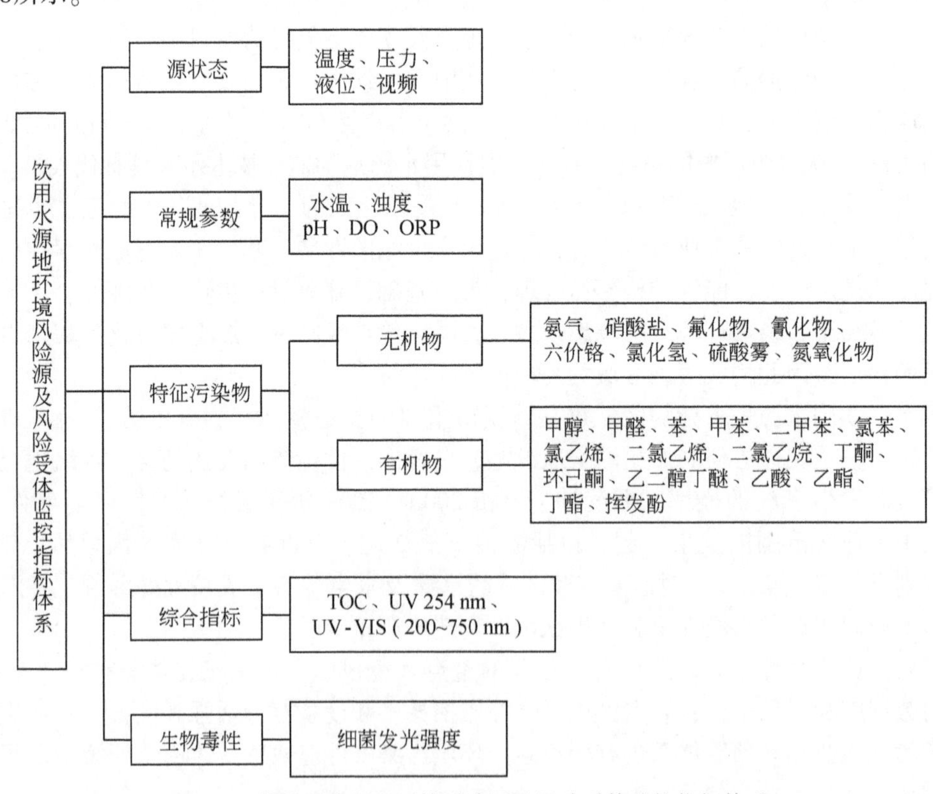

图6-8 某饮用水源地环境风险源及风险受体监控指标体系

根据企业调研的资料及某饮用水源地环境风险源及风险受体监控指标体系中的具体指标，确定了某市饮用水源地环境风险源需要监控的对象和指标，见表6-24，环境风险受体监控点位和监控指标见表 6-25。

表 6-24　某饮用水源地环境风险源监控对象及监控指标

企业名称	风险源	物质	量	监控指标
企业 01	球罐区	氯乙烯单体	5 650 m^3	浓度
		二氯乙烯	32 000 m^3	
	罐区	盐酸	2 500 t	
	PVC 厂生化池废水排口	氯乙烯、二氯乙烷、氯苯	3 270 300 t 废水/a	TOC 浓度
	电化厂无机中和池废水排口	氟化物	4 380 000 t 废水/a	浓度
	码头			视频
企业 02	罐区	氨水	360m^3	浓度
		甲醇	16 020m^3	
	罐区	硫酸	3 141m^3	浓度、视频
		乙酸	12 960m^3	
企业 03	罐区	甲醇	16 000m^3	浓度
		轻苯	2 000m^3	
		邻二甲苯	2 400m^3	
	码头罐区	甲醇	7 520m^3	浓度、视频
		邻二甲苯	2 400m^3	
	废水排口	挥发酚	830. 6 t/a	浓度
		氰化物	1 044. 2 t/a	
企业 04	罐区	甲醇	900m^3	浓度
		甲醛	2 340m^3	
企业 05	罐区	甲苯、二甲苯、甲醇、环己酮、乙酯、丁酯等	共 3 660 m^3	浓度
	仓库	苯、异丙醇、丁酮、乙二醇丁醚	500 t	
	码头			视频
企业 06	废水排口	氰化物	0. 09 kg/a	浓度
		六价铬	0. 1 kg/a	
企业 07	罐区	蒽油、乙烯焦油	5 000 m^3	液位
企业 08	罐区	煤焦油	1 000 m^3	液位

续表

<table>
<tr><th>企业名称</th><th>风险源</th><th>物质</th><th>量</th><th>监控指标</th></tr>
<tr><td rowspan="2">企业 09</td><td rowspan="2">罐区</td><td>DOP（邻苯二甲酸二辛酯）</td><td>860 m³</td><td rowspan="2">液位</td></tr>
<tr><td>DINP（邻苯二甲酸二异壬酯）</td><td>200 m³</td></tr>
<tr><td rowspan="3">企业 10</td><td rowspan="2">库区</td><td>硝酸</td><td>60 t</td><td>氮氧化物浓度、视频</td></tr>
<tr><td>硫酸</td><td>100 t</td><td>硫酸雾浓度、视频</td></tr>
<tr><td>废水排口</td><td>硝酸盐</td><td>1 209 600 t 废水/a</td><td>浓度</td></tr>
<tr><td rowspan="2">企业 11</td><td rowspan="2">罐区</td><td>盐酸</td><td>500 m³</td><td>氯化氢浓度、视频</td></tr>
<tr><td>硫酸</td><td>400 m³</td><td>硫酸雾浓度、视频</td></tr>
</table>

表 6-25 环境风险受体监控点位及监控指标

风险受体监控点名称	风险受体类型	监控点地理位置	监控指标
某重要断面	敏感受体（准水源保护区）	码头上游 500 m	石油类、UV 254 nm
某原水厂	敏感受体（一级水源保护区）	大桥下游 1500 m	UV-VIS（200～750 nm）、生物综合毒性
重要取水口	敏感受体（准水源保护区）	大桥上游 1500 m	特征有机物和重金属

注：所选点位都应监测常规五参数（水温、pH、DO、浊度、ORP）。

6.3.2 某饮用水源环境风险源及风险受体监控技术方案

完备的环境污染事件风险源监控体系应该对风险的孕育、发生、释放进行全过程监控，不仅要对可能释放进入环境受体的风险源进行监控，还要对环境受体本身进行监控。水环境污染事件所对应的环境受体通常是河流、湖泊等地表水体，饮用水源地作为敏感受体应该重点监控。

本方案综合反馈表信息、实地调研信息和分级结果，优选环境风险较大企业和风险源作为监控对象。根据风险源的具体位置，通过情景分析确定液态源的释放途径和释放后进入的水体，然后进一步确定具体的水体监控断面。监控断面设置原则可参考《地表水和污水监测规范》（HJ/T 91—2002）。在已选择的断面设立环境自动监测站；已经设立监测站的，应根据风险源监控设备配置方案，对现有站点进行升级改造。

1. 环境风险源监控方案

应用监控共性技术的监控指标体系、监控技术方法等研究成果，形成如下监控技术方案，见表6-26。

表6-26　某饮用水源地环境风险源监控技术方案

企业名称	风险源		报警阈值	监控技术	监控设备
	源	风险物质			
企业01	13个储罐（气）	氯乙烯、二氯乙烯	1 ppm	PID	美国RAE RAEGuard PID有机气体检测仪
	2个储罐（气）	盐酸	3 ppm	ISE	德国Draeger AC电化学传感器
	PVC厂生化池废水排口（液）	氯乙烯、二氯乙烷、氯苯	100mg/L	催化燃烧氧化-NDIR	日本Shimadzu TOC-4100在线TOC分析仪
	电化厂无机中和池废水排口（液）	氟化物	10 mg/L	ISE	美国Thermo Orion2109XP氟表
企业02	储罐（气）	甲醇	20 ppm	ISE	德国Draeger OV1电化学传感器
		氨水	10 ppm	ISE	德国Draeger NH_3电化学传感器
		乙酸	1 ppm	PID	美国RAE RAEGuard PID有机气体检测仪
企业03	储罐（气）	甲醇	20 ppm	ISE	德国Draeger OV1电化学传感器
		邻二甲苯、轻苯	1 ppm	PID	美国RAE RAEGuard PID有机气体检测仪
	废水排口（液）	挥发酚	0.5 mg/L	分光光度法	中国聚光 SIA-2000-VPC总酚和挥发酚在线监测分析仪
		氰化物	0.5 mg/L	ISE	美国ECD pION CYANIDE氰化物分析仪
企业04	7个储罐（气）	甲醇、甲醛	20 ppm	ISE	德国Draeger OV1电化学传感器
企业05	2个储罐（气）	甲醇	20 ppm	ISE	德国Draeger OV1电化学传感器
	10个储罐（气）	乙酯、丁酯、甲苯、二甲苯	1 ppm	PID	美国RAE RAEGuard PID有机气体检测仪
	2个库房（气）	异丙醇、苯、丁酮、乙二醇丁醚	1 ppm	PID	美国RAE RAEGuard PID有机气体检测仪
	10个储罐（气）	乙酯、丁酯、甲苯、二甲苯	1 ppm	PID	美国RAE RAEGuard PID有机气体检测仪
	2个库房（气）	异丙醇、苯、乙二醇、丁醚	1 ppm	PID	美国RAE RAEGuard PID有机气体检测仪

企业名称	风险源		报警阈值	监控技术	监控设备
	源	风险物质			
企业 06	废水排口（液）	氰化物	0.5 mg/L	ISE	美国 ECD pION CYANIDE 氰化物分析仪
		六价铬	0.5 mg/L	分光光度法	中国聚光 SIA-2000-CR 六价铬在线分析仪
企业 10	1 个库房（气）	硝酸	10 ppm	ISE	德国 Draeger NO_2、 NO 电化学传感器
	废水排口（液）	硝酸盐	100 mg/L	ISE	美国 ECD Hydra 硝酸盐分析仪

2. 风险受体监控方案

某饮用水源地风险受体监控方案安排如下。

1）重要断面监控区，需要监控的 11 个风险企业有 4 个紧邻该断面，还有 3 家企业和 1 个取水口距该断面 4 km 范围内。这些企业全建在某江西侧，故建议在断面的西岸监测 TOC 和紫外吸光度，以反映有机物综合指标。

2）重要取水口监控区，综合考虑设备安装和及时预警问题，应在原水厂提水泵房设置水源水预警监控系统。主要监测指标为 UV-VIS（200～750 nm）和生物综合毒性。

3）工业区下游取水口监控，由于水质问题取水量逐年减少。可利用该取水口现有泵房，监控特征有机污染物和重金属，反映整个工业区对水源水造成的影响。

3. 监控技术优选及设备配置方案

在优先监控技术的基础上，确立适宜的监控设备配置方案，以形成某饮用水源环境风险源及风险受体监控技术方案。

（1）监控技术的优选

风险源和风险受体的不同属性决定了监控技术，见表 6-27。因此，对于风险源的监控，一般选择能够进行高浓度粗略定量、可靠性高、价格低廉、小型化、安装、操作、维护简单的传感器。对于风险受体，一般选择检测限低、检测范围广、能够对风险区内众多物质定性的大型在线分析设备。

表 6-27 风险源和风险受体的属性比较

监控区域	物质种类	物质浓度	布点数量	环境条件
风险源	单一、已知	高	多	恶劣
风险受体	复杂、未知	低	少	良好

针对饮用水源地环境风险源及风险受体的监控指标，可结合第 4 章的重点环境风险源监控技术库，选择适当的在线监测方法。形成的环境风险源及风险受体监控技术体系如图 6-9 所示。

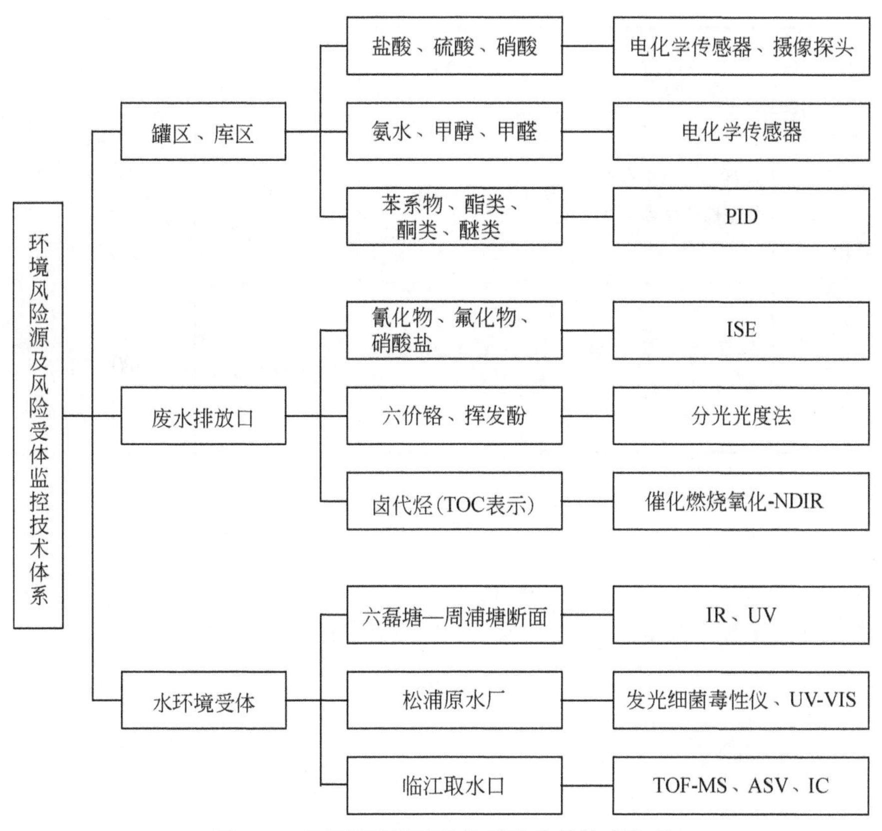

图6-9　环境风险源及风险受体监控技术体系

(2) 监控设备配置方案

风险源监控设备的配置水平综合考虑风险企业和风险区的分级。配置方案参考第四章监控设备配置方案。

设备配置水平：低档配置小于10万元；中档配置10万~50万元；高档配置大于50万元，见表4-19。某饮用水源地风险受体监控设备配置方案见表6-28。

表6-28　环境风险受体监控设备配置

风险受体	受体类型	监控指标	监控设备	厂家	单价/万元	数量	总计/万元
重要断面	敏感受体（准水源保护区）	石油类	PetroSense CMS-4000光纤传感器	美国石油传感技术公司	43	1	53
		UV254 nm	UVT-150型UV自动在线监测仪	北京中环大地安科有限公司	9	1	
原水厂	敏感受体（一级水源保护区）	UV-VIS(200~750 nm)	spectro::lyser连续光谱在线水质分析仪	奥地利是能s::can公司	62	1	182
		生物综合毒性	TOXcontrol发光细菌毒性仪	荷兰microLAN公司	120	1	

续表

风险受体	受体类型	监控指标	监控设备	厂家	单价/万元	数量	总计/万元
重要取水口	敏感受体（准水源保护区）	特征有机物（苯系物、卤代烃等 VOC）	膜进样飞行时间质谱	中国科学院大连化学物理所快速分离与检测室	45	1	140 ~ 150
		重金属（铅、镉、铬、汞、砷）	OVA5000 在线重金属测定仪	英国 Cogent 公司	95 ~ 105	1	

第7章

环境风险源识别与分级软件开发

本书基于研究获得了环境风险源的两种分级方法，一种是源强分析法：即在对环境风险源源强进行分析，预测重大环境污染事件危害范围，评估环境污染事件危害后果的基础上，依据评估企业的平均概率及特征影响因子计算事故发生的概率，进而对风险值进行计算及级别划分；另一种是矩阵分级法：综合考虑企业固有风险属性、风险暴露与传播途径、风险管理水平、风险受体等因素，利用风险矩阵，实现对企业的分级。以这两种方法为基础，作者开发了两套环境风险源识别软件。

7.1 基于源强分析的环境风险源识别系统

应用GIS技术辅助环境风险源的识别，该系统通过构建环境风险数据库，存储并管理环境风险释放因子信息、环境风险受体分布信息、重大环境风险源环境风险释放概率和可能危害性后果信息等，开发信息管理系统，实现数据库维护、数据安全与数据通信等功能。该系统对南京地区的环境风险源运用识别模型进行了计算，实现了南京地区风险源分级专题图展示。

7.1.1 系统总体框架

环境风险识别系统总体框架包括用户应用层、数据库层、平台服务层和硬件层。用户应用层形成的环境风险源识别系统，包括风险源管理、敏感点管理、分类分级、评估报告、地图操作、数据管理、系统管理等方面。而数据库层形成的平台数据库具有4个库，包括基础地理数据库、基础库、空间专业应用数据库和元数据库。平台服务层为操作系统平台，包括GIS平台、开发平台、数据库平台和SOA服务。硬件层则为硬件、网络支撑平台。环境风险源识别系统总体框架如图7-1所示。

7.1.2 系统运行环境和配置需求

系统采用ArcSDE服务器在SQL Server中存储各种数据库，通过ArcIMS发布出来。系统采用B/S、C/S相结合的体系架构，满足不同用户操作的需求。C/S架构主要提供后台数据编辑维护、分析模型驱动、分析参数调整等技术性较强的工作，使用对象主要是经过培训的技术人员或具有IT技术背景的业务工作人员。B/S架构的使用对象主要是管理部门的领导。由SQL Server提供数据库管理引擎，ArcSDE提供空间引擎来存储和管理属性数据和空间数据，数据库管理提供数据操作，并在各数据库间建立连接，实现检索。运行环境和配置要求见表7-1。

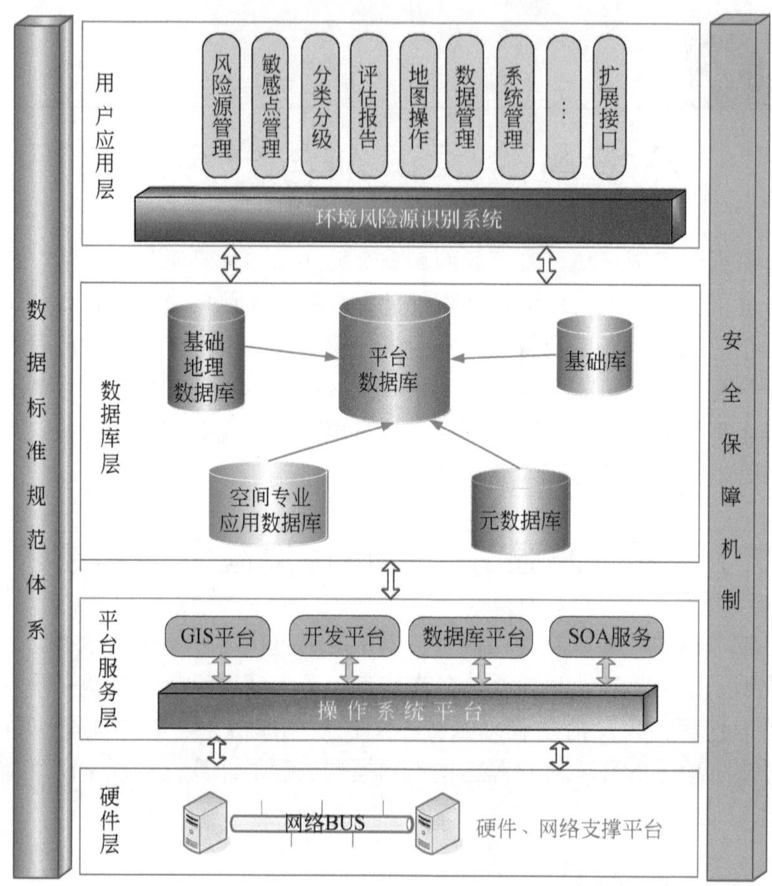

图 7-1 系统总体框架图

表 7-1 运行环境和配置要求

配置要求		运行环境
服务器端	操作系统	Microsoft Windows 2003 Server
	支持环境	IIS 6.0；ArcGIS 9.3；Net Framework 3.5+
	数据库	Microsoft SQL Server 2005
	CPU	P4 2G+
	Memory	1G+
客户端	操作系统	Microsoft Windows XP/Vista/Windows7
	浏览器	Internet Explorer 7.0+

7.1.3 系统基础功能介绍

系统具有 GIS 基本操作、环境风险源信息管理，环境敏感点查询管理 3 个基础功能。

1. GIS 基本操作

可以实现对基础地理信息的浏览、查询，包括缩放、漫游、测量、搜索、点选、缓冲、图层、鹰眼等功能。

2. 环境风险源信息管理

(1) 环境风险源信息查询功能

环境风险源信息管理提供了环境风险源信息的查询管理功能。单击【风险源管理】可浏览辖区内所有环境风险源的基本信息，包括名称、经纬度坐标、风险物质等信息（图7-2）。用户可以对环境风险源的信息进行实时更新和管理。

图7-2　环境风险源信息查询功能展示

用户还可按照行业类型、行政区划对所有企业进行查询筛选，系统以列表的形式展示查询结果。系统可以对查询结果进行统计分析，建立统计分析图表，并可以将查询结果以Excel表格的形式导出（图7-3）。

(2) 周边敏感点缓冲区分析

周边敏感点缓冲区分析提供了对风险源进行缓冲区分析的功能。选择某个风险源企业，设定缓冲距离，可得到周边风险受体缓冲区分析的查询结果，点击对应的风险受体，可在地图上实现空间定位。

(3) 风险源详情查询

选定【企业管理—详细】，可以查看企业详情。包括企业编码、企业规模、经济类型、污染源类型、地址、联系电话、库区数量、固定资产等基本信息，并可对其进行编辑保存（图7-4）。

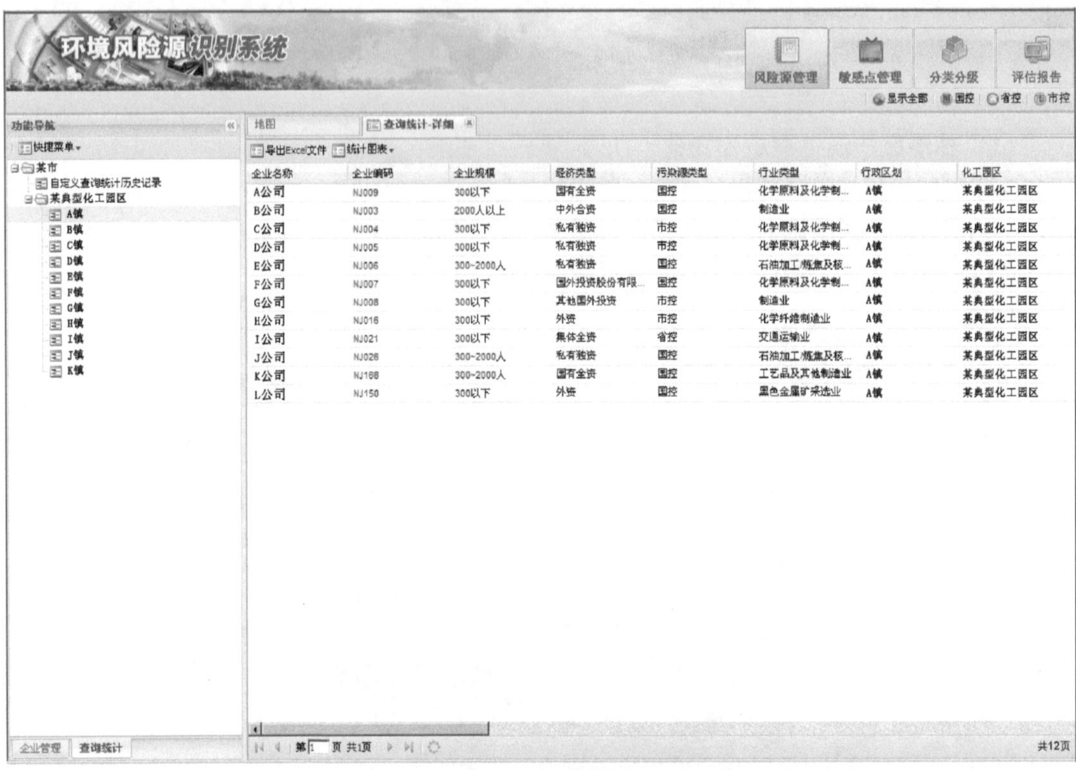

图 7-3　环境风险源信息统计功能

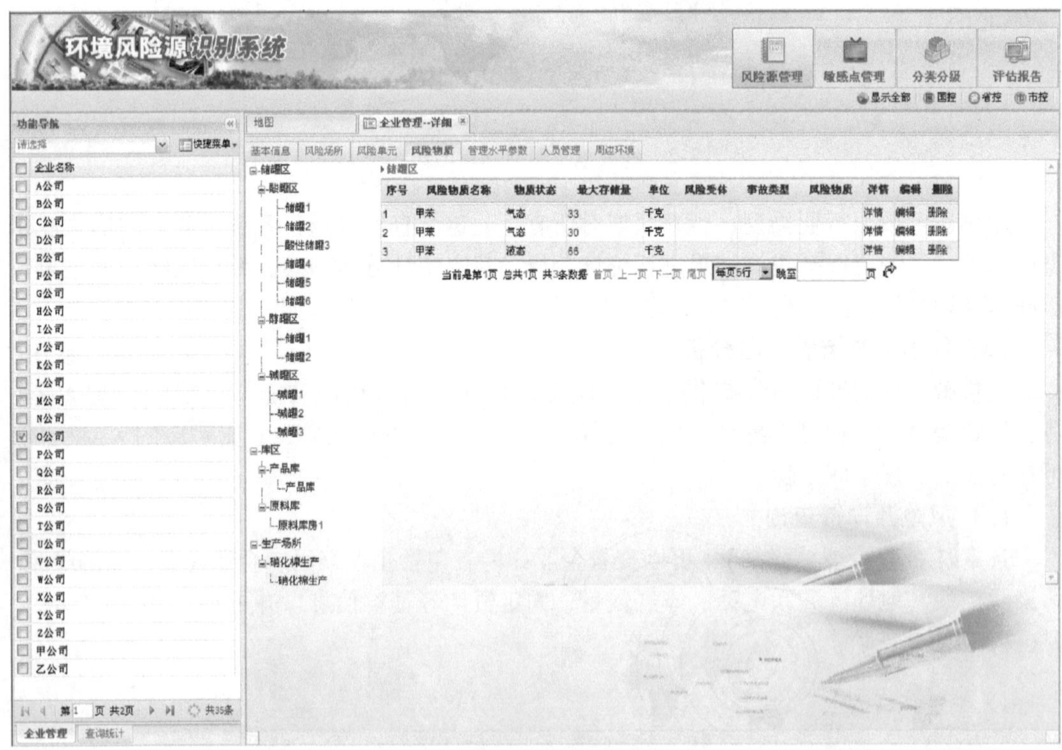

图 7-4　风险源详情查询

3. 环境敏感点查询管理

系统提供敏感点浏览查询功能，可以对区内所有敏感点的基本信息进行浏览。用户也可按照行政区划进行敏感点查询筛选，查询出的敏感点以列表的形式进行展示。

（1）敏感点查询

敏感点查询提供对敏感点的浏览查询功能。单击【敏感点管理】可浏览辖区内所有敏感点的基本信息，包括名称、经纬度坐标等信息。

用户可按照行政区划进行敏感点查询筛选，查询出对应的敏感点结果列表。在查询统计功能下，可对数据进行统计图表分析，将查询结果导出 Excel、排序等功能。

（2）周边风险源缓冲区分析

周边风险源缓冲分析提供对敏感点进行缓冲区分析的功能。选择某个敏感点，设定缓冲距离，可得到周边风险受体缓冲区分析的查询结果，单击结果列表中的【企业名称】，可在地图上实现空间定位（图 7-5）。

图 7-5 周边风险源缓冲分析

7.1.4 环境风险源的分类分级

（1）风险源初筛

该系统提供了依据临界值对风险源进行初筛的功能。单击【风险源初筛】，弹出风险源初筛页面。选择某个企业，可浏览该企业的初筛结果，并给出筛出企业的主要风险信息，包括风险源物质名称、物质状态、最大存储量、风险受体、事故类型、风险物质等信息（图 7-6）。

（2）风险源的分类

考虑我国重大环境污染事件的常发类型，不同地区、不同区域环境风险源类型、存在形式的差异，环境风险源按照风险受体、风险类型、风险来源、风险物质分别分类。

风险源分类提供对南京市风险源按照分类方法进行分类的功能。选择【风险源分类】，弹出风险源分类页面，选择某个企业，可浏览该企业的分类结果，包括风险物质名称、物质状态、最大存储量、风险源类别、风险受体、事故类型、风险物质等。

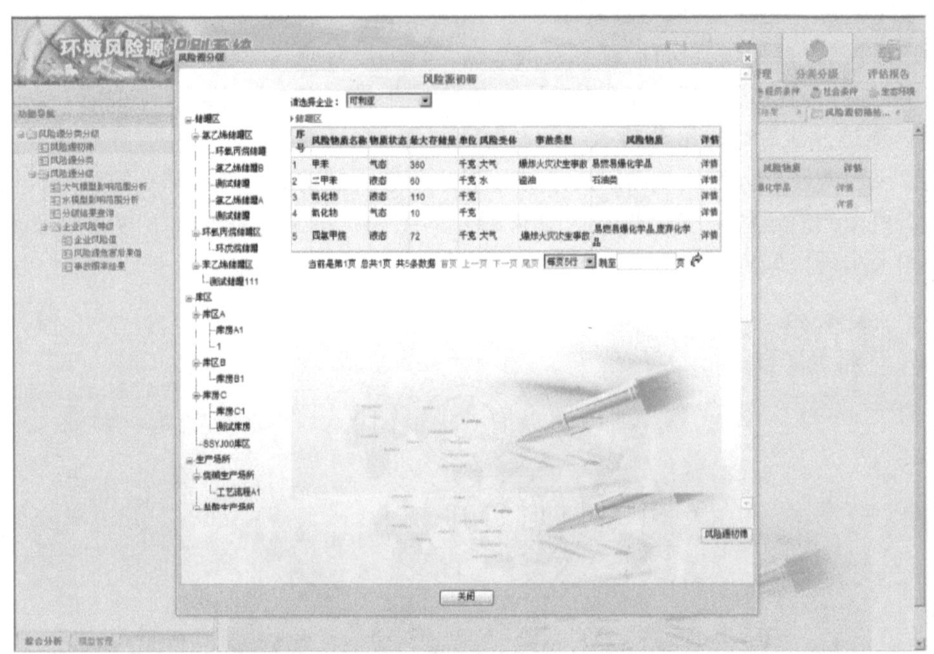

图 7-6　风险源初筛基本信息

（3）风险源的分级

环境风险源分级综合考虑风险源对环境的综合影响，通过爆炸、泄漏、扩散等相关模型计算环境风险源潜在污染事故对环境的危害范围，统计危害点内的环境敏感个数，依据敏感点类型，结合已有环境敏感点的危害概化指数体系，确定模型计算参数，计算环境风险源对人口、经济、社会、生态的损失指数，进一步计算环境风险源对大气、水、土壤的环境危害指数，通过加权得到环境风险源综合评价指数，依据识别标准体系，评估环境风险源的级别。

选择【风险源分级】，弹出分类分级结果界面，选择查询条件，包括风险受体、事故类型、风险物质、风险行业、事故级别，企业风险等级信息列表处显示查询条件所对应的分级结果，包括环境风险源名称、风险源编码、风险级别、企业名称、风险受体、事故类型、风险物质等信息（图 7-7）。

输入生成报告时间、报告人等信息，点击【添加并导出】按钮，生成风险源识别报告（图 7-8）。

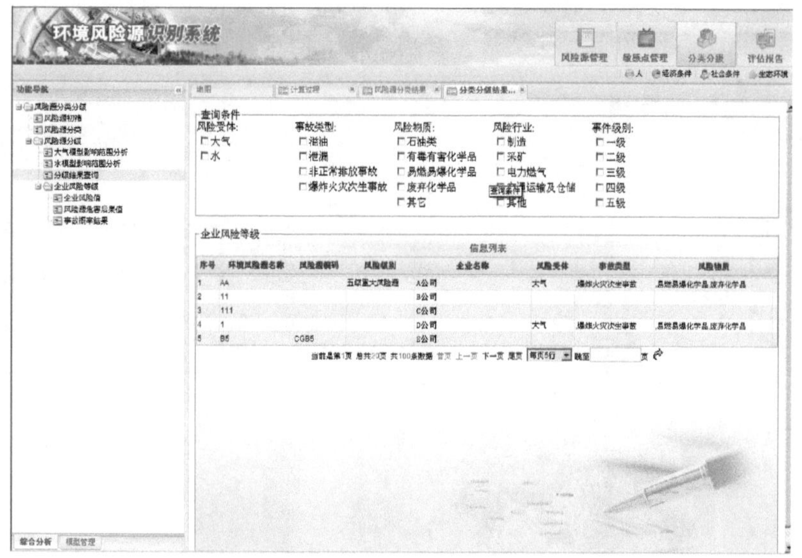

图 7-7　风险源分级结果

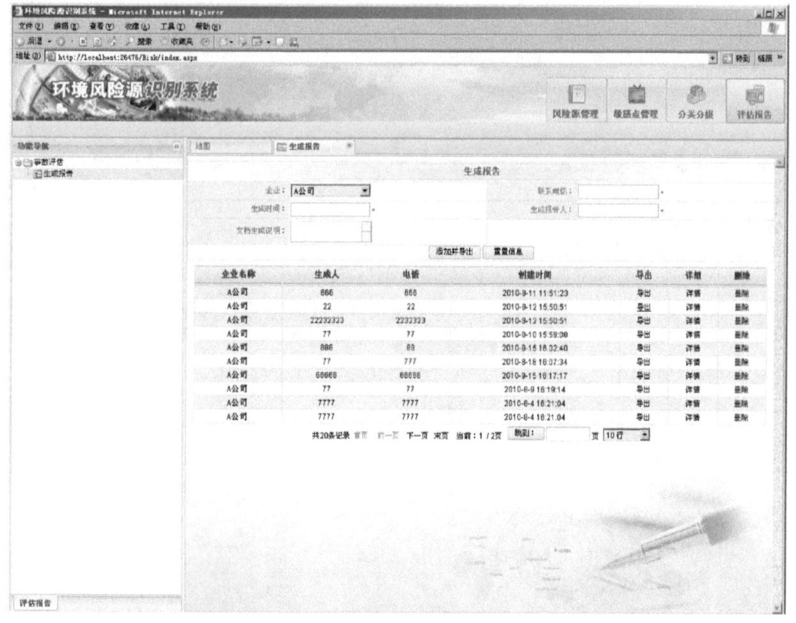

图 7-8　生成评估报告

7.1.5　环境风险分级模型管理

系统可以展示每一个环境风险源的评估技术过程，并导出评估报告。系统还可以进行计算过程管理和参数管理。

(1) 计算过程管理

计算过程提供对单个企业进行风险源识别的计算过程展示功能。选择【计算过程】，弹出计算过程页面。选择某个企业，点击当前企业按钮，列表显示该企业风险物质，包括企业名称、储罐区、存储物质、存储量、影响受体等信息（图 7-9）。

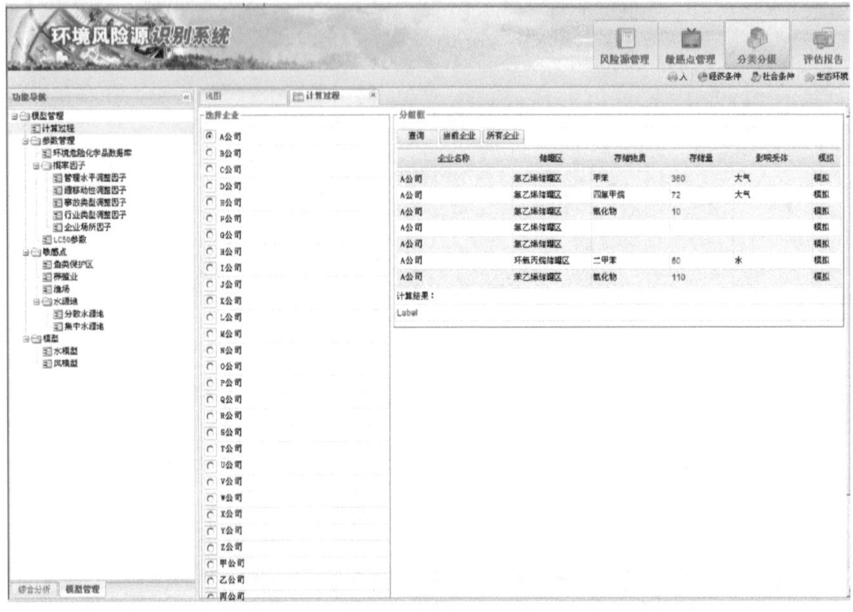

图 7-9　单个企业计算过程

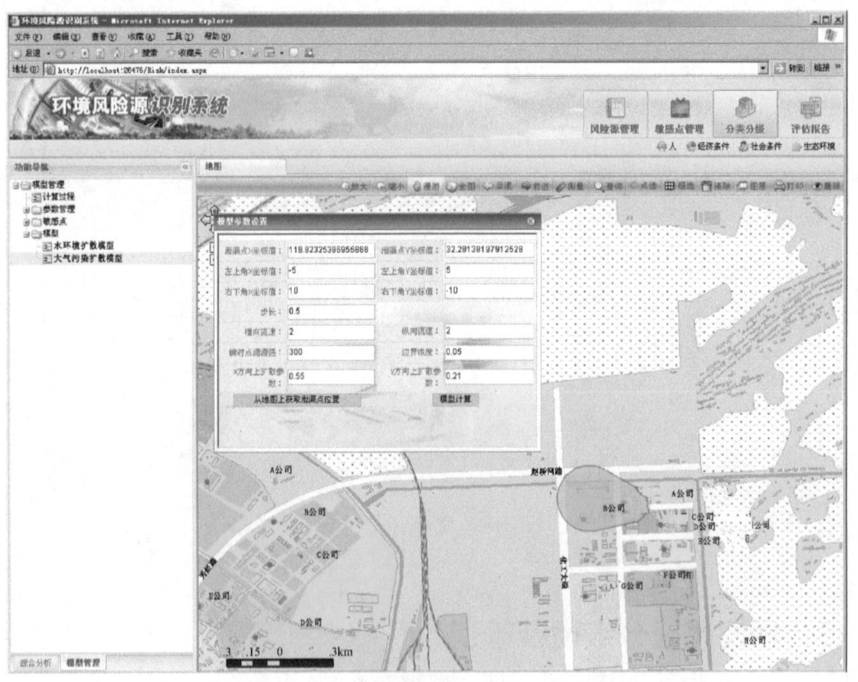

图 7-10　大气污染扩散模型模拟

单击【模型管理】，根据影响受体弹出相对应的扩散模型。设定合适的模型参数，根据影响因子所选择的边界条件生成污染边界。模型包括大气污染扩散模型和水环境扩散模型。需要输入的模型参数，包括泄漏点 X/Y 坐标值、步长、横向/纵向流速、瞬时点源源强、边界浓度、X/Y 方向上扩散参数等，单击【模型计算】，地图上得到计算后的边界范围（图 7-10）。

最终根据识别模型计算污染边界内敏感点的危害后果，计算结果处显示企业风险源识别结果（图 7-11）。

图 7-11　环境风险识别计算结果

（2）参数管理

模型参数可在参数管理页面进行调整，实现识别模型参数编辑、修改、保存（图 7-17）。

7.2　基于风险矩阵的环境风险源识别系统

按照基于矩阵的环境风险源识别方法，开发出一种简便易行的环境风险源识别系统。该系统在“全国重点行业企业环境风险及化学品检查工作”中得到应用，完成了全国重点行业企业环境风险评估。

7.2.1　系统概述

该系统在对企业环境风险源识别时综合考虑了企业固有风险属性、风险暴露与传播途径、风险管理水平、风险受体等因素。

7.2.2　系统总体框架

系统共有企业信息管理、环境保护目标、环境风险评估、数据管理 4 个模块，其系统网络构造如图 7-13 所示。

图 7-12　参数管理模块

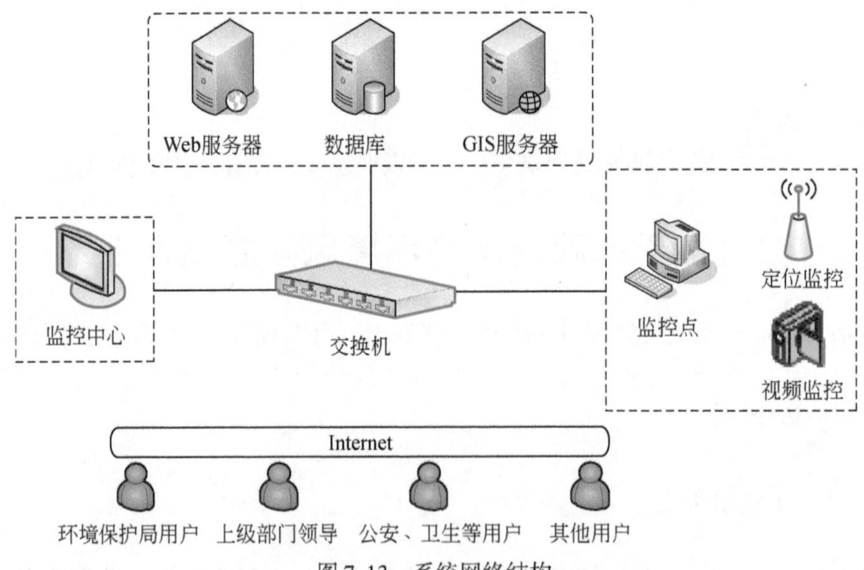

图 7-13　系统网络结构

7.2.3　系统运行环境和配置要求

运行环境和配置要求主要是说明项目软件的运行系统软件环境以及服务器硬件软件的配置。具体参数见表 7-2 和表 7-3。

表 7-2　服务器端运行环境

配置要求	运行环境
操作系统	Microsoft Windows 2000/2003 Server
支持环境	IIS 6.0 / 7.0/ 8.0 . Net Framework 3.5 ArcGIS 10.0
数据库	Microsoft SQL Server 2008 + Oracle10g
CPU	P4 2G+
Memory	2G+

表 7-3　客户端运行环境

配置要求	运行环境
操作系统	Microsoft Windows 98/2000/XP/2003 Server
浏览器	Internet Explorer 8.0 + FineFox 4.0+ Google Chrome 12.0+

7.2.4　系统基础功能介绍

1. GIS 基本操作

基础地图提供了对基础地理信息的浏览、查询功能，包括放大、缩小、漫游、全图、后退、前进、测量、搜索、点选、框选、圆选、缓冲、清除、图层、打印、鹰眼、图例、平移、自由缩放等功能（图 7-14）。

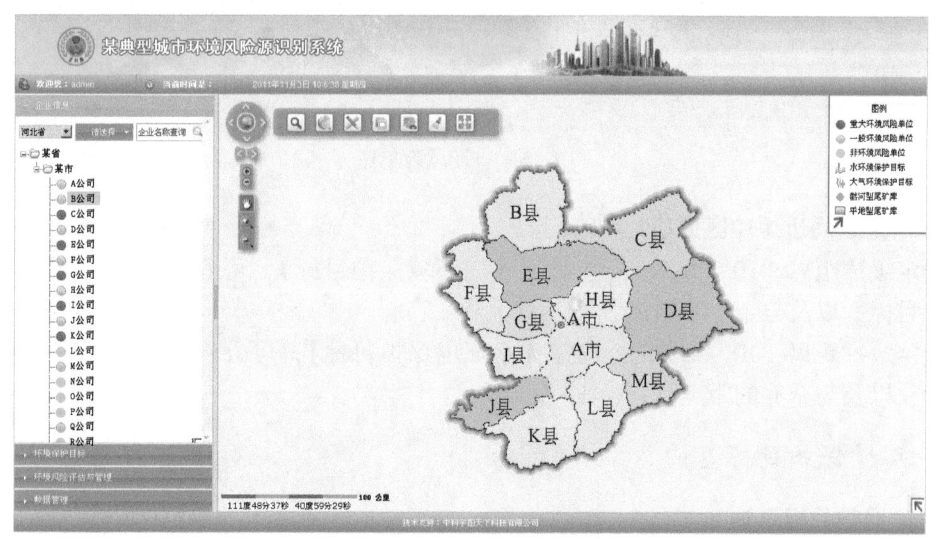

图 7-14　基础操作界面

图例功能是将所有企业所属风险单位展示出来，红色图标代表重大环境风险单位、黄色

第7章　环境风险源识别与分级软件开发

图标代表一般环境风险单位、绿色图标代表非环境风险单位、水型标记代表水环境保护目标、人标记代表大气环境保护目标。单击任意企业信息，可直观地显示企业所属的风险信息。

单击右上角的【图例】按钮可以控制图例窗口的打开和关闭，如图7-14所示。

2. 企业信息查询

(1) 风险单位查询

单击左侧功能导航栏的可选择区域的下拉框，弹出所有区域信息，可以选择不同的区域。通过单击系统页面左侧选择区域列表中的任意信息，可以对选定的企业进行快速定位，系统会自动将地图以该企业位置为中心进行定位，并将其调整到合适的比例尺下进行显示，单击地图中的企业图标，可以在弹出的窗口中浏览到企业的一部分重要信息，如企业名称、地址、周边分析和企业图片。

(2) 企业名称查询

在企业名称查询文本框中输入关键字，可根据关键字对企业进行名称模糊查询，如图7-15所示。

图7-15 查询风险单位

(3) 企业周边缓冲区分析

设定缓冲距离“10 000米”，选择【大气环境保护目标】，可分析出企业周边大气环境保护目标，以及与企业的距离（图7-16）。

设定缓冲距离“10 000米”，选择【水环境保护目标】，可分析出企业周边水环境保护目标，以及与企业的距离（图7-17）。

3. 环境保护目标查询

(1) 保护目标查询

单击左侧文本框任意区域，弹出该区域的所有保护信息，单击任意保护信息，弹出该保护目标详细信息页面，在保护目标信息页面可以查看保护目标信息和相关企业信息，如图7-18和图7-19所示。

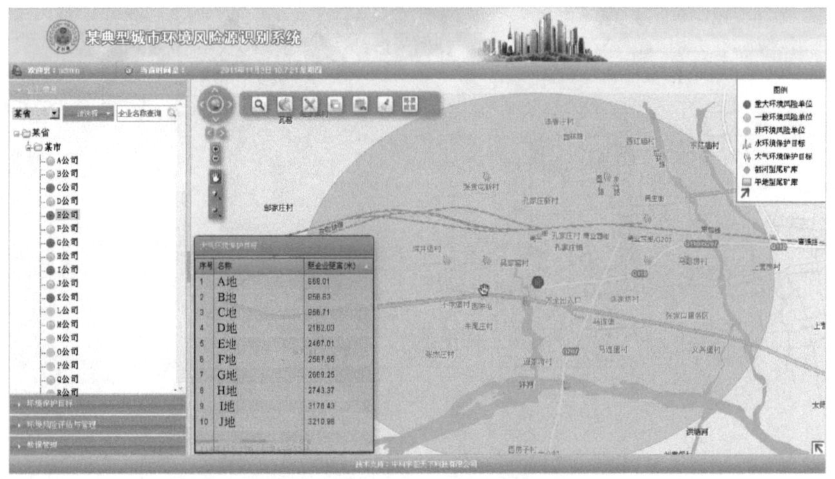

图 7-16　大气环境保护目标缓冲区分析

图 7-17　水环境保护目标缓冲区分析

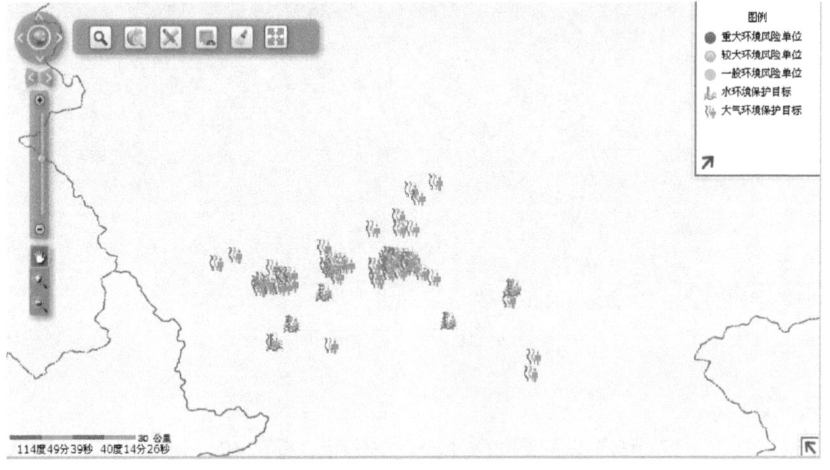

图 7-18　保护目标图层显示

第7章　环境风险源识别与分级软件开发

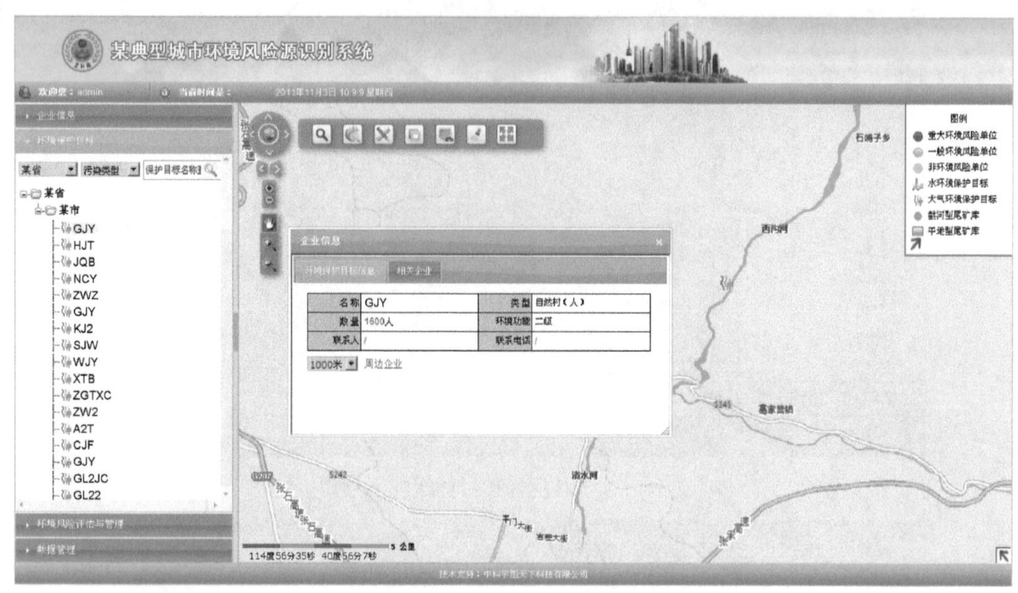

图 7-19　保护目标详情查询

（2）环境保护目标缓冲区分析

选定保护目标“保护目标 1”，设定缓冲距离“10 000 米”，可以查看周边企业，如图 7-20 所示。

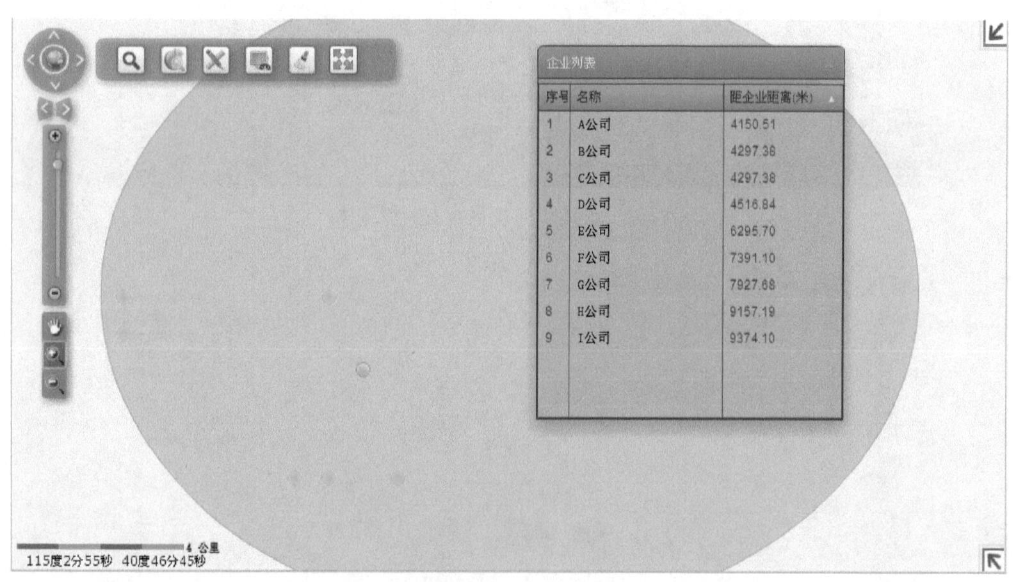

序号	名称	距企业距离(米)
1	A公司	4150.51
2	B公司	4297.38
3	C公司	4297.38
4	D公司	4516.84
5	E公司	6295.70
6	F公司	7391.10
7	G公司	7927.68
8	H公司	9157.19
9	I公司	9374.10

图 7-20　周边企业分析

（3）用户管理

用户管理主要实现对用户信息添加、修改、删除、查询和导出的功能。进入用户管理系统页面如图 7-21 所示。

1）查询功能：为方便用户管理维护数据，系统制作了查询功能。输入用户名可以进行快速查询，如输入“超级管理员”，单击【查询】按钮。

如果什么都不输入，直接单击【查询】按钮，可以查询到全部的用户名，如图 7-22 所示。

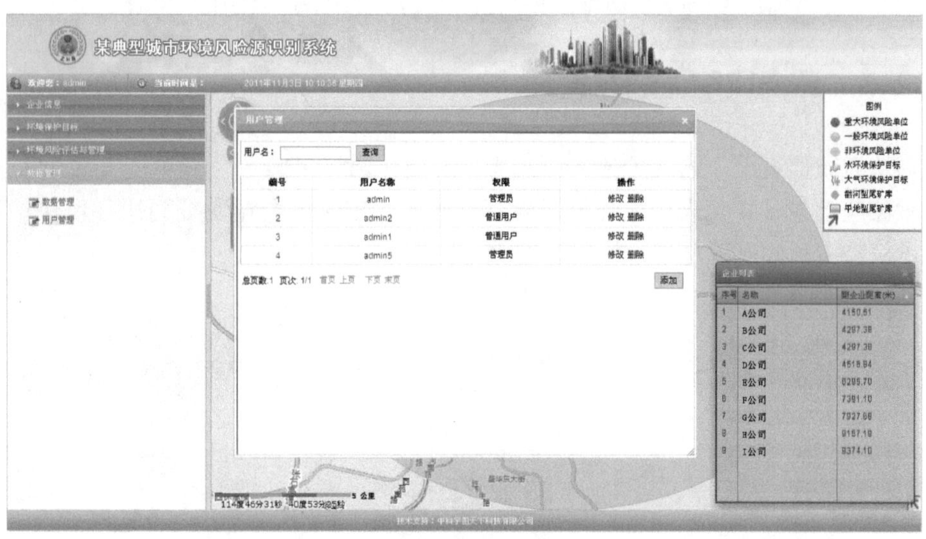

图 7-21　用户管理

图 7-22　查询结果

2）添加功能：添加用户是基本功能点，实现用户信息进行增加的功能。单击【添加】按钮，进入用户管理页面。

3）修改功能：该功能属于基本功能。选择要修改的一条数据，单击该条数据后面的

【修改】按钮，系统弹出修改用户基本信息对话框。单击【保存】按钮，系统保存修改后的信息，单击【返回】按钮，系统返回到用户管理页面。

4）删除功能：该功能属于基本功能。选择要删除的一条数据，单击该条数据后面的【删除】按钮，系统弹出删除对话框。单击【确定】，则删除这个用户信息。

7.2.5 环境风险评估与管理

在环境风险值页面，输入单位名称，选择区域、选择风险单位，单击【查询】按钮，地图显示相应信息。M 代表企业环境风险管理水平，E 代表企业所处周边环境保护情景，Q 代表风险物质超标倍数总和，如图 7-23 所示。

市	区	企业名称	行业类别	管理水平	Q	M	E	级别
典型城市	A区	A公司	261基础化学原料制造	C类	664.00	7.09	情景3	重大环境风险单位
典型城市	B区	B公司	261基础化学原料制造	C类	664.00	7.09	情景3	重大环境风险单位
典型城市	C区	C公司	261基础化学原料制造	C类	664.00	7.09	情景3	重大环境风险单位
典型城市	D区	D公司	2720化学药品制剂制造	C类	0.00	7.56	情景3	一般环境风险单位
典型城市	E区	E公司	2720化学药品制剂制造	C类	0.00	7.56	情景3	一般环境风险单位
典型城市	F区	F公司	2720化学药品制剂制造	C类	0.00	7.56	情景3	一般环境风险单位
典型城市	G区	G公司	2720化学药品制剂制造	C类	0.00	7.56	情景3	一般环境风险单位
典型城市	H区	H公司	2641涂料制造		0.00	0.00	情景3	一般环境风险单位
典型城市	I区	I公司	2720化学药品制剂制造	C类	0.00	7.56	情景3	一般环境风险单位
典型城市	J区	J公司	2720化学药品制剂制造	C类	0.00	7.56	情景3	一般环境风险单位
典型城市	K区	K公司	2710化学药品原药制造	C类	7.04	6.59	情景3	较大环境风险单位
典型城市	L区	L公司	2710化学药品原药制造	C类	7.04	6.59	情景3	较大环境风险单位

图 7-23 环境风险值查询

选择行业类别、风险单位等条件，可查询相关风险源，并可导出 Excel 表，如图 7-24 所示。

（1）数据导入

单击【数据导入】，弹出数据导入页面，选中浏览数据，单击【上传】，选中所导入的信息，单击【导入】按钮，单击【风险计算】按钮，进行风险计算，如图 7-25 所示。

（2）企业环境风险管理水平（M）权重管理

单击【权重管理】，进入权重管理页面，可进行编辑、添加、删除、重新计算等操作，如图 7-26 所示。

（3）企业所处周边环境保护情景（E）赋分管理

单击【情景（E）管理】，进入情景（E）管理页面，可进行编辑操作，如图 7-27 所示。

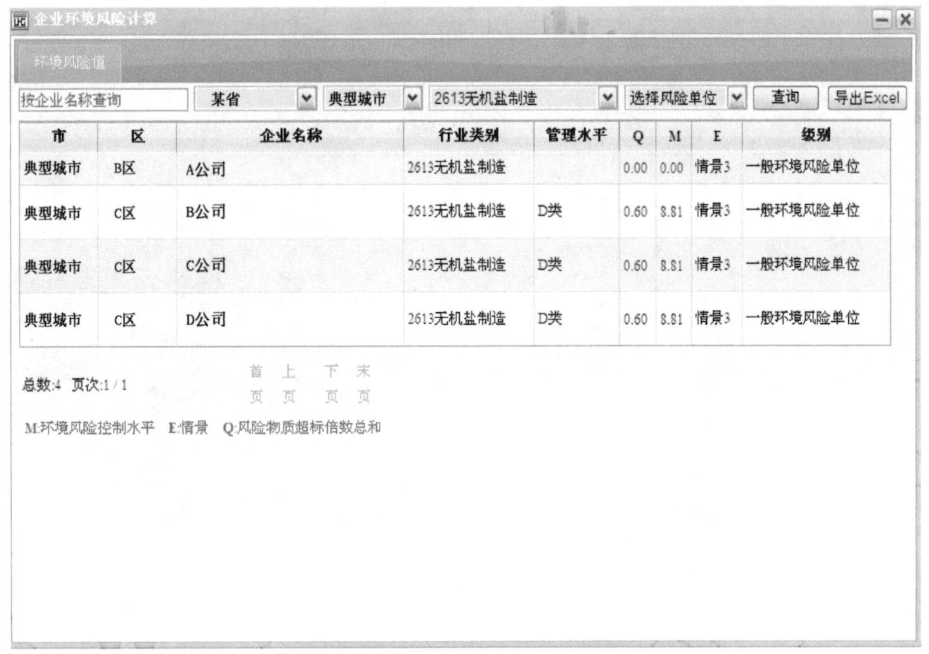

图 7-24 环境风险值特定查询

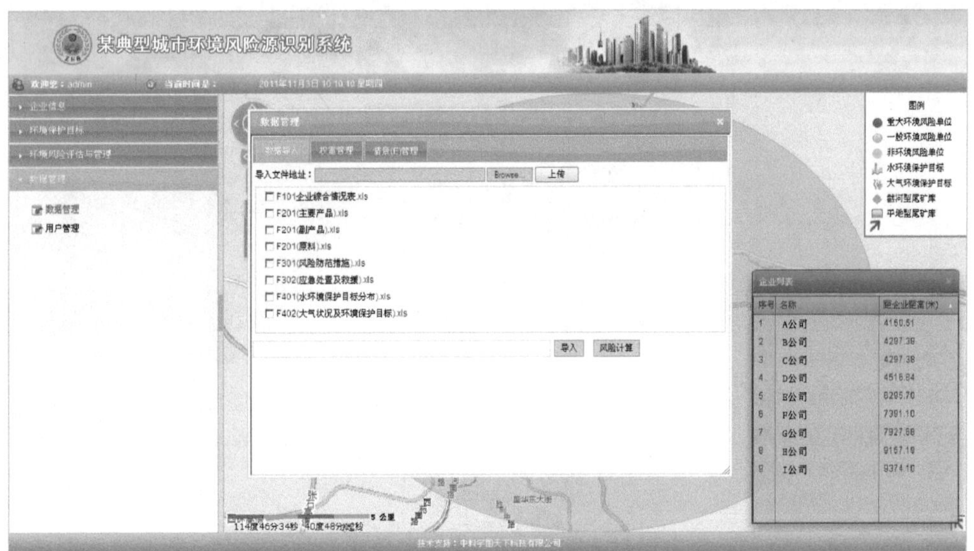

图 7-25 数据导入

图 7-26　权重管理

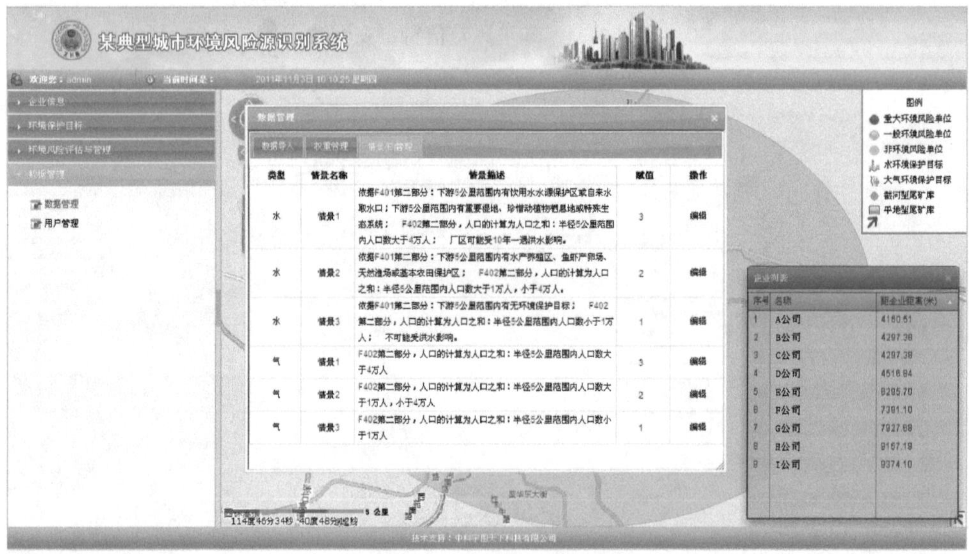

图 7-27　情景管理

第8章

环境风险源动态监控系统软件开发

针对我国重大环境污染事件频发，目前没有有效地对重大环境风险源进行动态监控等问题，结合南京化工园区、上海闵行区企业及周边敏感受体调研情况，并从饮用水源地保护的角度出发，设计开发了典型化工园区环境风险源动态监控系统（软件著作权登记号：2010SR051317）、基于 Web-GIS 的特大城市环境风险源监控系统（软件著作权登记号：2011SR013785）及饮用水源地污染事故监控预警系统（软件著作权登记号：2011SR011282）。监控系统用于实时掌握重点环境风险源监控指标变化情况，整理分析重大环境风险源的变化趋势，对可能发生的环境污染事件做出预判，对饮用水源地进行及时的监控预警，降低饮用水源地环境污染风险，将风险规避在孕育期；有助于环境保护部门更有效地监控管理环境风险源，从而达到风险防范的目的。

下面重点介绍典型化工园区环境风险源动态监控系统，该系统是基于 Web-GIS 开发的一款应用软件，能在有网络的服务器上进行独立的安装运行，是一套以环境保护为主业务的环境风险动态监控系统，该系统可以推广到其他同类大尺度的空间内环境风险源监控中。该软件系统能实现对风险源信息的管理，周围敏感受体的缓冲分析，环境风险源的实时监控及历史曲线查询等功能。环境管理者能通过这个软件及时准确地看到环境风险源相关信息，从宏观上对风险源进行监控管理。

8.1 系统概述

典型化工园区环境风险源监控系统功能主要包括环境风险源信息管理、环境敏感受体信息管理、环境风险源实时监控数据管理、历史数据管理、应急数据管理、用户管理、网络信息发布等。

(1) 环境风险源信息管理

环境风险源信息管理包括化工园区环境风险源（如储罐、库房等）的基本信息、位置信息、日常检查信息等，这些数据信息对应地理信息数据库风险源图层中的地理实体，并同风险物质数据相关联。此部分功能主要包括新建企业，增加储存区、生产区、单元风险源、风险物质、排放区、企业环境保护信息、周边环境，对各项信息进行添加、修改、查看等操作。

(2) 环境敏感受体信息管理

环境敏感受体主要包括化工园区周边的学校、机关、医院、居民点、水源地、河流等，对其相关信息进行存储。

(3) 环境风险源实时监控数据管理

系统可以实时展示固定环境风险源和移动环境风险源监控数据。固定环境风险源的实时监控数据既可以在 GIS 上显示，也可以以实时曲线的形式显示，可以相互切换观察，为管理者或决策者做出决策提供数据支撑。移动环境风险源监控数据管理主要包括移动环境风险源监控点的基本信息、实时定位数据、射频标签数据和实时视频。

(4) 历史数据管理

监控系统在线查询功能可使用户清楚地看到某一时刻某一环境风险源的特征污染物浓度值，能以环境风险源的名称、企业的名称和组合查询等方式进行数据检索，同时对企业环境风险源的超标情况可通过超标查询进行检索。历史数据查询模块既可以数据形式显示，也可以曲线形式显示，主要包括化工园区环境风险源的周历史曲线、月历史曲线和年历史曲线。通过选择不同时间段的不同环境风险源，该功能模块则可以实时描绘该环境风险源所有监控指标的历史曲线。

(5) 应急数据管理

系统还包括了工业园区内的应急信息：救援物质分布、医疗资源、车辆设备、应急监测设备、常规监测设施或者设备情况，以及专家库和处理处置工具包等，同时，将水气扩散爆炸等模型嵌入了系统。一旦突发环境污染事件，可以为管理者提供技术支持。

(6) 其他

监控系统的应用功能还包括用户管理、网络信息发布、历史监测数据导出等。监控系统对用户设定了等级角色，同时对每个角色设定相应的权限，并对权限进行控制管理，主要包括用户信息管理、角色管理、模块管理、权限管理、日志管理。

8.2 系统运行环境和配置要求

系统采用 ArcSDE 服务器在 SQL Server 中存储各种数据库，通过 ArcIMS 发布出来。系统采用 B/S、C/S 相结合的体系架构，满足不同用户操作的需求。C/S 架构主要提供后台数据编辑维护、分析模型驱动、分析参数调整等技术性较强的工作，使用对象主要是经过培训的技术人员或具有 IT 技术背景的业务工作人员。B/S 架构的使用对象主要是管理部门的领导。由 SQL Server 提供数据库管理引擎，ArcSDE 提供空间引擎来存储和管理属性数据和空间数据，数据库管理提供数据操作，并在各数据库间建立连接，实现检索。

运行环境和配置要求说明项目软件的运行系统软件环境以及服务器硬件软件的配置。具体参数见表 8-1 和表 8-2。

表 8-1 服务器端配置

配置要求	运行环境
操作系统	Microsoft Windows 2000/2003 Server
支持环境	IIS 5.0 / 6.0；.Net Framework 3.5+
数据库	Microsoft SQL Server 2005
CPU	P4 2G+
内存	2G+

表 8-2　客户端配置

配置要求	运行环境
操作系统	Microsoft Windows 98/2000/XP/2003 Server
浏览器	Internet Explorer 6.0+

8.3　系统架构

根据研究的内容和实现的目标，采用基于服务的结构，将系统结构大致分为决策资源层、服务平台层、应用支持层、应用系统层四个层面，如图 8-1 所示。

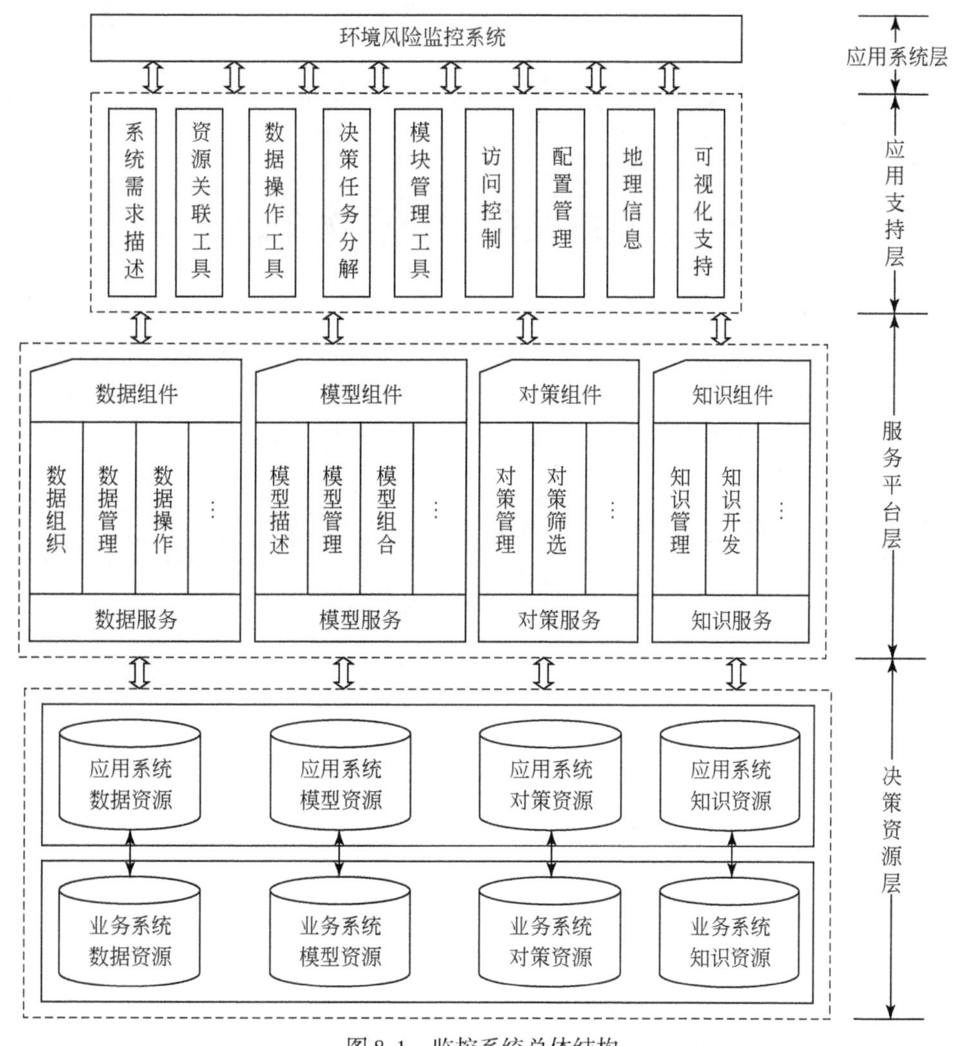

图 8-1　监控系统总体结构

(1) 决策资源层

用于存储进行决策支持系统所需的各类资源，包括数据资源、模型资源、对策资源、知识资源等。决策资源既可来自外部系统的输入，也可由系统内部运行产生，并通过特定机制集成到决策资源层的分类资源库中。

（2）服务平台层

基于决策资源层的服务平台层，是对数据、模型、对策、知识资源形成相应的管理维护工具和访问接口组件，为应用层提供一致的访问路径。建立集数据仓库、联机分析和数据更新于一体的合成组件，实现数据抽取、转换、集成和存储，并对数据进行有效分析，发现数据的异常、规律或模式。对系统涉及的模型进行分类管理和存储，同时接收数据新发现、使用新模型和存储模型参数。实现对策和专家知识的获取、编码、转换、组织、存储等功能，并进行对策筛选和知识推理。

（3）应用支持层

以决策资源层为基础，以服务平台层为依托，应用支持层为应用系统层提供必需的基本功能构件和模块，包括数据资源关联定义、任务管理、流程控制、系统框架定义等。

（4）应用系统层

应用系统层是包括人机交互界面在内的完整的决策支持用户使用系统，为操作者提供人机交流互动的平台，实现对问题的分析和辅助决策的制定。

8.4 系统基础功能操作介绍

（1）GIS 基本操作

地图功能是 GIS 信息化系统的基本功能，通过放大、缩小、漫游、测量、查询、鹰眼、打印和图层等功能可以对地图中的地物进行基本的操作。点选、框选、清除等功能是用户进行空间查询、空间分析的重要功能。地图窗口和地图功能工具栏如图 8-2 所示。

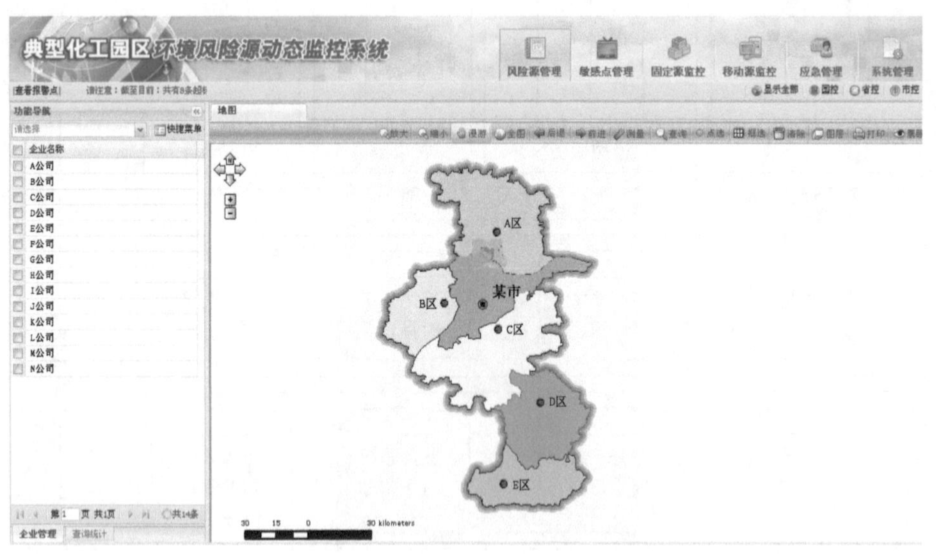

图 8-2　地图窗口与基本功能

（2）环境风险源信息管理

单击左侧功能导航栏下拉列表框，弹出下拉框选项，包括 1 全部风险源，2 采矿业，3 制造业，4 电力、热力的生产和供应业，5 水的生产和供应业，6 交通运输业，7 仓储业，8

机动车生活用燃料零售业，9 废物治理业，10 卫生业，11 煤矿开采洗选业等功能，如图 8-3 所示。

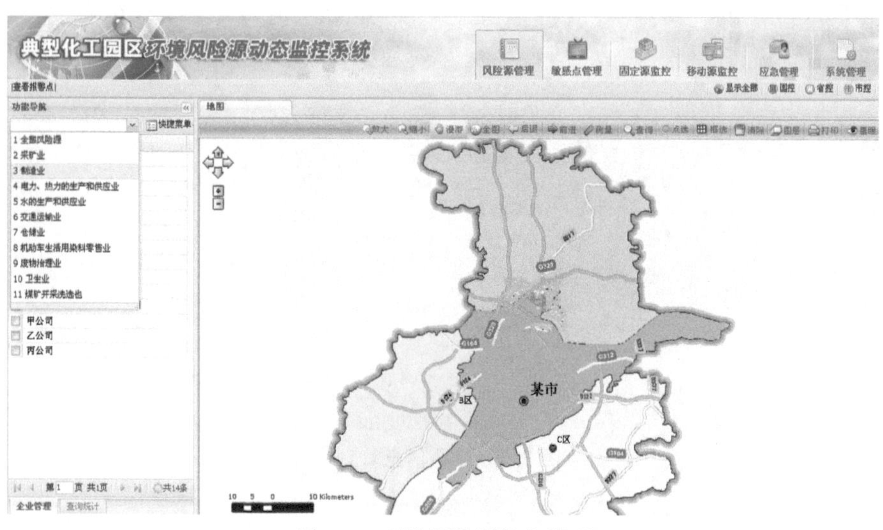

图 8-3　环境风险源信息管理

在左侧的企业列表中单击任意企业，显示企业管理详细页面，同时在地图上对该企业进行定位。单击企业在地图中的定位图标，弹出该企业的相关信息页板，包括企业名称、地址、经纬度等基本信息，如图 8-4 所示。

图 8-4　风险源企业定位图

单击【企业管理—详细】，进入企业管理—详细信息页面。此页面主要是对企业基本信息、储存区、生产区、风险源、风险物质、排放区、企业环境保护信息、周边环境等信息的管理及操作，如图 8-5 所示。

单击【基本信息】，进入基本信息页面。单击【编辑】按钮，进入企业基本信息编辑页面，修改企业基本信息，单击【保存】按钮，完成对企业基本信息的编辑操作，如图 8-6 所示。

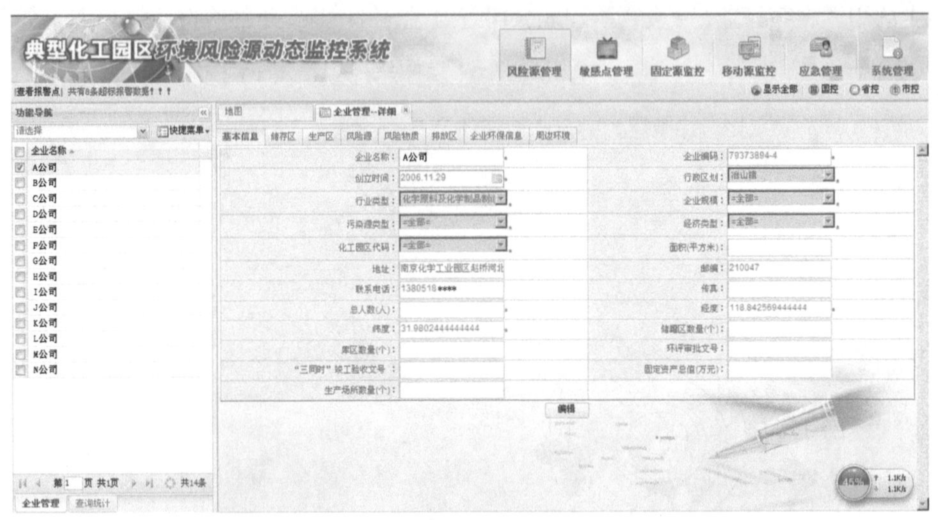

图 8-5　企业信息管理

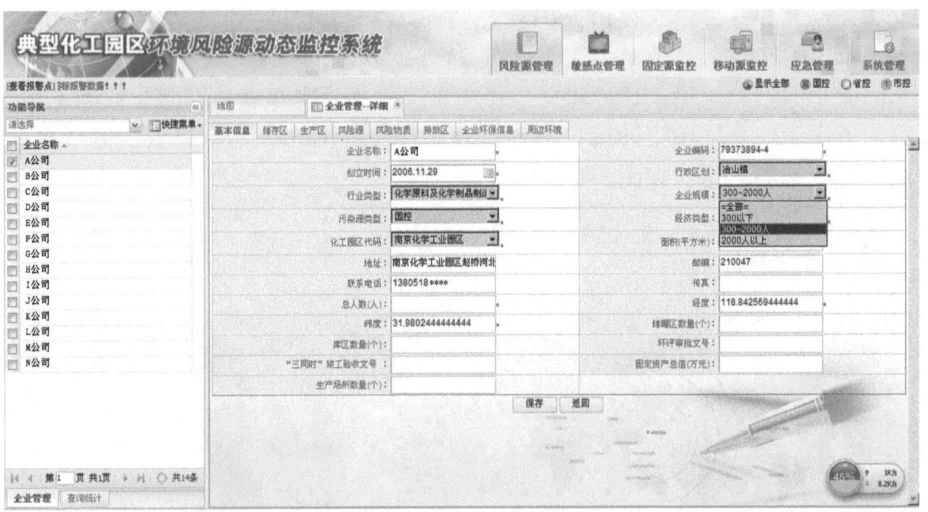

图 8-6　企业基本信息编辑修改

单击【储存区】选项卡，进入储存区信息管理页面，可进行添加、删除、编辑、查看详情操作。单击【储罐区】【添加】按钮，进入添加储罐区页面。输入信息，单击【保存】按钮，系统将保存添加的储罐区信息。单击任意一条信息后的“编辑”，进入该储罐区编辑页面，修改相应信息，单击【保存】按钮，完成编辑操作。单击任意一条信息后的【删除】，弹出【删除】，单击对话框中的【确定】按钮，完成对该信息的删除操作。同样对【库区】也可以执行类似的操作，如图 8-7 所示。

单击【生产区】选项卡，进入生产区信息管理页面，可进行添加、删除、编辑、查看详情操作。单击【生产区】【添加】按钮，进入添加生产区页面。输入信息，单击【保存】按钮，系统将保存添加的生产区信息。

单击任意一条信息后的【详细】，进入该生产区详细页面。单击任意一条信息后的【编辑】，进入该生产区编辑页面，修改相应信息，单击【保存】按钮，完成编辑操作。

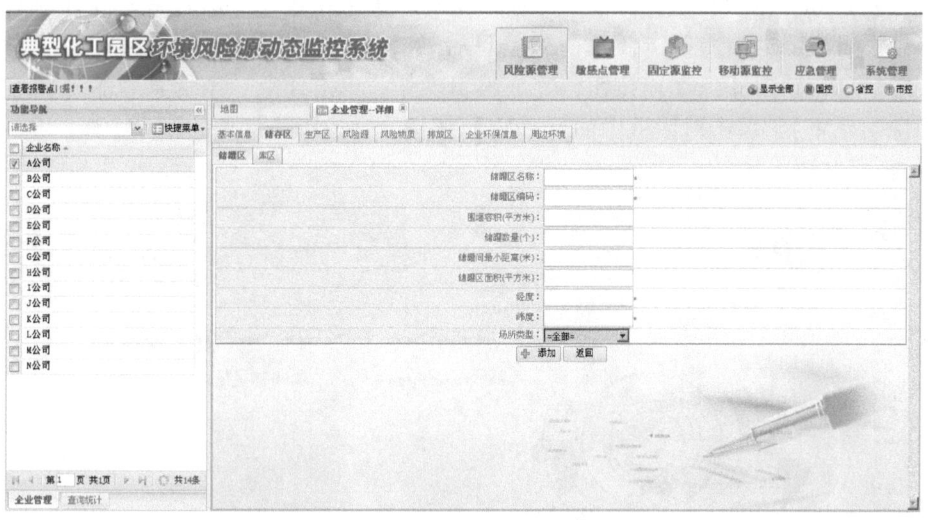

图 8-7　企业储罐区信息编辑添加

单击任意一条信息后的【删除】，弹出【删除对话框】，单击对话框中的【确定】按钮，完成对该信息的删除操作，如图 8-8 所示。

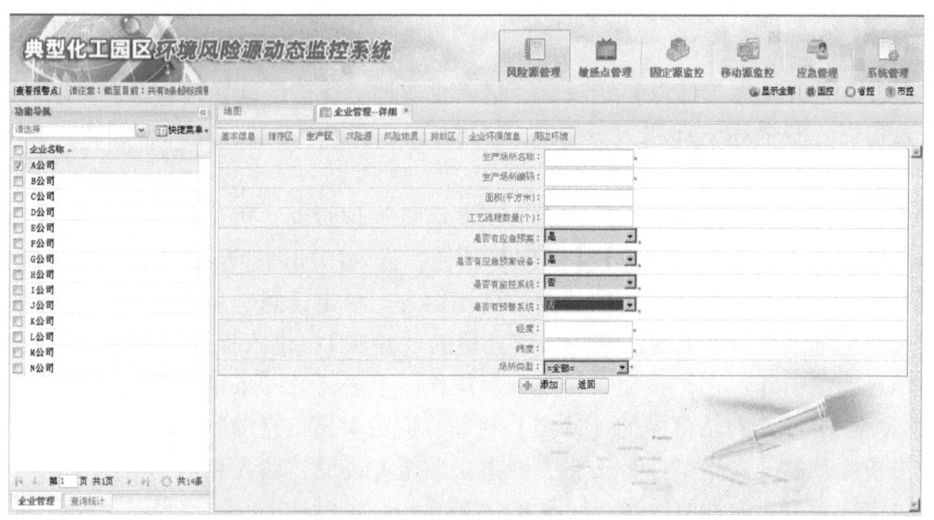

图 8-8　企业生产区信息编辑添加

该系统可以对企业拥有的风险物质进行管理。单击【风险物质】选项卡，进入风险物质信息管理页面，可进行添加、删除、编辑、查看详情操作。单击任意一条信息后的【详细】，进入该风险物质详细页面。单击任意一条信息后的【编辑】，进入该风险物质编辑页面，修改相应信息，单击【保存】按钮，完成编辑操作。单击任意一条信息后的【删除】，弹出【删除对话框】，单击对话框中的【确定】按钮，完成对该信息的删除操作，如图 8-9 所示。

单击【排放区】选项卡，进入排放区信息管理页面，可进行添加、删除、编辑、查看详情操作。单击【气态排污口】【添加】按钮，进入添加气态排污口页面。输入信息，单击【保存】按钮，系统将保存添加的储罐区信息。单击任意一条信息后的【详细】，进入该气态排污口详细页面。单击任意一条信息后的【编辑】，进入该气态排污口编辑页面，修改相应信息，单击【保存】按钮，完成编辑操作。单击任意一条信息后的【删除】，弹出【删除对话框】，单击对话框中的【确定】按钮，完成对该信息的删除操作。

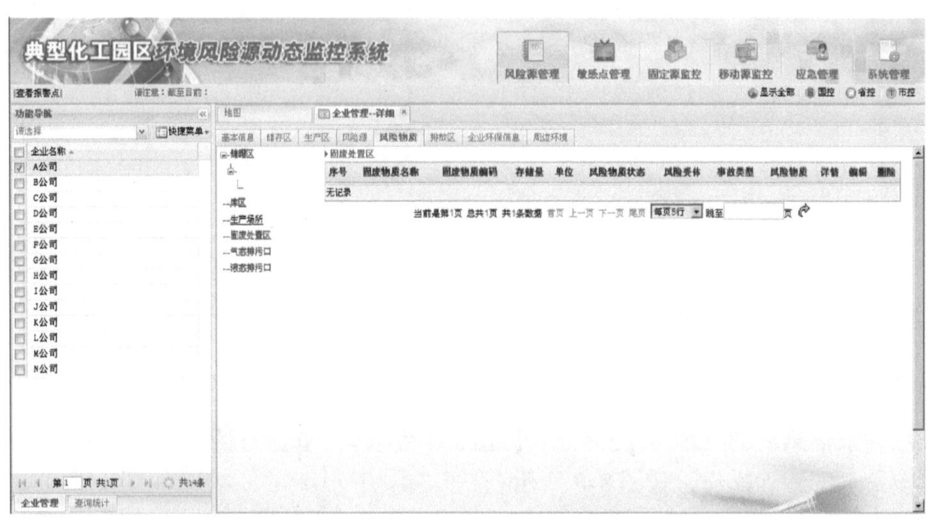

图 8-9　企业风险物质信息编辑

单击【企业环境保护信息】选项卡，进入企业环境保护信息管理页面，可以对应急资源、应急物资、安全环境部和人员管理进行管理，可进行添加、删除、编辑、查看详情操作。

单击【周边环境】选项卡，进入周边环境信息管理页面，可进行添加、删除、编辑、查看详情操作。单击【周边环境】【添加】按钮，进入添加周边环境页面。输入信息，单击【保存】按钮，系统将保存添加的周边环境信息。单击任意一条信息后的【详细】，进入该周边环境详细页面。单击任意一条信息后的【编辑】，进入该周边环境编辑页面，修改相应信息，单击【保存】按钮，完成编辑操作。单击任意一条信息后的【删除】，弹出【删除对话框】，单击对话框中的【确定】按钮，完成对该信息的删除操作。

单击快捷菜单【新增企业】按钮，弹出新增企业页面，输入相应信息，单击【添加】按钮，可完成对企业的添加功能，如图 8-10 所示。

单击左侧功能导航栏的【查询统计】，进入查询统计列表页面，如图 8-11 所示。

单击快捷菜单下拉框，包括企业快速查询、企业详细查询统计、风险物质名称快速查询、风险源级别查询、风险源类别查询、风险源状态查询，单击【企业快速查询】，弹出企业快速查询页面，输入信息，单击【查询】按钮，弹出查询统计—详细页面，此页面包括导出 Excel 文件和统计图表，如图 8-12 所示。

单击【导出 Excel 文件】，实现打开、保存及取消下载等操作。

单击【统计图表】——【企业人数统计】，弹出统计图表页面。

单击【企业详细查询统计】，弹出企业查询统计页面，输入信息，单击【保存】按钮，成功添加到自定义查询统计历史记录。

单击左侧任意企业，弹出查询统计—详细页面，此页面包括导出 Excel 文件和统计

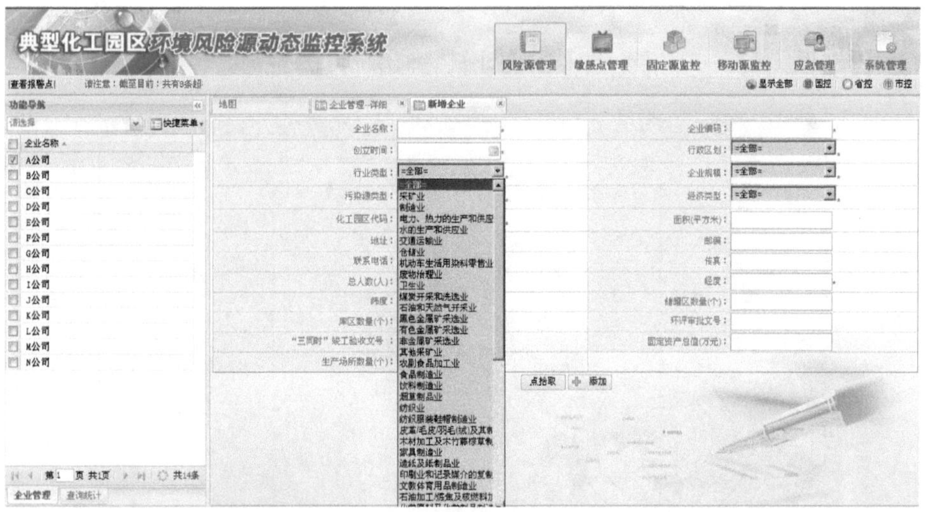

图 8-10　新增风险源企业

图 8-11　查询统计—展示

图 8-12　环境风险源查询统计页面

图表。

单击【统计图表】——【企业人数统计】，弹出统计图表页面，如图 8-13 所示。

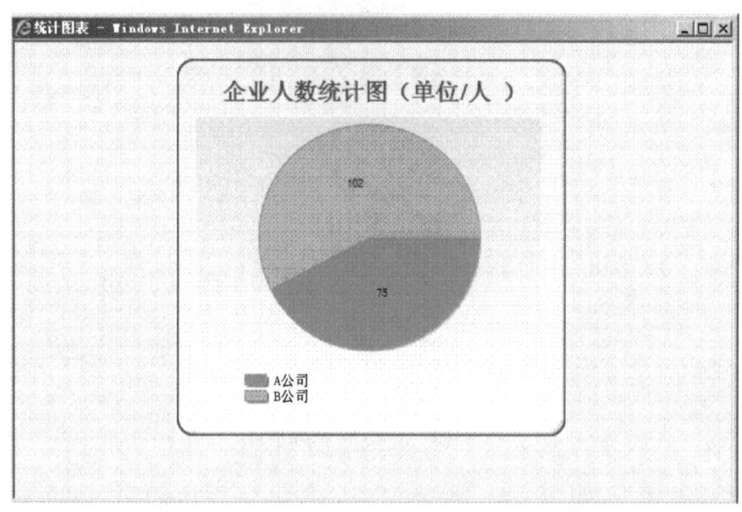

图 8-13　企业人数统计

(3）敏感点信息管理

敏感点管理模块是对系统中所有敏感点进行统一管理，在此模块中，包括显示全部、村庄、学校、居民区、水系、医院、养老院、机关、名胜古迹进行管理等功能。单击【敏感点管理】，进入到敏感点管理模块，如图 8-14 所示。

图 8-14　环境敏感点信息管理

可以分别选择【显示全部】、【村庄】、【学校】等按钮，分别显示全部敏感点或分类展示。单击【显示全部】，可以在地图上显示出全部敏感点的信息。

单击某个村庄，在左侧的敏感点名称中单击某村庄名称，显示敏感点—村庄页面，同时在地图上对该村庄进行定位。单击村庄在地图中的定位图标，弹出该村庄的相关信息页板，包括村庄名称、地址、经纬度等基本信息。

单击【敏感点—村庄】，弹出编辑页面，可完成对村庄的编辑功能，如图8-15所示。

单击左侧功能导航栏中【快捷菜单】，弹出添加信息。可完成村庄、学校、居民区等敏感点的添加操作。例如，单击【添加村庄】，弹出添加村庄页面，输入信息，单击添加按钮，完成添加操作。

单击左侧功能导航栏中【查询统计】，进入查询统计页面，如图 8-16 所示。

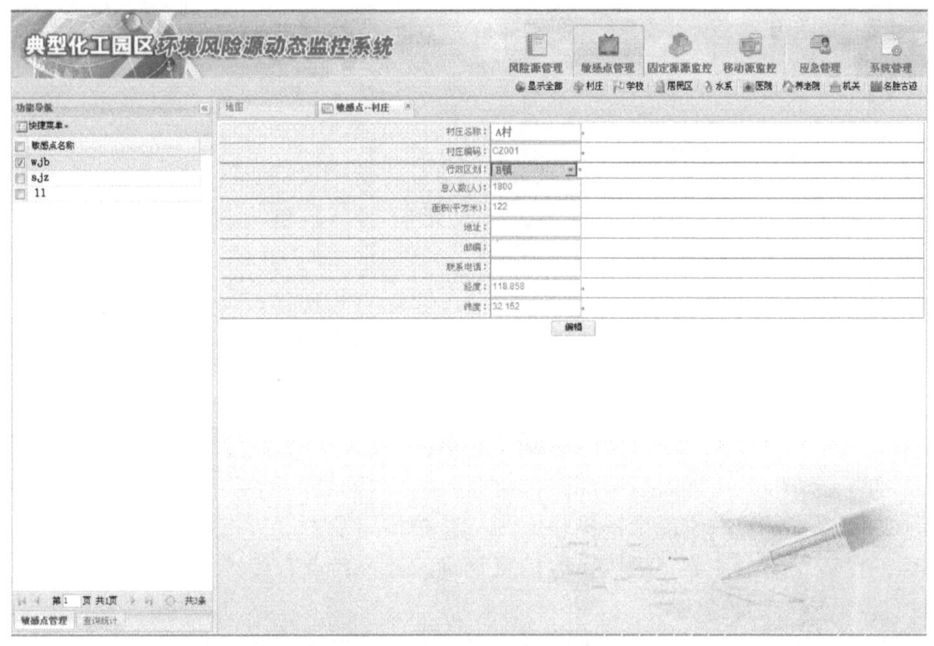

图 8-15　环境敏感点村庄信息

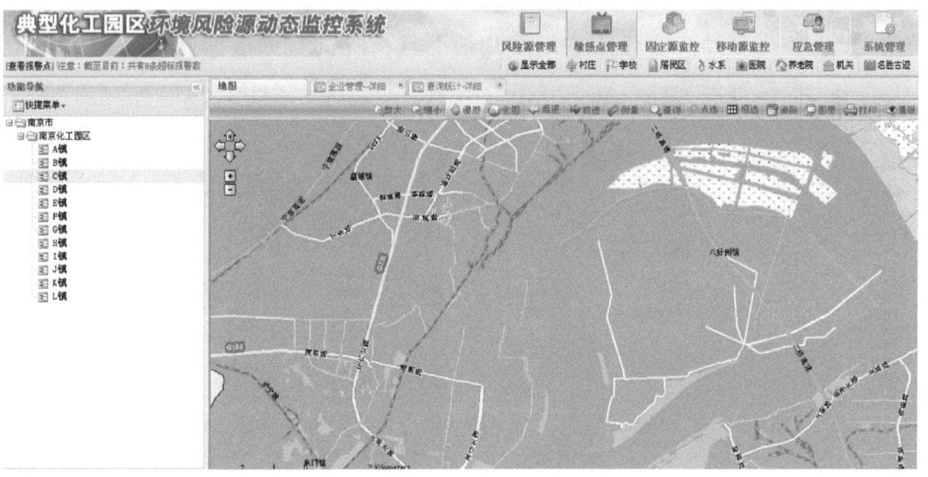

图 8-16　环境敏感点查询统计

单击快捷菜单下拉框——【敏感点快速查询】，弹出敏感点快速查询页面，输入信息，单击保存按钮，弹出查询统计——详细页面，此页面包括导出 Excel 文件和统计图表，如图 8-17 所示。

单击【导出 Excel 文件】，实现打开、保存及取消下载等操作。单击【统计图表】——【敏感点人数统计】，弹出统计图表页面。

图 8-17 环境敏感点详细信息查询

8.5 固定环境风险源的监控

风险源监控需要考虑监控指标构建原则、监控指标维护、监控布点原则、监控点位布设等内容，在该系统中主要包括监控点信息管理、监控布点布设等功能。

(1) 监控点信息管理

单击左侧功能导航栏的某监测点名称，显示监测点详细页面，同时在地图上对该监测点进行定位。单击监测点在地图中的定位图标，弹出该监测点的相关信息页面，包括企业名称、经纬度、查询日均值曲线、查询周均值曲线、查询月均值曲线、查询年均值曲线、实时曲线、历史数据查询统计、视频展示等基本信息，如图 8-18 所示。

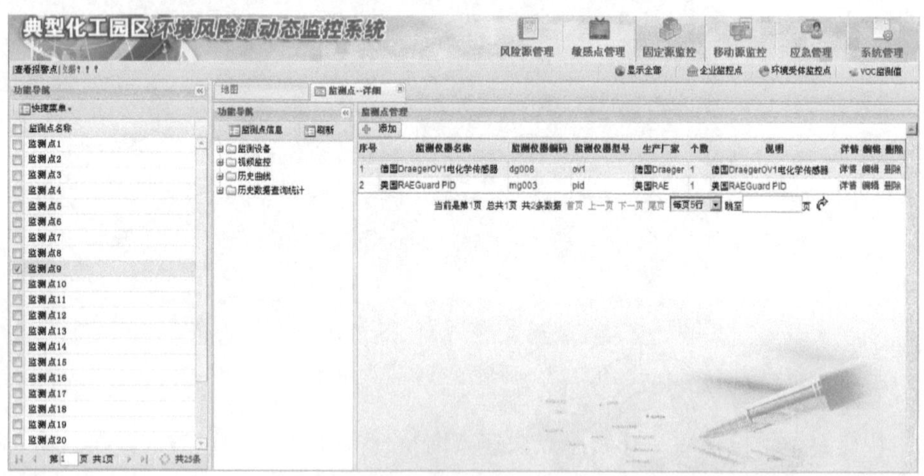

图 8-18 固定风险源监控点位信息

单击监测点信息，弹出监测点详细信息页面，可进行编辑操作。

单击左侧功能导航栏的【快捷菜单】【监测点管理】，弹出监测点管理页面，可进行添加、删除、编辑、查看详情操作，如图 8-19 所示。

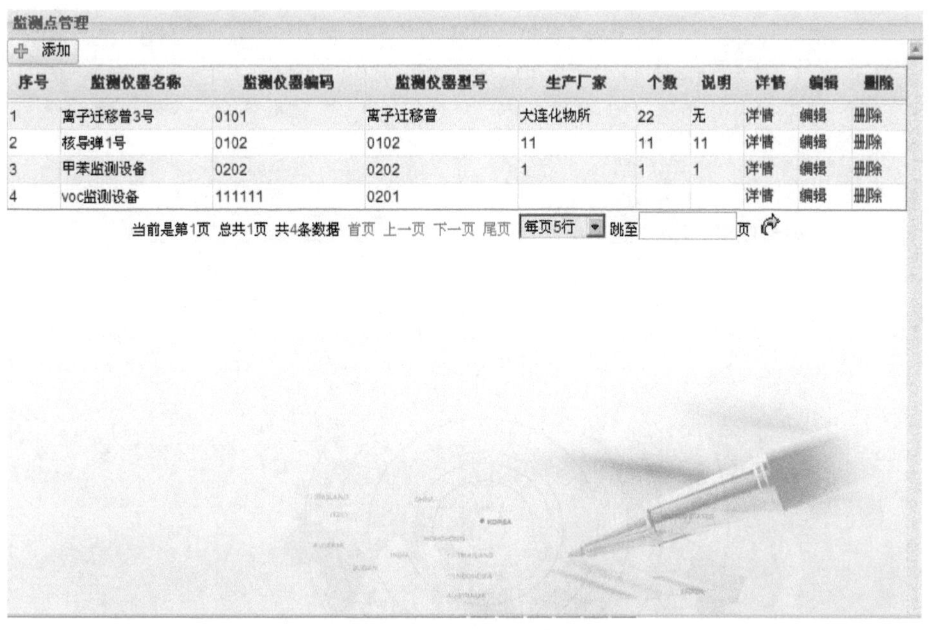

序号	监测仪器名称	监测仪器编码	监测仪器型号	生产厂家	个数	说明	详情	编辑	删除
1	离子迁移普3号	0101	离子迁移普	大连化物所	22	无	详情	编辑	删除
2	核导弹1号	0102	0102	11	11	11	详情	编辑	删除
3	甲苯监测设备	0202	0202	1	1	1	详情	编辑	删除
4	voc监测设备	111111	0201				详情	编辑	删除

图 8-19　监控点信息管理

单击【功能导航】，包括监测设备、视频监控、历史曲线、历史数据查询统计，可进行监测点的查看操作，如图 8-20 所示。

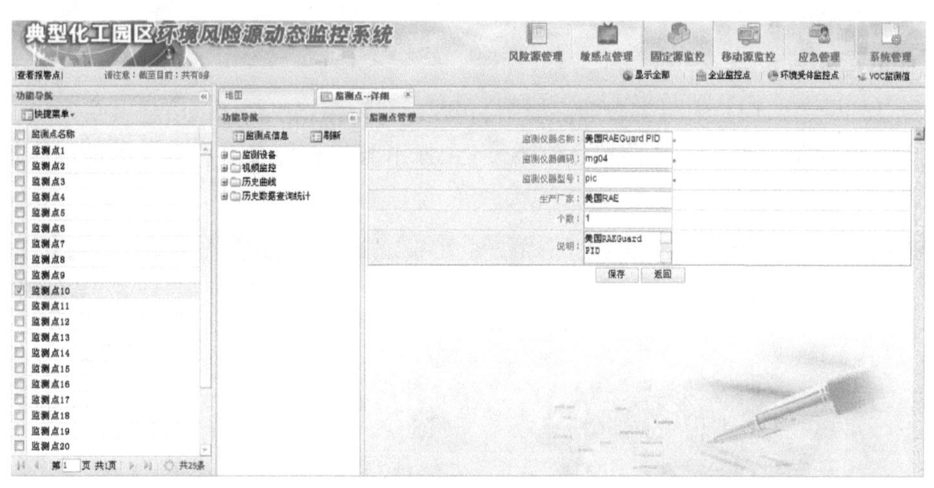

图 8-20　监控点信息编辑

单击【风险源监控】——【监控指标构建原则】，弹出监控指标构建原则详细信息页面。

监控指标维护。单击【风险源监控】——【监控指标维护】，弹出监控指标维护页面，可进行添加、删除、编辑、查看详情操作，如图 8-21 所示。

单击【添加】按钮，进入添加监控指标维护页面。输入信息，单击【添加】按钮，系统将保存添加的监控指标维护信息。

单击任意一条信息后的【详细】，进入该监控指标维护详细页面。

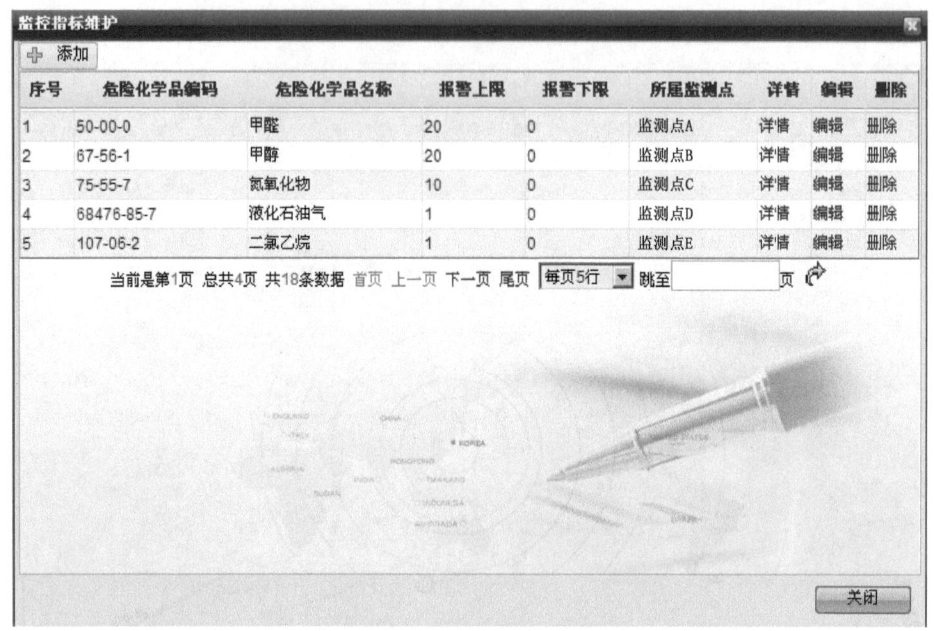

序号	危险化学品编码	危险化学品名称	报警上限	报警下限	所属监测点	详情	编辑	删除
1	50-00-0	甲醛	20	0	监测点A	详情	编辑	删除
2	67-56-1	甲醇	20	0	监测点B	详情	编辑	删除
3	75-55-7	氮氧化物	10	0	监测点C	详情	编辑	删除
4	68476-85-7	液化石油气	1	0	监测点D	详情	编辑	删除
5	107-06-2	二氯乙烷	1	0	监测点E	详情	编辑	删除

图 8-21 监控指标维护

单击任意一条信息后的【编辑】，进入该监测点编辑页面，修改相应信息，单击【保存】按钮，完成编辑操作。

单击任意一条信息后的【删除】，弹出删除对话框，单击对话框中的【确定】按钮，完成对该信息的删除操作。

（2）监控布点布设

单击【风险源监控】—【监控布点原则】，弹出监控布点原则详细信息页面。

单击【风险源监控】—【监控点位布设】，弹出监控点位布设页面，可进行添加、删除、编辑、查看详情操作，如图 8-22 所示。

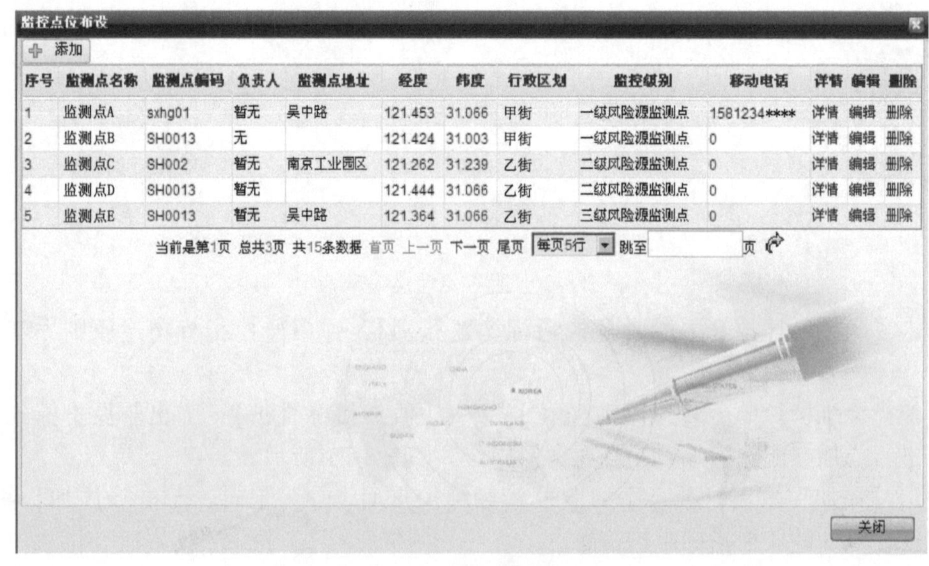

序号	监测点名称	监测点编码	负责人	监测点地址	经度	纬度	行政区划	监控级别	移动电话	详情	编辑	删除
1	监测点A	sxhg01	暂无	吴中路	121.453	31.066	甲街	一级风险源监测点	1581234****	详情	编辑	删除
2	监测点B	SH0013	无		121.424	31.003	甲街	一级风险源监测点	0	详情	编辑	删除
3	监测点C	SH002	暂无	南京工业园区	121.262	31.239	乙街	二级风险源监测点	0	详情	编辑	删除
4	监测点D	SH0013	暂无		121.444	31.066	乙街	二级风险源监测点	0	详情	编辑	删除
5	监测点E	SH0013	暂无	吴中路	121.364	31.066	乙街	三级风险源监测点	0	详情	编辑	删除

图 8-22 监控点位布设

8.6　移动环境风险源监控

(1) 快速定位监控

单击【快速定位监控】，系统将会弹出快速定位监控布设窗口。在快速定位监控页面输入企业名称，选择移动源，在实时监控处输入监控时隔。单击【开始】按钮，在历史轨迹回放处输入时间，单击【开始】按钮，返回地图页面查看定位轨迹，如图 8-23 所示。

图 8-23　移动源快速定位监控

(2) 视频监控

单击【视频监控】，系统会弹出移动源视频监控窗口。在窗口中可以查看视频监控画面并对视频监控画面进行调整，可以对视频画面进行上、下、左、右的位置调节以及对视频画面进行放大和缩小，视频监控的功能包括开始录像、停止录像、开启音频、关闭音频和保存图片。

8.7　应 急 管 理

应急管理包括模型分析、专家库、应急资源查询三个部分。

(1) 模型分析

系统提供了空气模型、爆炸模型和水模型三类模型以模仿事故现场的扩散情况及对周边的影响范围。

单击【选择模型点】，地图上显示出该模型点，如图 8-24 所示。

单击【生成空气模型】，系统将弹出空气计算参数页面。设置模型参数，单击【物化参数和毒性参数】按钮，进入物化参数和毒性参数设置页面。设置物化参数和毒性参数，单击【计算】按钮，系统将计算出空气模型的仿真结果并在地图窗口中展示出来，如图 8-25 ~ 图 8-27 所示。

单击【生成爆炸模型】，系统将弹出爆炸气体冲击波模型页面。设置模型参数，单击【计算】按钮，系统将计算出爆炸的仿真结果并在地图窗口中展示出来，如图 8-28 和图 8-

图 8-24　模型分析与模型点

空气计算参数 - Windows Internet Explorer

事件基本参数

事件源名称:	贮罐	事件泄露类型:	(1)自定义泄漏源
类型:	点源	排放速率Q[kg/s]:	3
面源面积S[m^2]:	100	体源的厚度H[m]:	3

容器参数

贮存量[kg]:	5000	容器内温度Ts[℃]:	25
通过安托因公式计算容器压力		容器压力 P[Pa]:	1170000

泄漏到地面后的挥发

地面情况:	水泥	围堰面积[m^2]:	50
蒸发时间[min]:	30	面源有效高度[m]:	1
通过安托因公式计算液体表面蒸气压		液体表面蒸气压[Pa]:	60662

泄漏参数

泄漏持续时间[min]:	10	裂口面积 A[m^2]:	7.85E-05
裂口高度[m]:	3	裂口形状:	圆形
泄漏喷射角度:	0	裂口之上液位高度h[m]:	5
液体泄漏系数 Cd:	0.62	两相流泄漏系数Cd:	0.8

图 8-25　空气模型空气计算参数录入

29 所示。

单击窗口上的【点选河流】按钮，在地图上选择单线水系。选择单线水系后，系统会弹出水模型分析参数设置页面。在参数设置页面设置水模型分析参数，单击【确定】按钮，系统将自动进行水模型仿真分析，并将模型仿真分析结果在地图窗口中展示出来，如图 8-30 ~ 图 8-32 所示。

（2）专家库

单击菜单栏中的【专家库】，系统弹出专家库信息页面，如图 8-33 所示。

在专家库页面中，可对专家信息进行添加、修改、删除、查看详情等操作。

图 8-26　空气模型物化参数和毒性参数录入

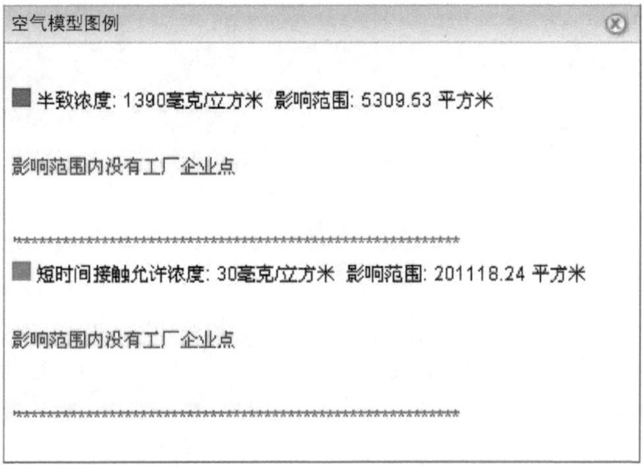

空气模型图例

半致浓度: 1390毫克/立方米　影响范围: 5309.53 平方米

影响范围内没有工厂企业点

****

短时间接触允许浓度: 30毫克/立方米　影响范围: 201118.24 平方米

影响范围内没有工厂企业点

****

图 8-27　空气模型模拟结果展示

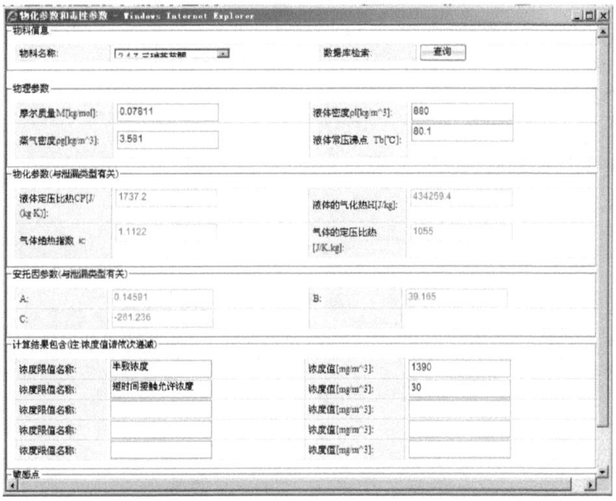

物化参数和毒性参数 - Windows Internet Explorer
物料信息
物料名称:
数据库检索:
查询
物理参数
摩尔质量M[kg/mol]:
0.07811
液体密度ρl[kg/m^3]:
880
蒸气密度ρg[kg/m^3]:
3.581
液体常压沸点 Tb[℃]:
80.1
物化参数(与泄漏类型有关)
液体定压比热CP[J/(kg·K)]:
1737.2
液体的气化热H[J/kg]:
434259.4
气体绝热指数 κ:
1.1122
气体的定压比热[J/K.kg]:
1055
安托因参数(与泄漏类型有关)
A:
0.14591
B:
39.165
C:
-261.236
计算结果包含(注:浓度值请依次递减)
浓度限值名称:
半致浓度
浓度值[mg/m^3]:
1390
浓度限值名称:
短时间接触允许浓度
浓度值[mg/m^3]:
30
浓度限值名称:
浓度值[mg/m^3]:
浓度限值名称:
浓度值[mg/m^3]:
浓度限值名称:
浓度值[mg/m^3]:
敏感点

图 8-28　爆炸模型参数录入

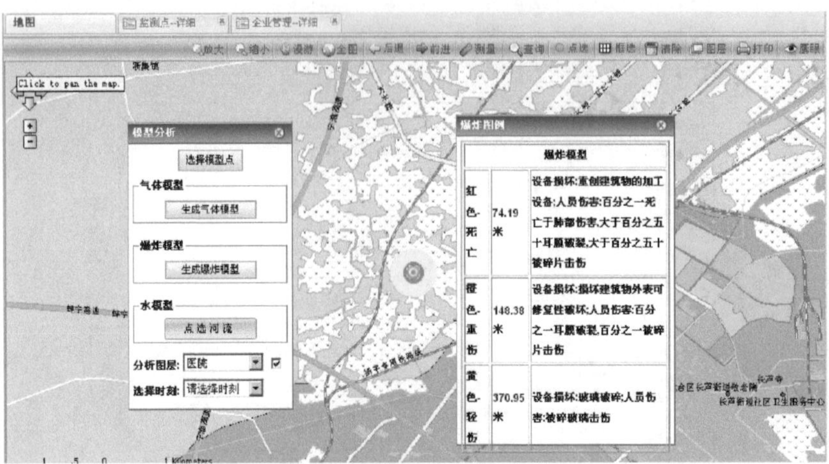

图 8-29 爆炸模型计算结果展示

图 8-30 水模型仿真点选河流界面

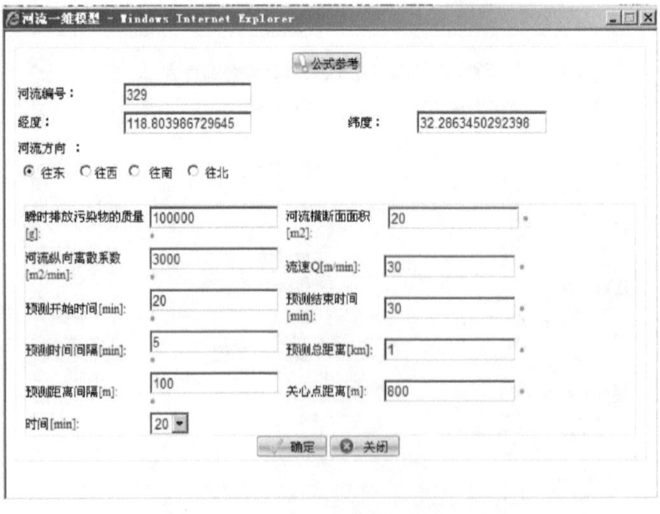

河流一维模型 - Windows Internet Explorer

公式参考

河流编号：329

经度：118.803986729645　　纬度：32.2863450292398

河流方向：

◉ 往东 ○ 往西 ○ 往南 ○ 往北

瞬时排放污染物的质量[g]:	100000	河流横断面面积[m2]:	20
河流纵向离散系数[m2/min]:	3000	流速Q[m/min]:	30
预测开始时间[min]:	20	预测结束时间[min]:	30
预测时间间隔[min]:	5	预测总距离[km]:	1
预测距离间隔[m]:	100	关心点距离[m]:	800
时间[min]:	20		

确定　关闭

图 8-31 河流一维模型参数录入

图 8-32　水模型模拟结果

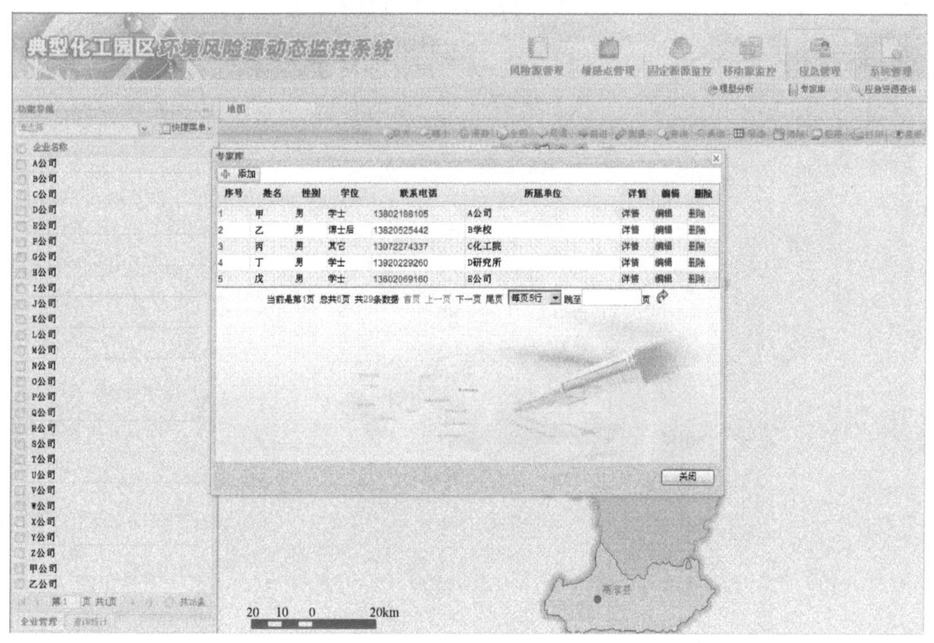

图 8-33　专家库页面

(3) 应急资源查询

单击菜单栏中的【应急资源查询】，系统弹出应急资源查询页面，如图 8-34 所示。

在应急资源查询页面中，可对应急资源进行查询操作。

在应急资源页面，单击【按危险化学品查询】，选择危险化学品名称，单击【查询】按钮，完成应急资源的查询操作；单击【按应急设备查询】，选择应急设备名称、企业名称，单击【查询】按钮，完成应急设备的查询操作。

在应急资源页面，单击【按应急物资查询】，选择应急物资类别、企业名称，单击【查询】按钮，完成应急物资的查询操作，如图 8-35 所示。

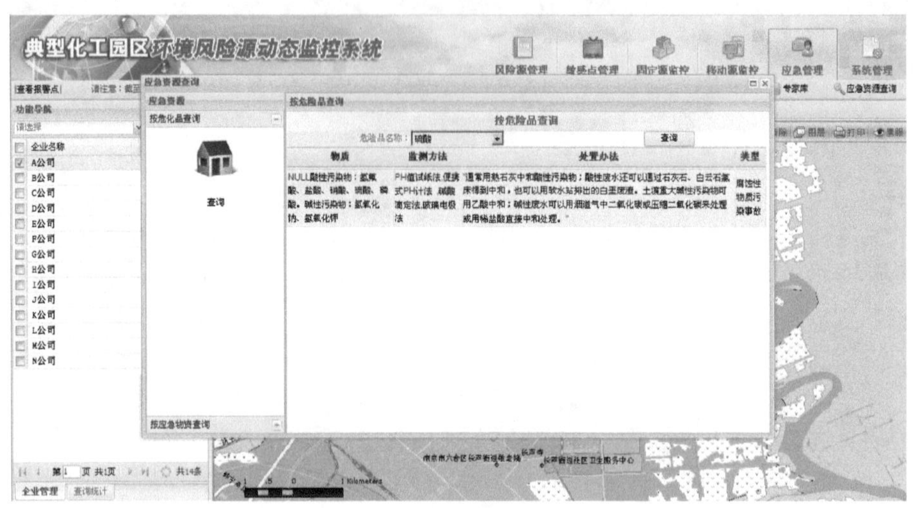

图 8-34　应急资源查询页面

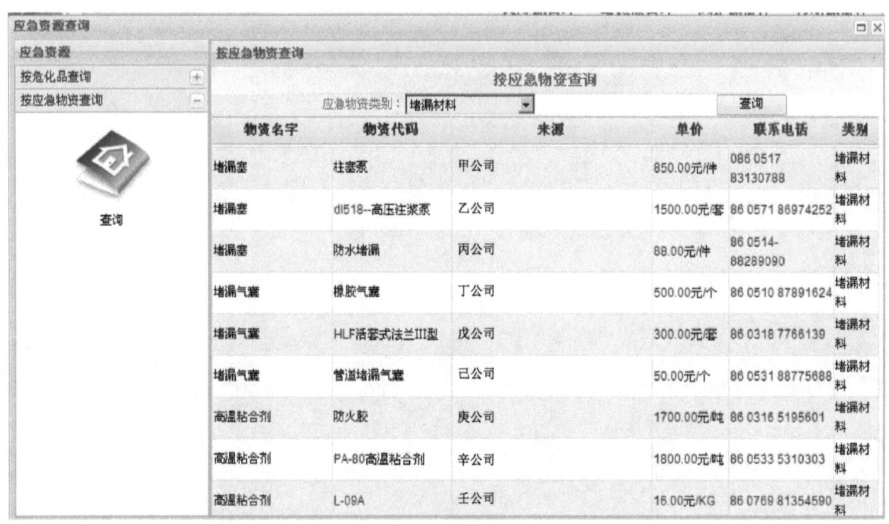

图 8-35　应急物资查询

8.8　系 统 管 理

单击系统管理，弹出系统管理页面，系统管理包括【权限控制】、【监控指标维护】、【人工数据维护】，选择【权限控制】输入合法账户名、密码，单击【登录】按钮，系统登录成功，页面跳转主界面；单击【取消】按钮，恢复到重新登录界面，如图 8-36 所示。

(1) 权限控制

组织机构管理作业点主要用来添加、编辑、删除和查询组织机构信息，每个用户都必须隶属于一个部门中，不同的部门可以拥有不同的权限，通过组织机构可以简化赋予权限的过程，方便用户进行权限的划分，组织机构管理权限具有继承性，即该部门有的权限，部门内的部门和人员也有这个权限。组织机构管理主页面，如图 8-37 所示。

图 8-36　登录

图 8-37　组织机构管理主页面

在主页面可以查看组织机构图，部门下面也可以包含部门，最终人员要隶属于部门中。

选择相应的部门位置，单击【添加】按钮，可以在对应位置上建立一个部门，如图 8-38 所示。

输入部门的名称，单击【保存】按钮，系统提示成功并增加部门到选择位置下。

选择需要编辑的部门，单击【编辑】按钮，可以编辑这个部门的信息。

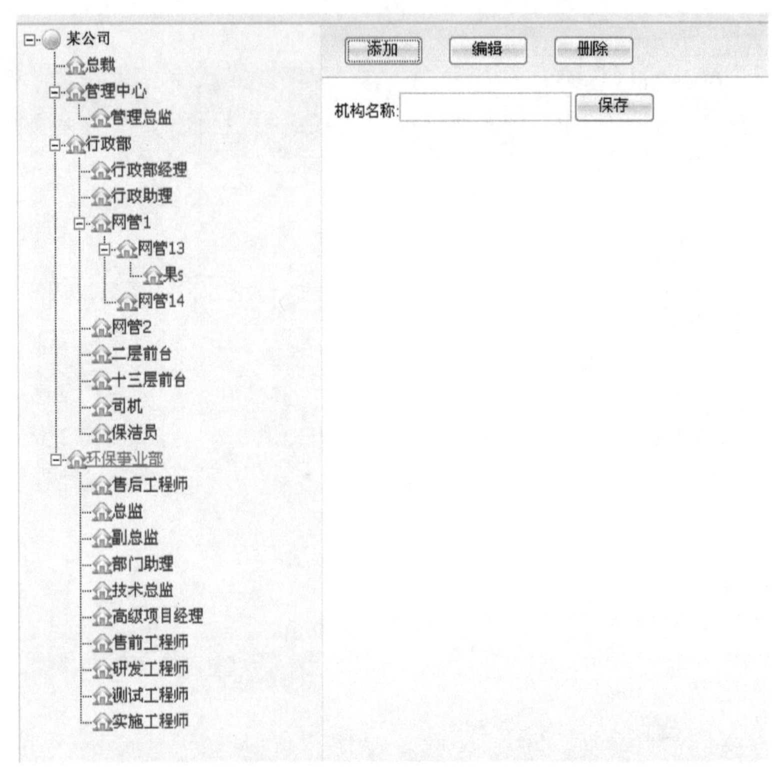

图 8-38　增加一个部门

单击【保存】，系统弹出编辑成功对话框。

删除部门：可以删除无数据的部门，便于维护方便，选择一个无数据的部门，单击【删除】按钮，系统弹出删除对话框。

单击【是】删除部门，单击【否】取消当前操作。如果有用户选择使用这个部门，那么提示不能删除。

（2）用户信息管理

实现对用户信息添加、修改、删除、查询、导出的功能。对于用户基本信息进行查询、修改、删除和导出的操作，用户基本信息主界面展示，如图 8-39 所示。

查询功能：输入用户名可以进行模糊查询，如输入“超级”，单击【查询】按钮。

如果什么都不输入，直接单击【查询】按钮，可以查询到全部的用户名。

导出功能：为方便用户将基本信息打印或其他操作，特制作导出功能。单击【导出 Excel】按钮，可以将当前的用户信息用 Excel 格式导出到系统中，以供实际工作中使用，如图 8-40 所示。

打开导出的用户信息，如图 8-41 所示。

添加用户是基本功能点，可实现用户信息进行增加的功能。

（3）日志管理

日志管理是记录所有用户所有操作的地方，可以通过日志信息查看每个登录用户在系统中做过什么操作。

选择相应的日志类型和应用系统可以过滤过多的信息，为管理员提供方便，筛选日志

图 8-39　用户基本信息界面

图 8-40　导出当前用户信息

页面如图 8-42 所示。

	A	B	C	D	E	F	G	H	I
1	用户编号	用户登录名	用户Email	角色名称	性别	用户电话号码	用户手机号码	用户名	部门名称
2	user15A	1	1	系统管理员	男	1	1	1	总裁
3	user4A	mm	mm@qq.com	系统管理员	男	4242343	sfdfsdf	测试一	总裁
4	user2A	test	duj@163.com	一般用户	女	0101234450	34345454	测试	行政部经理
5	user16A	2	12	一般用户	女	12	12	12	行政助理
6	user1A	admin	duj@163.com	超级管理员	男	0	0	超级管理员	管理总监
7	user7A	test7	duj@168.com	一般用户	男	101234450	34345454	测试7	副总监
8	user5A	test5	duj@166.com	权限管理者	女	101234450	34345454	测试5	副总监
9	user6A	test6	duj@167.com	一般用户	男	101234450	34345454	测试6	部门助理
10	user8A	test8	duj@169.com	一般用户	女	101234450	34345454	测试8	高级项目经理
11	user9A	test9	duj@170.com	超级管理员	男	101234450	34345454	测试9	售前工程师
12	user10A	test10	duj@171.com	管理者	女	101234450	34345454	测试10	研发工程师
13	user11A	test11	duj@172.com	权限管理者	男	101234450	34345454	测试11	测试工程师

图 8-41　Excel 格式的用户基本信息

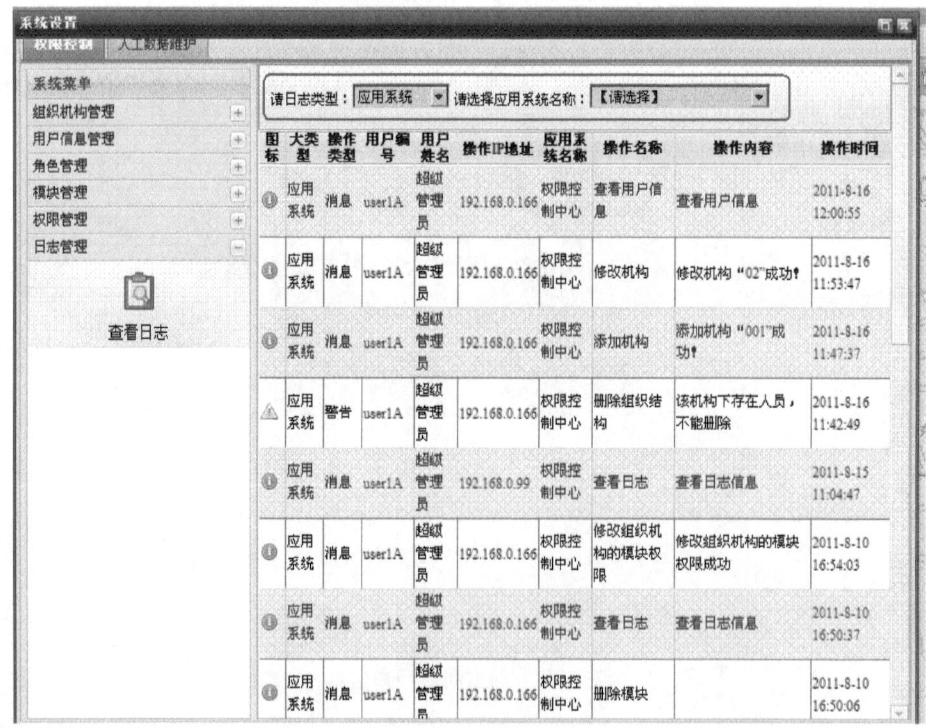

请日志类型：应用系统　请选择应用系统名称：【请选择】

图标	大类型	操作类型	用户编号	用户姓名	操作IP地址	应用系统名称	操作名称	操作内容	操作时间
	应用系统	消息	user1A	超级管理员	192.168.0.166	权限控制中心	查看用户信息	查看用户信息	2011-8-16 12:00:55
	应用系统	消息	user1A	超级管理员	192.168.0.166	权限控制中心	修改机构	修改机构“02”成功!	2011-8-16 11:53:47
	应用系统	消息	user1A	超级管理员	192.168.0.166	权限控制中心	添加机构	添加机构“001”成功!	2011-8-16 11:47:37
	应用系统	警告	user1A	超级管理员	192.168.0.166	权限控制中心	删除组织结构	该机构下存在人员，不能删除	2011-8-16 11:42:49
	应用系统	消息	user1A	超级管理员	192.168.0.99	权限控制中心	查看日志	查看日志信息	2011-8-15 11:04:47
	应用系统	消息	user1A	超级管理员	192.168.0.166	权限控制中心	修改组织机构的模块权限	修改组织机构的模块权限成功	2011-8-10 16:54:03
	应用系统	消息	user1A	超级管理员	192.168.0.166	权限控制中心	查看日志	查看日志信息	2011-8-10 16:50:37
	应用系统	消息	user1A	超级管理员	192.168.0.166	权限控制中心	删除模块		2011-8-10 16:50:06

图 8-42　筛选日志

参考文献

鲍强 . 1996. 中国城市大气污染概况及其防治对策 . 环境科学进展，4（1）：1-18.
毕军，杨洁，李其亮 . 2006. 区域环境风险分析和管理 . 北京：中国环境科学出版社 .
曹喆，秦保平，徐立敏 . 1999. 我国污染源在线监测现状及建议 . 中国环境监测，18（2）：1-4.
陈家军，杨卫国，尹消 . 2002. 水质在线监测系统及其应用 . 现代仪器，12（6）：62-67.
程媛媛，杨嘉谟 . 2010. 武汉市环境监控系统的设计 . 武汉工程大学学报，1（32）：74-77.
丁伟，张耀，石耀宇，等 . 1993.《火电厂环境监测技术规范》特点分析 . 电力环境保护，9（1）：1-5.
丁新国，赵云胜，万祥云 . 2004. 关于安全评价中几个重要概念的研讨 . 安全与环境工程，11（3）：79-81.
高进东，吴宗之，王广亮 . 1999. 论我国重大危险源辨识标准 . 中国安全科学学报，9（6）：20-22.
高娟，华洛，滑丽萍，等 . 2006a. 地表水水质监测现状分析与对策 . 首都师范大学学报，2（1）：75-80.
高娟，李贵宝，华洛 . 2006b. 地表水环境监测进展与问题探讨 . 水资源保护，21（1）：6-8.
关磊，刘骥，魏利军，等 . 2008. 危险化学品重大危险源安全监控通用技术规范研究 . 中国安全生产科学技术，4（6）：15-19.
郭振仁，郑伟，李文禧 . 2005. 环境污染事故危险源评级方法研究 . 中国环境监测，21（5）：72-76.
郭振仁，张剑鸣，李文禧 . 2009. 突发性环境污染事故防范与应急 . 北京：中国环境科学出版社 .
国家安全生产监督管理局 . 2000. 重大危险源辨识（GB 18218—2000）. 北京：中国标准出版社 .
国家安全生产监督管理局 . 2004. 安全评价 . 北京：煤矿工业出版社 .
国家环境保护总局 . 1996. 大气污染物综合排放标准（GB 16297—1996）. 北京：中国标准出版社 .
国家环境保护总局 . 2006. 污染源在线自动监控（监测）系统数据传输标准（HJ/T 212—2005）. 北京：中国环境科学出版社 .
国家技术监督局 . 1998. 工业过程测量和控制装置工作条件（GB/T 17214. 1—1998）. 北京：中国标准出版社 .
国家能源局，国家建设部 . 1993. 电气装置安装工程旋转电机施工及验收规范（GB 50168—92）. 北京：中国标准出版社 .
韩璐，宋永会 . 2014. 化工园区气态污染物监控系统设计研究 . 成都：中国环境科学学会 2014 年学术年会 .
韩璐，宋永会，司继宏，等 . 2013. 化学工业园区重大环境风险源监控技术研究与应用 . 环境科学研究，26（3）：335-342.
韩璐，宋永会，俞博凡，等 . 2014. 一种化工园区空气中多组分气体污染物的监控系统：中国，201110263041. 6.
胡二邦 . 2009. 环境风险评价实用技术、方法和案例 . 北京：中国环境科学出版社 .
胡辉，谢静 . 2001. 日本河流与湖泊的水质环境污染监测与管理方法 . 环境监测管理与技术，13（2）：45-46.
胡振元，施梅儿 . 1995. 水环境中痕量有机致害物的系统色谱分析 . 分析科学学报，11（2）：1-5.
环境保护部 . 2010. 突发环境事件应急监测技术规范 . 北京：中国环境科学出版社 .
黄圣彪，王子健，乔敏 . 2007. 区域环境风险评价及其关键科学问题 . 环境科学学报，27（5）：705-713.
贾倩，黄蕾，袁增伟，等 . 2010. 石化企业突发环境风险评价与分级方法研究 . 环境科学学报，30（7）：1510-1517.
金勤献，陆晨，傅宁，等 . 2002. 城市级环境信息系统的总体方案研究 . 环境科学学报，19（1）：56-58.
鞠复华 . 2000. 环境监测技术规范化原则与方法 . 辽宁城乡环境科技，20（3）：15-17.
兰冬东 . 2010. 特大城市环境污染事件风险分区方法研究——以上海市闵行区为例 . 北京：北京师范大学

硕士学位论文 .
李德顺，许开立 . 2007. 重大危险源分级技术的研究 . 中国公共安全 · 学术版，9（3）：44-47.
李凤英，毕军，曲常胜，等 . 2010. 环境风险全过程评估与管理模式研究及应用 . 中国环境科学，30（6）：858-864.
李霁，刘征涛，李悍东，等 . 2011. 化工园区重点液态环境风险源监控布点研究 . 环境工程技术学报，1（5）：409-413.
李静，吕永龙，贺桂珍，等 . 2009. 我国突发性环境污染事故时空格局及影响研究 . 环境科学，29（9）：2684-2688.
李学威 . 2012. 基于物联网的环境监测系统研究——以新乡市废水与废气监测为例 . 新乡：河南师范大学硕士学位论文 .
李永胜 . 2005. KJ-90 煤矿监控系统在应用过程中的一些改造 . 科技情报开发与经济，15（8）：274-275.
李志良，任宋明，马梅，等 . 2007. 利用大型蚤运动行为变化预警突发性有机磷水污染 . 中国污水排水，23（12）：73-75.
刘桂友，徐琳瑜 . 2007. 一种区域环境风险评价方法——信息扩散法 . 环境科学学报，27（9）：1549-1556.
刘骥，高建明，关磊，等 . 2008. 重大危险源分级方法探讨 . 中国安全科学学报，18（6）：162-165.
刘建国，胡建信，唐孝炎 . 2006. 化学品环境管理全球治理格局与中国管理体制的完善 . 环境科学研究 . 19（6）：121-126.
刘诗飞，詹予忠 . 2004. 重大危险源辨识及危害后果分析 . 北京：化学工业出版社 .
卢仲达，张江山 . 2007. 层次分析法在环境风险评价中的应用 . 环境科学导刊，26（3）：79-82.
马兴华，何洁，刘锋，等 . 2010. HS-GC/MS 联用技术测定水环境中的二甲胺和二乙胺 . 环境科学研究，23（1）：112-115.
马越，彭剑峰，宋永会，等 . 2012. 饮用水源地突发事故环境风险分级方法研究 . 环境科学学报，32（5）：1211-1218.
毛国敏，顾建华，吴新燕 . 2007. 地震灾害的分类和分级方法研究 . 地震学报，29（4）：426-436.
毛小苓，刘阳生 . 2003. 国内外环境风险评价研究进展 . 应用基础与工程科学学报，11（3）：266-273.
齐文启，孙宗光，李国刚 . 1997. 国内外环境监测分析的现状和发展 . 上海环境科学，8：23-25.
沙斐，金关莲 . 2002. 上海市浦东环境空气质量预报模式及环境状况探讨 . 环境科学与技术，1：34-36.
师立晨，多英全 . 2009. 重大事故危害阈值的探讨 . 中国安全科学学报，19（12）：51-56.
宋永会，韩璐，袁鹏，等 . 2013. 一种水源中挥发性有机污染物的监控系统：中国，20111016430. 4.
万众华，武云志 . 2004. 水质监测技术的应用解决方案 . 中国水利，4（1）：32-33.
王炳华，赵明 . 2000. 美国环境监测一百年历史回顾及其借鉴 . 环境监测管理与技术，12（6）：13-17.
王春梅，陈俊杰 . 2002. 远程通信技术在环境监测中的应用 . 计算机与现代化，32（4）：15-19.
王道，程水源 . 2007. 环境有害化学品实用手册 . 北京：中国环境科学出版社 .
王剑锋，林宣雄 . 2006. 环境监控（监测）建设与发展过程的思考 . 中国环境监测，22（5）：22-25.
王桥，徐富春 . 2004. 环保信息技术与应用 . 北京：化学工业出版社 .
魏科技，宋永会，彭剑峰 . 2008. 突发性环境污染事故防范与应急研究进展及体系构建 . 安全与环境学报，8（6）：64-70.
魏科技，宋永会，彭剑峰，等 . 2010. 环境风险源及其分类方法研究 . 安全与环境学报，10（1）：85-89.
温丽丽，宋永会，俞博凡，等 . 2010. 重大环境风险源监控系统构建研究 . 长春：中国灾害防御协会风险分析专业委员会第四届年会（ISTP）.
温丽丽，宋永会，俞博凡，等 . 2012. 重化工业区环境风险源监控系统设计研究 . 中国环境监测，28（2）：87-92.

温丽丽，俞博凡，许伟宁，等.2011.《重大环境污染事件风险源监控技术规范》总体设计.环境科学研究，24（3）：347-353.
吴邦灿，费龙.1999.现代环境监测技术.北京：中国环境科学出版社.
吴宗之，高进东.2001.重大危险源辨识与控制.北京：冶金工业出版社.
奚旦立.1996.环境工程手册（环境监测卷）.北京：高等教育出版社.
肖利民.2008.基于空间数据聚类的重大危险源动态分级技术的研究.赣州：江西理工大学硕士学位论文.
肖亮.2007.基于层次分析法的危险源企业风险评价模型研究.东华大学学报，7（4）：277-281.
谢斌宇，温丽丽，宋永会，等.2011.化工园区环境风险源在线监控平台设计研究.中国环境监测，27（1）：60-63.
谢佳胤，李捍东，王平，等.2010.微生物传感器的应用研究.现代农业科技，6：11-13.
谢佳胤，王平，李捍东，等.2011.毒性检测系统中硝化菌的分离鉴定及其特性研究.环境工程技术学报，1（1）：52-56.
许伟宁，宋永会，袁鹏.2014."四位一体"环境风险管理体系构建路径.环境保护，14：43-44.
杨洁，毕军，周鲸波，等.2006.长江（江苏段）沿江开发环境风险监控预警系统.长江流域资源与环境，6（15）：745-750.
俞博凡，温丽丽，宋永会，等.2010a.膜进样/飞行时间质谱在线监测水环境中挥发性有机污染物及其在水源地污染事故监控预警中的应用.长春：中国灾害防御协会风险分析专业委员会第四届年会.
俞博凡，温丽丽，宋永会，等.2010b.在线飞行时间质谱技术在水源水安全保障中的应用.哈尔滨：海峡两岸水处理化学大会暨第十届全国水处理化学大会.
俞博凡，温丽丽，宋永会，等.2011.膜进样/飞行时间质谱实时分析水源水中挥发性有机污染物.光谱学与光谱分析，31（8）：1-4.
詹宏昌，陈国华.2003.安全管理信息系统发展探讨.工业安全与环保，29（3）：38-41.
张明杰.2001.水生物监测水质技术及其应用前景分析.水文，21（5）：48-49.
赵广社，韩崇昭.2002.三峡大坝浇筑分布式网络监控系统的设计.自动化仪表，23（4）：54-57.
赵玲，唐敏康.2009.基于模糊层次分析法的尾矿库危险源分析.中国公共安全，15：135-138.
赵肖，郭振仁.2010.基于环境后果评价的重大环境风险源动态分级模型研究.安全与环境学报，10（2）：105-108.
钟茂华，温丽敏，刘铁民，等.2003.关于危险源分类与分级探讨.中国安全科学学报，13（6）：18-20.
周红，聂晶磊，訾小东.2004.风险评价在中国化学品管理中的运用.环境科学研究，17（3）：4-6.
Advisory Committee on Major Hazards. 1984. The Control of Major Hazards. London：Health & Safety Commission.
Andersen M E. 2003. Toxicology modeling and its applications in chemical risk assessment. Toxicology Letter，138：9-27.
Andreassen D. 1988. Development of highway accident hazard index- discussion. Journal of Transportation Engineering-Asce，114（2）：247-249.
Carlson A B. 1991. Environmental information organization. Database and Expert System Applications，13（5）：12-18.
CEPA. 2003. Environment Canada：Environmental Emergency Regulations SOR/2003-307. http://www.ec.gc.ca/default.asp? lang=En&n=4E972B4F-1［2013-07-11］.
Commission of the European Communities. 1998. EUR20418：Technical Guidance Document in Support of Commission Directive 93/67/EEC on Risk Assessment for New Notified Substances. Brussels：Commission of the European Communities.
Covellp V T，Merkhofer M W. 1993. Risk Assessment Methods：Approaches for Assessing Health and

参考文献

Environmental Risk. New York: Plenum Press.

European Parliament and Council. 1982. Directive 82/501/EEC on the Control of Major-accident Hazards Involving Dangerous Substances (seveso I) .

European Parliament and Council. 1996. Directive 96/82/EC on the Control of Major- accident Hazards Involving Dangerous Substances (seveso II) .

European Parliament and Council. 2003. Directive 2003/105/EC of Amending Council Directive 96/82/EC on the Control of Major- accident Hazards Involving Dangerous Substances (seveso III) .

European Parliament and Council. 2006. Regulation Concerning the Registration, Evaluation, Authorization and Restriction of Chemicals (REACH) .

European Parliament and Council. 2012. Directive 2012/18/EU on the Control of Major- accident Hazards Involving Dangerous Substances, Amending and Subsequently Repealing Council Directive 96/82/EC (seveso III) .

Glasgow H B, Burkholder J M, Reed R E. 2004. Real- time remote monitoring of water quality: A review of current applications and advancements in sensor, telemetry and computing technologies. Journal of Experimental Marine Biology and Ecology, 300 (1-2): 409-448.

Glenn W, Suter I I, Vermeireb T, et al. 2008 An integrated framework for health and ecological risk assessment. Toxicology and Applied Pharmacology, (207): 611-616.

Guerbet M, Jouany J M. 2002. Value of the SIRIS method for the classification of a series of 90 chemicals according to risk for the aquatic environment. Environmental Impact Assessment Review, 22: 377-391.

He G Z, Zhang L, Lu Y L, et al. 2011. Managing major chemical accidents in China: Towards effective risk information. Journal of Hazardous Materials, 187: 171-181.

Health and satety Commission. 1984. Advisory Committee on Major Hazards. The Control of Major Hazards. London: Health and Satety Commission.

Heller S. 2006. Managing industrial risk—having a tested and proven system to prevent and assess risk. Journal of Hazardous Materials, 130: 58-63.

Hernando M D, Ternandez-Alba A R, Tauler R, et al. 2005. Toxicity assays applied to wastewater treatment. Talanta, 65 (2): 65 (2): 358-366.

Hou Y, Zhang T Z. 2009. Evaluation of major polluting accidents in China—results and perspectives. Journal of Hazardous Materials, 168: 670-673.

Hussam A, Alauddin M, Khan A H, et al. 2002. Solid phase microextraction: Measurement of volatile organic compounds (VOCs) in Dhaka city air pollution. Journal of Environmental Science and Health Part A- Toxic/Hazardous Substances & Environmental Engineering, 37 (7): 1223-1239.

International Labour Organization. 1991. Prevention of Major Industrial Accidents. Geneva: International Labour Office.

Kulshrestha U C, Granat L, Engardt M, et al. 2005. Review of precipitation monitoring studies in India: A search for regional patterns. Atmospheric Environment, 39 (38): 7403-7419.

Lave L B. 1984. Ways of improving the management of environmental risks. Environment International, 10: 483-493.

Mol G, Vriend S P, Mvangaans P F. 2001. Environmental monitoring in the Nertherlands: Past developments and future challenges. Environmental Monitoring and Assessment, 19 (68): 313-335.

Morris S C, Moskowitz P D, Fthenakis V M, et al. 1987. Chemical emergencies: Evaluation of guidelines for risk identification, assessment, and management. Environment International, 13: 305-310.

Murphy M J. 1986. Environmental risk assessment of industrial facilities: Techniques, regulatory initiatives and insurance. The Science of the Total Environment, 51: 185-196.

Pena S. 1995. Geographic information system for monitoring water quality in the distribution network. Water Supply, 13 (34): 77-81.

Roy P S, Williams R J, Jones A R. 2001. Structure and function of southeast Australian Estuaries. Estuarine, Coastal and Shelf science, 53 (3): 351-384.

Sadiq R, Husain T, Veitch B, et al. 2004. Risk-based decision-making for drilling waste discharges using a fuzzy synthetic evaluation technique. Ocean Engineering, 31: 1929-1953.

Seko T, Onda N. 1997. Analysis of VOCs in air by automated tube sampling and thermal desorption GC-MS. Analytical Sciences, 4 (13): 437-442.

Si J H, Han L, Yu B F, et al. 2011. Review on the Methods for the Monitoring Sites Optimization of Risk Source in the Atmospheric Environment. International Conference on Remote Sensing, Environment and Transportation Engineering (RSETE 2011), 2011: 2444-2447.

Stam G J, Bottelberghs P H, Post J G. 1998. Environmental risk: Towards an integrated assessment of industrial activities. Journal of Hazardous Materials, 61 (1-3): 371-374.

Stam G J, Bottelberghs P H, Post J G, et al. 2000. PROTEUS, a technical and management model for aquatic risk assessment of industrial spills. Journal of Hazardous Materials, 71: 439-448.

Su Y F, Slottow J, Mozes A. 2000. Distributing proprietary geographic data on the world wide WebUCLA GIS database and map server. Computers and Geosciences, 26 (7): 741-749.

Tschmelak J, Proll G, Riedt J. 2005. Automated water analyzer computer supported system. Biosensors and Biolectronics, 5 (20): 1509-1519.

Umwetbundsamt Bundsrepublik Deutschland. 2009a. Checklisten fuer die Untersuchung und Beurteilung des Zustands von Anlagen mit wassergefaehrdenden Stoffen und Zubereitungen, Handlungsleitfaden.

Umwetbundsamt Bundsrepublik Deutschland. 2009b. Checklisten fuer die Untersuchung und Beurteilung des Zustands von Anlagen mit wassergefaehrdenden Stoffen und Zubereitungen, Nr. 1 Stoffe.

Umwetbundsamt Bundsrepublik Deutschland. 2009c. Checklisten fuer die Untersuchung und Beurteilung des Zustands von Anlagen mit wassergefaehrdenden Stoffen und Zubereitungen, Nr. 2 Ueberfuellsicherungen.

Umwetbundsamt Bundsrepublik Deutschland. 2009d. Checklisten fuer die Untersuchung und Beurteilung des Zustands von Anlagen mit wassergefaehrdenden Stoffen und Zubereitungen, Nr. 3 Sicherheit von Rohrleitungen.

Umwetbundsamt Bundsrepublik Deutschland. 2009e. Checklisten fuer die Untersuchung und Beurteilung des Zustands von Anlagen mit wassergefaehrdenden Stoffen und Zubereitungen, Nr. 4 Zusamenlagerung.

Umwetbundsamt Bundsrepublik Deutschland. 2009f. Checklisten fuer die Untersuchung und Beurteilung des Zustands von Anlagen mit wassergefaehrdenden Stoffen und Zubereitungen, Nr. 5 Abdichtungssysteme.

Umwetbundsamt Bundsrepublik Deutschland. 2009g. Checklisten fuer die Untersuchung und Beurteilung des Zustands von Anlagen mit wassergefaehrdenden Stoffen und Zubereitungen, Nr. 6 Abwasserteilstroeme.

Umwetbundsamt Bundsrepublik Deutschland. 2009h. Checklisten fuer die Untersuchung und Beurteilung des Zustands von Anlagen mit wassergefaehrdenden Stoffen und Zubereitungen, Nr. 7 Umschlag wassergefaehrdender Stoffe.

Umwetbundsamt Bundsrepublik Deutschland. 2009i. Checklisten fuer die Untersuchung und Beurteilung des Zustands von Anlagen mit wassergefaehrdenden Stoffen und Zubereitungen, Nr. 8 Brandschutzkonzept.

Umwetbundsamt Bundsrepublik Deutschland. 2009j. Checklisten fuer die Untersuchung und Beurteilung des Zustands von Anlagen mit wassergefaehrdenden Stoffen und Zubereitungen, Nr. 9 Anlagenueberwachung.

Umwetbundsamt Bundsrepublik Deutschland. 2009k. Checklisten fuer die Untersuchung und Beurteilung des Zustands von Anlagen mit wassergefaehrdenden Stoffen und Zubereitungen, Nr. 10 Betribliche Alarm- und Gefahrenabwehrplanung.

Umwetbundsamt Bundsrepublik Deutschland. 2009l. Checklisten fuer die Untersuchung und Beurteilung des Zustands von Anlagen mit wassergefaehrdenden Stoffen und Zubereitungen, Nr. 11 Hochwassergefaehrdete Anlagen .

Umwetbundsamt Bundsrepublik Deutschland. 2009m. Checklisten fuer die Untersuchung und Beurteilung des Zustands von Anlagen mit wassergefaehrdenden Stoffen und Zubereitungen, Nr. 12 Grundsaetzlicher Aufbau von Sicherheitsberichten im Hinblick auf die Wassergefaehrdung.

Umwetbundsamt Bundsrepublik Deutschland. 2009n. Checklisten fuer die Untersuchung und Beurteilung des Zustands von Anlagen mit wassergefaehrdenden Stoffen und Zubereitungen, Nr. 13 Lageranlagen.

Umwetbundsamt Bundsrepublik Deutschland. 2009o. Checklisten fuer die Untersuchung und Beurteilung des Zustands von Anlagen mit wassergefaehrdenden Stoffen und Zubereitungen, Nr. 14 Ausruestung von Tanks.

United States Environmental Protection Agency. 1999. Chemical Accident Prevention Provisions (40CFR PART 68).

United States Environmental Protection Agency. 2003. Federal Register for Emergency Planning and Community Right-to-Know Act. 68 (173): 52978-52984.

United States Environmental Protection Agency. 2009a. Risk Management Program Guidance for Warehouses.

United States Environmental Protection Agency. 2009b. Risk Management Program Guidance for Offsite Consequence Analysis.

United States Occupational Safety and Health Administration. 1992. Process Safety Management.

Whitfield A. 2002. COMAH and the environment lessons learned from major accidents 1999-2000. Institution of chemical engineers Trans I ChemE, 80 (Part B): 40-46.

World Bank. 1985. Guidelines for Identifying, Analyzing, and Controlling Major Hazard Installations in Developing Countries. Washington D C: Office of Environmental and Scientific Affairs.

Zeng W H, Cheng S T. 2005. Risk forecasting and evaluating model of environmental pollution accident, Journal of Environmental Sciences, 17 (2): 263-267.

Zeng W H, Chai Y, Wei J. 2009. Constructing of emergency response management system for fatal environmental pollution accidents in China. Journal of Chemical Engineering Asia-Pacific, 4 (5): 837-842.

附录1

风险源识别与监控研究历史环境污染事件案例

序号	事件名称	发生时间	事故等级	事故类型
1	湖南省汨罗县大气污染事故	1980-11-19	重大	大气污染
2	贵州省贵定县油库汽油溢漏事故	1982-12-05	重大	土壤污染
3	山东省青岛市青岛港原油泄漏事故	1983-11-25	重大	海洋污染
4	湖南省岳阳市侯家老港水污染事故	1985-02-03	特大	水污染
5	湖南省邵阳市农药污染资江事故	1985-04-26	较大	水污染
6	湖南省临湘县长江天罗山段污染事故	1985-07-27	较大	水污染
7	辽宁省抚顺市氯气泄漏事故	1985-08-30	特大	大气污染
8	湖南省怀化市硫酸二甲酯污染水源事故	1985-12-08	重大	水污染
9	湖南省泸溪县黄磷污染鱼苗鱼种场事故	1986-04-12	重大	水污染
10	山西省长治市化肥厂污染水源	1987-01-02	特大	水污染
11	江苏省靖江县五硫化二磷污染事故	1987-04-05	重大	水污染
12	安徽省太和县液氨泄漏事故	1987-06-22	特大	大气污染
13	安徽省芜湖县走马沟剧毒农药污染事故	1987-07-17	重大	水污染
14	内蒙古自治区赤峰市铬污染事件	1987-08-14	重大	水污染
15	湖南省长沙市硫酸污染事故	1988-01-04	重大	水污染
16	四川省成都市氰化钠污染事故	1988-03-17	较大	水污染
17	浙江省长兴县硝基苯污染事故	1988-05-19	特大	水污染
18	广东省广州市重油污染事故	1988-07-23	重大	水污染
19	辽宁省丹东市大沙河污染事故	1988-12-11	重大	水污染
20	河南省漯河市造纸废水污染浬河事故	1989-03-04	重大	水污染
21	陕西省勉县硫氧化物泄漏事故	1989-06-22	重大	大气污染
22	山东省黄岛油库爆炸污染事故	1989-08-12	特大	水污染
23	贵州省含碱废水污染猫跳河事故	1989-10-20	重大	水污染
24	四川省成都市青白江水污染事故	1990-04-23	重大	水污染
25	湖北省武汉市硫酸厂二氧化硫泄漏事故	1990-05-17	重大	大气污染
26	湖南省沅陵县沅江死鱼事故	1991-05-02	特大	水污染

续表

序号	事件名称	发生时间	事故等级	事故类型
27	江西省上饶县一甲胺泄漏事故	1991-09-03	特大	大气污染
28	四川省成都市鹿溪河水污染事故	1991-11-21	重大	水污染
29	福建省三明市苯酚泄漏事故	1992-01-16	重大	水污染
30	河南省开封市饮用水污染事故	1993-04-30	较大	水污染
31	江苏省南京市氰化钠污染事故	1993-05-24	重大	水污染
32	江西省崇仁县尾矿坝倒塌事故	1993-06-22	特大	水污染
33	江苏省苏州市丙酮氰醇泄漏事故	1993-08-29	特大	大气污染
34	河北省石家庄市某油田井喷中毒事故	1993-09-28	特大	大气污染
35	天津市西青区五氧化二磷污染自来水事故	1994-02-16	重大	水污染
36	广东省阳山县砒霜污染事故	1994-03-30	较大	水污染
37	贵州省余庆县剧毒药品泄漏事故	1994-04-13	特大	水污染
38	湖北省黄石市氯气泄漏事故	1994-04-27	重大	大气污染
39	安徽省凤台县焦岗湖水污染事故	1994-05-08	特大	水污染
40	浙江省富阳市硫酸二甲酯泄漏事故	1994-07-05	较大	大气污染
41	河南省灵宝市文峪金矿尾矿坝漫顶事故	1994-07-11	特大	水污染
42	江苏省淮河下游特大水污染事故	1994-07-23	特大	水污染
43	云南省昆明市龙街渔场污染事故	1994-07-27	特大	水污染
44	福建省三明市油污染事故	1994-07-30	较大	水污染
45	安徽省五河县天井湖水污染事件	1994-08-30	特大	水污染
46	广东省广州市白蚬壳码头乐果农药污染珠江事故	1994-09-07	较大	水污染
47	贵州省贵阳市红枫湖、百花湖水污染事故	1994-09-22	特大	水污染
48	湖北省武汉市汉口煤气泄漏事故	1994-11-22	重大	大气污染
49	甘肃省天水市东山渔场死鱼事故	1994-11-29	重大	水污染
50	江苏省南京市石化塑料厂水污染事故	1995-01-05	重大	水污染
51	辽宁省抚顺市浑河油污染事故	1995-03-14	较大	水污染
52	四川省攀枝花煤化公司废水污染金沙江事故	1995-03-25	重大	水污染
53	重庆市红岩煤矿水源污染事故	1995-03-27	重大	水污染
54	辽宁省抚顺市铝厂氯气泄漏事故	1995-05-27	重大	大气污染
55	青海省格尔木车站四乙基铅泄漏事故	1995-06-17	特大	大气污染
56	重庆市长江万县港漏油事故	1995-06-19	特大	水污染
57	安徽省蚌埠市淮河干流污染事故	1995-07-20	特大	水污染
58	湖南省湘潭市某化工厂含砷气体中毒事故	1995-08-03	重大	大气污染
59	广东省广州市珠江油轮原油泄漏事故	1995-08-20	重大	水污染
60	四川省甘孜州剧毒药品污染大渡河事故	1995-11-12	重大	水污染
61	山东省威海市海域油轮触礁漏油事故	1996-01-07	重大	海洋污染
62	福建省沿海油轮触礁原油泄漏	1996-02-28	重大	海洋污染

续表

序号	事件名称	发生时间	事故等级	事故类型
63	福建省厦门海域油轮碰撞致轻柴油泄漏事故	1996-03-08	重大	海洋污染
64	贵州省平坝县化工厂污水泄漏事故	1996-03-11	重大	水污染
65	陕西省五县、市大面积农药污染事故	1996-05-25	重大	水污染
66	上海市油轮碰撞致燃油泄漏事故	1996-07-19	重大	水污染
67	湖北省武汉市毒化学品运输船沉没泄漏事故	1996-09-10	重大	水污染
68	重庆市长江万县水域化学品泄漏致奉节县停水事故	1996-12-19	重大	水污染
69	广西壮族自治区梧州市氰化钠污染桂江事故	1997-03-18	重大	水污染
70	福建省连江县货轮汽油泄漏事故	1997-03-22	重大	海洋污染
71	江苏省南通市通州城区自来水停水事故	1997-05-22	重大	水污染
72	辽宁省昌图县化工厂废水污染稻田事故	1997-06-24	特大	水污染
73	山东省青岛市某化工厂液氯泄漏事故	1997-07-23	重大	大气污染
74	贵州省镇远县列车出轨致黄磷污染事故	1997-09-25	重大	水污染
75	山西省运城市天马纸厂非法排污事故	1997-10-14	重大	水污染
76	湖北省武汉市武大生物工程公司火灾致东湖污染事故	1998-01-02	重大	水污染
77	江苏省徐州市水质恶化停水事故	1998-01-03	重大	水污染
78	湖北省荆门市原油泄漏事故	1998-04-22	重大	水污染
79	湖北省枣阳市液氯泄漏事故	1998-05-21	重大	大气污染
80	重庆市长寿区液溴泄漏事故	1998-06-18	重大	大气污染
81	广西壮族自治区南平市农药污染水源地事故	1998-07-28	较大	水污染
82	四川省名山县某化工厂废水污染事故	1999-01-31	特大	水污染
83	云南省广南县八达河污染事故	1999-03-09	重大	水污染
84	广东省淇澳岛海域油轮泄漏污染事故	1999-03-24	重大	海洋污染
85	湖北省武汉市龙阳湖苯酚污染事故	1999-04-17	特大	水污染
86	甘肃省西和县二氧化硫污染事件	1999-06-17	重大	大气污染
87	重庆市嘉陵江化学品污染事件	1999-07-21	重大	水污染
88	浙江省宁海县水源地污染致人员中毒事故	1999-08-09	重大	水污染
89	北京市延庆县氰化钠泄漏事故	1999-09-30	重大	水污染
90	江苏省淮阴市氯气泄漏污染事故	1999-11-19	特大	大气污染
91	贵州省务川县尾矿库泄漏事故	1999-11-28	重大	水污染
92	辽宁省大连市化工厂毒气泄漏事故	1999-12-27	重大	大气污染
93	上海市长宁区大卫含油化工废水污染事故	2000-01-26	较大	水污染
94	广东省湛江海域燃油泄漏污染事件	2000-02-18	特大	海洋污染
95	山西省晋城市阳城县水污染事故	2000-04-15	重大	水污染
96	陕西省丹凤县氰化钠污染事故	2000-09-29	特大	水污染
97	福建省龙岩市上杭县“10·24”氰化钠泄漏重大污染事故	2000-10-24	重大	水污染
98	山东省胶州湾渔业污染事故	2000-10-28	重大	水污染

续表

序号	事件名称	发生时间	事故等级	事故类型
99	湖南省新晃氰化物污染水源事故	2000-11-03	重大	水污染
100	浙江省建德市液氨泄漏事故	2000-12-17	重大	大气污染
101	吉林省吉林市棋盘车站液氯槽车泄漏事故	2001-02-18	较大	大气污染
102	浙江省建德市苯乙烯泄漏污染事件	2001-04-04	重大	大气污染
103	黑龙江省齐齐哈尔市乌裕尔河特大污染事故	2001-04-13	特大	水污染
104	上海市东海海域苯乙烯泄漏事故	2001-04-17	特大	海洋污染
105	广西壮族自治区陆川县甲苯泄漏事故	2001-06-06	较大	水污染
106	山东省青岛市苯胺泄漏事件	2001-09-04	较大	土壤污染
107	浙江省宁海县硫酸亚铁污染水源地事故	2001-09-11	重大	水污染
108	河南省洛宁县氰化钠泄漏事故	2001-11-01	重大	水污染
109	上海市沈杨化工仓库爆炸泄漏事故	2002-03-27	较大	水污染
110	上海市达能酸乳酪氨气泄漏事故	2002-04-02	较大	大气污染
111	陕西省铜川市漆水河污染事件	2002-05-06	特大	水污染
112	上海市黄浦江上游水源保护区污染事故	2002-05-14	重大	水污染
113	广西壮族自治区鹿寨化肥有限责任公司二氧化硫污染事故	2002-05-26	重大	大气污染
114	江苏省扬州市三氯化磷泄漏事故	2002-10-20	重大	大气污染
115	天津市大沽灯塔海域原油污染事故	2002-11-23	重大	海洋污染
116	广西壮族自治区金秀县砒霜污染事件	2002-12-11	重大	水污染
117	湖北省武汉市长江水域大面积污染	2003-01-09	较大	水污染
118	浙江省富阳市苯乙烯泄漏污染事故	2003-02-10	较大	水污染
119	上海市高桥港油轮泄漏污染事故	2003-03-31	较大	水污染
120	上海市长兴岛货轮油污染事故	2003-07-04	重大	水污染
121	广西壮族自治区三江县氰化钾泄漏事故	2003-07-09	重大	水污染
122	上海市黄浦江燃料油泄漏事故	2003-08-05	重大	水污染
123	浙江省杭州市三氯化磷泄漏事故	2003-10-10	较大	大气污染
124	重庆市开县“12·23”井喷事故	2003-12-23	重大	大气污染
125	上海市松江油墩港油船爆炸事故	2004-01-04	较大	水污染
126	黑龙江省齐齐哈尔市液氯泄漏事故	2004-01-15	较大	大气污染
127	四川省内江市沱江污染事故	2004-03-02	特大	水污染
128	山东省邹平县天然气外溢事故	2004-03-02	较大	大气污染
129	重庆市天原化工总厂氯气泄漏事件	2004-04-16	特大	大气污染
130	江西省油脂化工厂“4·20”液氯残液泄漏事故	2004-04-20	特大	大气污染
131	四川省仁寿东方红纸业公司排污至沱江二次污染事故	2004-05-04	重大	水污染
132	内蒙古自治区巴盟黄河包头段水污染事件	2004-07-04	特大	水污染
133	浙江省温州市苍南县翻车致苯酚泄漏事故	2004-07-16	重大	水污染
134	安徽省淮河流域特大水污染事故	2004-07-20	特大	水污染

续表

序号	事件名称	发生时间	事故等级	事故类型
135	吉林省乾安县氯气泄漏事故	2004-07-23	重大	大气污染
136	北京市八达岭高速煤焦油罐车泄漏事故	2004-08-04	较大	水污染
137	陕西省神木县饮用水源污染事故	2004-10-11	重大	水污染
138	上海市宝山区有毒化学品污染事故	2004-10-13	较大	大气污染
139	上海市闵行区有毒化学品污染事故	2004-10-20	较大	大气污染
140	江苏省连云港石梁河污染事故	2004-10-27	特大	水污染
141	辽宁省本溪市尾坝泄漏事故	2004-11-13	重大	水污染
142	陕西省延安市南泥湾原油泄漏事故	2004-11-17	重大	土壤污染
143	广东省珠江口集装箱船相撞致重油泄漏事件	2004-12-07	特大	海洋污染
144	福建省厦门市药品销毁致毒气泄漏事件	2004-12-14	重大	大气污染
145	海南省琼北近岸海域油污染事故	2004-12-29	重大	海洋污染
146	重庆市綦江水污染事故	2005-01-03	重大	水污染
147	福建省南平市尾矿废水污染事故	2005-02-18	重大	水污染
148	京沪高速江苏省淮安段液氯泄漏事件	2005-03-29	特大	大气污染
149	上海市臻峰化工有限公司染料外溢事故	2005-05-02	较大	大气污染
150	江西省赣州市自来水污染事故	2005-05-16	重大	水污染
151	上海市太阳岛浴场排水超标事故	2005-05-17	较大	水污染
152	江苏省吴江市“6·27”跨省环境污染事故	2005-06-21	重大	水污染
153	上海市建筑材料供应公司仓库化学品泄漏事故	2005-08-08	较大	水污染
154	吉林省吉林石化爆炸致松花江水污染事件	2005-11-13	特大	水污染
155	广东省英德市水污染致村民集体砷中毒事件	2005-11-16	重大	水污染
156	重庆市垫江县苯系物泄漏污染事故	2005-11-24	重大	水污染
157	广东省北江镉污染事故	2005-12-15	特大	水污染
158	安徽省铜陵市冬瓜山铜矿毒气外溢事故	2005-12-18	重大	大气污染
159	重庆市某化肥厂硫酸废水污染事故	2006-01-06	重大	水污染
160	广东省某糖厂排放废糖液污染事故	2006-01-29	重大	水污染
161	重庆市开县罗家2号井泄漏事故	2006-03-25	重大	大气污染
162	湖北省汉宜高速硫酸二甲酯槽罐车泄漏事故	2006-05-18	重大	大气污染
163	吉林省长春市长吉高速丙烯腈泄漏事故	2006-05-20	较大	大气污染
164	河北省辛集化工集团液氨泄漏事故	2006-05-31	较大	大气污染
165	吉林省延边晨鸣纸业贮灰库坍塌污染事故	2006-06-05	重大	水污染
166	山西省繁峙县煤焦油泄漏事故	2006-06-12	重大	水污染
167	山东省日东高速菏泽段浓硝酸泄漏事故	2006-07-18	较大	土壤污染
168	山东省鲁皖成品油输送管道柴油泄漏事故	2006-08-12	重大	土壤污染
169	吉林省牤牛河水污染事故	2006-08-21	较大	水污染
170	安徽省合界高速液苯泄漏事故	2006-09-01	较大	大气污染

续表

序号	事件名称	发生时间	事故等级	事故类型
171	湖北省宜化大江复合肥公司二氧化硫泄漏事故	2006-09-04	重大	大气污染
172	湖南省岳阳县饮用水源砷污染事件	2006-09-08	重大	水污染
173	山西省杨家坡水库污染事件	2006-10-26	重大	水污染
174	湖北省大悟县液氨泄漏事件	2006-11-01	重大	大气污染
175	四川省泸州电厂柴油泄漏致水源污染事件	2006-11-15	重大	水污染
176	河北省临西县刘庄村饮用水污染事件	2006-11-22	较大	水污染
177	湖北省枝江化工原料污染事故	2006-11-28	较大	水污染
178	重庆市双桥区八敬公井井喷事故	2007-01-21	较大	大气污染
179	广西壮族自治区钦州市大寺江饮用水源污染事故	2007-02-10	较大	水污染
180	新疆维吾尔自治区玛纳斯县某公司排污管线爆裂致废水泄漏事故	2007-02-23	较大	水污染
181	陕西省西临高速公路临潼段丙烯泄漏事件	2007-02-26	较大	大气污染
182	山东省长岛海域油污染事件	2007-03-03	重大	海洋污染
183	山东省烟台海域油污染事故	2007-03-04	较大	海洋污染
184	广西壮族自治区大化县岩滩电站自来水厂出水铅超标事件	2007-04-06	重大	水污染
185	贵州省息烽县化工厂二氧化硫污染事件	2007-04-16	较大	大气污染
186	黑龙江省依兰县自来水厂液氯泄漏事故	2007-04-25	较大	大气污染
187	安徽省阜阳市昊源化工集团氨气泄漏事件	2007-05-04	较大	大气污染
188	江西省吉安市新干县淦辉医药化工公司爆炸事故	2007-05-08	较大	水污染
189	河北省沧州大化 TDI 公司爆炸事故	2007-05-11	较大	大气污染
190	湖南省邵阳市油罐车翻车致水源污染事故	2007-05-29	重大	水污染
191	江苏省丹阳市重大水环境污染事故	2007-06-02	重大	水污染
192	河北省廊坊市化工厂二氧化硫污染事故	2007-06-05	较大	大气污染
193	浙江省温州市永嘉县尾矿库渗漏污染水源事件	2007-06-05	较大	水污染
194	甘肃省银光化工集团有限公司重大酸雾污染事故	2007-06-06	重大	大气污染
195	湖北省仙桃市农药厂发生爆炸引发水污染事件	2007-06-15	较大	水污染
196	安徽省祁门县金东河污染事故	2007-06-19	较大	水污染
197	四川省雅安市荥经县不明气体污染事件	2007-06-21	较大	大气污染
198	江苏省沭阳县饮用水源地污染事件	2007-07-02	重大	水污染
199	黑龙江省乌苏里江油污染事件	2007-07-11	较大	水污染
200	内蒙古满洲里市南区部分区域饮用水污染事件	2007-07-17	较大	水污染
201	兰州市金川金属材料技术有限公司硝酸泄漏污染事件	2007-07-19	较大	水污染
202	河南省京珠高速漯河市段沙河桥硫酸二甲酯泄漏事件	2007-07-25	较大	大气污染
203	湖南省娄底市中泰矿业尾砂坝垮塌污染资江事件	2007-07-26	较大	水污染
204	贵州省黔南州宏福公司磷石膏渣场废水溢坝事故	2007-08-08	较大	水污染
205	陕西省榆林市输油管线原油泄漏造成水源地污染事件	2007-08-29	重大	水污染
206	湖北省武汉市陈家墩危险化学品码头甲醇货轮起火泄漏事故	2007-09-02	较大	水污染

续表

序号	事件名称	发生时间	事故等级	事故类型
207	重庆市某药厂车间液溴泄漏污染事故	2007-09-04	较大	大气污染
208	浙江省台州市三门县解氏化工厂爆炸事故	2007-09-10	较大	水污染
209	广西壮族自治区南宁市某建材公司甲醛泄漏引发水污染事件	2007-09-14	较大	水污染
210	福建省福鼎市104 国道苯酚泄漏污染事故	2007-09-16	较大	水污染
211	辽宁省本溪县球溪永安选矿厂尾矿库溢水事故	2007-10-24	较大	水污染
212	辽宁省海城市西洋集团尾矿库垮坝事件	2007-11-25	较大	水污染
213	江西省南康市饮用水源污染事件	2007-12-14	重大	水污染
214	江西省抚州市宜黄县三和化工厂爆炸事故	2008-01-01	较大	水污染
215	贵州省独山县瑞丰矿业公司排污引发水源污染事件	2008-01-05	重大	水污染
216	广东省韶关市三氯丙烷泄漏事件	2008-01-09	重大	水污染
217	河北省承德市钼矿企业尾矿库废水泄漏事件	2008-01-12	较大	水污染
218	湖南省怀化市硫酸厂排污造成砷中毒事件	2008-01-23	重大	水污染
219	广东省佛山市自来水厂遭受油污染停水事件	2008-02-16	重大	水污染
220	广东省京珠高速公路人工融雪剂造成水体污染事件	2008-02-16	较大	水污染
221	湖南省郴州市交通事故造导致苯泄漏污染事件	2008-02-18	较大	水污染
222	云南省昆明市嵩明县泥磷倾倒污染饮用水源事件	2008-02-27	较大	水污染
223	湖北黄陂养猪场排污污染饮用水源事件	2008-02-27	较大	水污染
224	湖北省随州市危险化学品泄漏导致停水事件	2008-03-07	较大	水污染
225	广西壮族自治区南宁市武鸣县自来水厂取水口污染事件	2008-03-07	较大	水污染
226	浙江省丽水市松阳县小竹溪危险废物倾倒污染事件	2008-03-11	较大	水污染
227	广西壮族自治区百色华银铝业公司发生泥浆渗漏事件	2008-03-19	较大	水污染
228	广东省京珠高速佛冈段浓盐酸泄漏事件	2008-03-20	较大	水污染
229	河北省张家口市蔚县壶流河水库水污染事件	2008-03-30	重大	水污染
230	重庆市铝粉厂废气排放致百余名师生不良反应事件	2008-04-01	较大	大气污染
231	云南省大理市鹤庆县金矿尾矿库废水渗漏事件	2008-04-07	较大	水污染
232	陕西省商洛市山阳县钒矿尾矿砂泄漏造成丹江水污染事件	2008-04-11	较大	水污染
233	河北省邯郸市新丰化工公司三氯化磷泄漏事故	2008-05-07	较大	大气污染
234	四川省什邡市宏达化工有限公司化工原料泄漏事故	2008-05-12	较大	大气污染
235	四川省什邡市蓥峰实业有限公司化工原料泄漏事故	2008-05-12	较大	大气污染
236	广西壮族自治区钦州市那彭镇水厂水污染事件	2008-05-21	较大	水污染
237	云南省文山壮族苗族自治州富宁县境内发生危险化学品翻车事故	2008-06-07	较大	水污染
238	广西壮族自治区百色市粗酚泄漏污染事件	2008-06-07	较大	水污染
239	湖南省株洲市废弃瓶装氰化钠污染排水渠事件	2008-06-17	较大	水污染
240	河南省民权县大沙河砷污染事故	2008-07-01	重大	水污染
241	陕西省矾矿尾矿泄漏事件	2008-07-22	重大	水污染

续表

序号	事件名称	发生时间	事故等级	事故类型
242	广西壮族自治区维尼纶集团爆炸衍生水污染事故	2008-08-26	较大	水污染
243	云南省寻甸县南磷集团寻甸分公司液氯泄漏事件	2008-09-17	重大	大气污染
244	广西壮族自治区河池市砷污染中毒事件	2008-09-25	重大	水污染
245	湖南省冷水江市砷碱渣污染事件	2008-09-25	较大	水污染
246	湖北省驰顺化工厂废水泄漏事件	2008-09-22	重大	水污染
247	山东省临沂市红日阿康化工有限公司含砷废水污染事故	2009-01-07	重大	水污染
248	江苏省盐城市饮用水断水事件	2009-02-20	特大	水污染
249	广西壮族自治区永福县水污染事故	2009-03-29	重大	水污染
250	重庆市铜梁县久远防水材料公司煤焦油泄漏事件	2009-05-09	重大	水污染
251	山东省临沂市某化工厂含砷废水偷排事件	2009-07-23	重大	水污染
252	内蒙古自治区赤峰市水污染事件	2009-07-23	重大	水污染
253	内蒙古自治区赤峰市制药集团氨气泄漏事件	2009-08-05	特大	大气污染
254	甘肃省兰州市飞龙化工有限公司毒气泄漏事件	2009-09-07	较大	大气污染
255	湖南省怀化市硫酸厂排污造成砷中毒事件	2008-01-11	重大	水污染
256	湖北省襄樊市襄阳区双沟镇段水质异常事件	2010-02-19	较大	水污染
257	陕西省延安市洛河洛川段油泥污染事件	2010-03-31	较大	水污染
258	四川省成都市水源污染事件	2010-04-02	较大	水污染
259	辽宁省沈阳市团结水库鱼类大批死亡事件	2010-04-08	较大	水污染
260	安徽省安庆市罗家湖遭投毒污染事件	2010-04-09	较大	水污染
261	吉林省集安市柴油泄漏污染通沟河饮用水源事件	2010-04-26	重大	水污染
262	山东省胶州市原油管道爆裂泄漏事故	2010-05-02	较大	土壤污染
263	安徽省铜陵地表水受尾矿库废水污染事件	2010-05-06	较大	水污染
264	湖北省荆州市三才堂化工公司甲基氯化物气体泄漏事件	2010-05-16	较大	大气污染
265	安徽省蚌埠市某工厂液氨泄漏事件	2010-05-24	较大	大气污染
266	陕西省安康市旬阳县含锌尾矿库泄漏事件	2010-05-29	较大	水污染
267	湖北省咸宁市崇阳县吉通电瓶公司血铅超标事件	2010-06-11	较大	大气污染
268	陕西省商洛市丹凤县皇台矿业有限公司尾矿库泄漏事件	2010-06-12	较大	水污染
269	广西壮族自治区南宁市武鸣县材料厂排放臭气导致学生不适事件	2010-06-13	较大	大气污染
270	福建省紫金矿业集团溶液池渗漏致汀江水污染事件	2010-07-03	重大	水污染
271	安徽省泗县部分儿童血铅超标事件	2010-07-08	较大	水污染
272	浙江省杭州市千岛湖矿产品有限公司尾矿库泄漏事件	2010-07-14	较大	水污染
273	吉林省永吉县化工厂危险化学品原料桶冲入松花江事件	2010-07-28	较大	水污染
274	广东省陆丰大安镇自来水锰超标事件	2010-08-02	较大	水污染
275	辽宁省本溪东方氯碱公司电石废渣场坝体泄漏事件	2010-08-06	较大	水污染
276	湖北省荆州市长江河道沉船导致自来水厂取水中断事件	2010-09-02	较大	水污染
277	广东省茂名市紫金矿业因暴雨洪水引发尾矿库垮坝事故	2010-09-22	较大	水污染

续表

序号	事件名称	发生时间	事故等级	事故类型
278	福建省南平市光泽县华桥乡氟硅酸泄漏事故	2010-09-29	较大	水污染
279	江西省新余市前卫化工公司顺丁烯二酸酐泄漏事件	2010-10-09	较大	大气污染
280	安徽省潜山县黄泥镇境内长河污染事件	2010-10-23	较大	水污染
281	陕西省汉中市略阳县苯乙烯泄漏事件	2010-10-28	较大	水污染
282	安徽省怀宁县恒源工业固废再生利用公司职工血铅事件	2010-11-11	较大	大气污染
283	浙江省杭新景高速建德洋溪大桥路段苯酚泄漏事件	2011-06-04	重大	水污染
284	浙江省杭州市苕溪饮用水源水质异常事件	2011-06-05	重大	水污染
285	贵州省遵义市桐梓县遵宝钛业有限公司氯气泄漏事件	2011-06-17	较大	大气污染
286	广东湖南跨省界武江河锑污染事件	2011-06-22	重大	水污染
287	广西壮族自治区贵港钢铁厂煤气管道泄漏事故	2011-07-29	重大	大气污染
288	湖南省资江益阳段柴油泄漏事件	2011-08-04	重大	水污染

附录 2

缩略词

缩略词	英文解释	中文解释
A/D 转换电路	analog to digital coverter	模拟数字转换电路
ADSL	asymmetric digital subscriber line	非对称数字用户线路
AI	analog signal input	模拟信号输入
AO	analog signal output	模拟信号输出
ACMH	Advisory Committee on Major Hazards	重大危险咨询委员会
AEGLs	acute exposure guideline levels	急性暴露指南水平
ASV	anodic stripping voltammetry	阳极溶出伏安法
AHP	analytic hierarchy process	层次分析法
B/S	brower/server	浏览器/服务器模式
CAAA	Clean Air Act Amendments	美国空气清洁法案修正案
CAS	chemical abstracts service	化学文摘服务
CCD	catalytic combustion detector	催化燃烧检测器
CDMA	code division multiple access	码分多址（通信技术）
CERCLA	Comprehensive Environmental Response, Compensation and Liability Act	综合环境应对、赔偿和责任法案
COD	chemical oxygen demand	化学需氧量
CPU	central processing unit	中央处理器
C/S	client/server	客户/服务器模式
CSV 文件	comma separate values	一种纯文本文件，每条记录占一行，以逗号为分隔符
DI	digital signal input	数字信号输入
DO	digital signal output	数字信号输出
DO	dissolved oxygen	溶解氧
E	scenarios of different environmental riskreceptors	环境风险受体（环境保护目标）敏感性
EC_{50}	half maximal effective concentration	半最大效应浓度
ECD	electron capture detector	电子捕获检测器
ECS	electrochemical sensors	电化学传感器
EHS	extremely hazardous substances	极危险物质
EPCRA	Emergency Planning and Community Right-to-Know Act	应急计划与公众知情权法案
ERPGs	Emergency Response Planning Guidelines	应急反应计划指南
FCS	fieldbus control system	总线控制系统

续表

缩略词	英文解释	中文解释
FID	flame ionization detector	火焰离子化检测器
GIS	geographic information system	地理信息系统
GPRS	general packet radio service	通用分组无线服务（技术）
GPS	global positioning system	全球定位系统
HSE	The Health and Safety Executive	英国安全与健康执行局
IARC	International Agency for Research on Cancer	国际癌症研究机构
IC	ion chromatography	离子色谱
IDLH	immediately dangerous to life and health	急性威胁生命和健康浓度
ILO	International Labour Organization	国际劳工组织
IRIS	integrated risk information system	综合风险信息系统
ISE	ion selective electrode	离子选择电极
K_{ow}	octanol-water partition coefficient	正辛醇-水分配系数
LC_{50}	median lethal concentration	半数致死浓度
LD_{50}	median lethal dose	半数致死剂量
LOC	level of concern	关注风险水平/浓度
M	indice of assessment for process and risk central level	生产工艺过程和风险控制技术水平
MIARC	Major Industrial Accidents Reduction Council	重大工业事故管理局
MI-VUV-TO-FMS		膜进样-VUV 电离-飞行时间质谱
MOS	metal oxide semiconductor	金属氧化物半导体（传感器）
NDIR	non-dispersive infra-red	非分散红外（传感器）
NRC	National Research Council	美国国家科学研究委员会
OPA	Oil Pollution Act	油污染法案
ORP	oxidation-reduction potential	氧化还原电位
OSHA	Occupational Health and Safety Administration	美国职业安全与健康部
PID	photo ionization detector	光离子化检测器
PLC	programmable logic controller	可编程逻辑控制器
PNEC	predicted no effect concentration	环境预测无影响浓度
POP3 协议	post office protocol 3	邮局协议（版本 3）
PSM	process safety management standard	过程安全管理标准
PSTN	public switched telephone network	公共交换电话网络
PT-GC-FID	purge and trop-gas chromatography-flame ionization detedion	吹扫捕集-气相色谱-氢火焰离子化检测器
Q		环境风险物质数量与临界量比值
QCM	quartz crystal microbalance	石英晶体微天平
REACH	the registration, evaluation, authorization and restriction of chemicals	化学品的注册、评估、授权和限制

缩略词	英文解释	中文解释
RFID	radio frequency identification	射频识别
RMP	risk management plan	化学品事故防范法规/风险管理计划
RQ	reportable quantity	报告量
RS232-RS485	recommended standard by EIA CFI ectronic industry association	美国电子工业协会制定的在低速率串行通信中增加通信距离的单端标准
SAW	surface acoustic wave	表面声波（传感器）
SCRAM	chemical scoring and ranking assessment model	化学品评分排序评价模式
Shape 文件	shapefile	美国环境系统研究所（ESRI）开发的一种空间数据开放格式
SMTP 协议	simple mail transfer protocol	简单邮件传输协议
SPCC	spill prevention, control and countermeasure	油类泄漏预防、控制和对策计划
TCP/IP 协议	transmission control protocol/Internet protocol	传输控制协议/因特网互联协议
TEELs	temporary emergency exposure limits	临时紧急暴露极限
TOC	total organic carbon	总有机碳
TOF-MS	time-of-flight mass spectrometry	飞行时间质谱
TPQ	threshold planning quantity	临界量
TRI	toxic release inventory	有毒物质排放清单
UDP	user datagram protocol	用户数据报协议
US EPA	United States Environmental Protection Agency	美国国家环境保护局
U S NAS	United States National Academy of Sciences	美国国家科学院
UV254	Ultraviolet 254	水中一些有机物在 254nm 波长紫外光下的吸光度值
UV-VIS	Ultraviolet-visible spectroscopy	紫外可见分光光度计
WLAN	wireless local area networks	无线局域网